Studienbücher Wirtschaftsmathematik

Herausgegeben von
B. Luderer, Chemnitz

Die Studienbücher Wirtschaftsmathematik behandeln anschaulich, systematisch und fachlich fundiert Themen aus der Wirtschafts-, Finanz- und Versicherungsmathematik entsprechend dem aktuellen Stand der Wissenschaft.

Die Bände der Reihe wenden sich sowohl an Studierende der Wirtschaftsmathematik, der Wirtschaftswissenschaften, der Wirtschaftsinformatik und des Wirtschaftsingenieurwesens an Universitäten, Fachhochschulen und Berufsakademien als auch an Lehrende und Praktiker in den Bereichen Wirtschaft, Finanz- und Versicherungswesen.

Herausgegeben von
Prof. Dr. Bernd Luderer
Chemnitz

Heidrun Matthäus • Wolf-Gert Matthäus

Mathematik für BWL-Bachelor: Übungsbuch

Ergänzungen für Vertiefung und Training

2., erweiterte Auflage

STUDIUM

Springer Gabler

Autoren
Dipl. Math. Heidrun Matthäus
Hochschule Magdeburg-Stendal
Deutschland

Dr. Wolf-Gert Matthäus
Stendal-Uenglingen
Deutschland

ISBN 978-3-8348-1934-5
ISBN 978-3-8348-2326-7 (eBook)
DOI 10.1007/978-3-8348-2326-7

Die Deutsche Nationalbibliothek verzeichnet diese Publikation in der Deutschen Nationalbibliografie; detaillierte bibliografische Daten sind im Internet über http://dnb.d-nb.de abrufbar.

Springer Gabler

Planung und Lektorat: Ulrike Schmickler-Hirzebruch, Barbara Gerlach
Einbandentwurf: KünkelLopka GmbH, Heidelberg

Gedruckt auf säurefreiem und chlorfrei gebleichtem Papier

Springer Gabler ist eine Marke von Springer DE.
Springer DE ist Teil der Fachverlagsgruppe Springer Science+Business Media.
www.springer-gabler.de

Vorwort zur zweiten Auflage

Fast zeitgleich mit der dritten Auflage des Lehrbuches „Mathematik für BWL-Bachelor", das durch die Hinzunahme eines ausführlichen Kapitels zu den Grundlagen der Finanzmathematik eine oft gewünschte Erweiterung erfuhr, kann diese Neuauflage des zugehörigen Beispiel- und Übungsbuches vorgelegt werden, die dazu passend durch zwei neue Abschnitte

- **A17** Finanzmathematik: Beispiele und Aufgaben
- **L17** Finanzmathematik: Lösungen

ergänzt wurde.

Wiederum haben wir großen Wert auf ausführlichste Darstellung gelegt, sollten einige Lösungen aus Platzgründen im Buch nur angedeutet werden, dann sind sie aber dafür im Internet bis ins Detail ausgeführt.

Uenglingen, im Frühjahr 2012

Heidrun Matthäus
Wolf-Gert Matthäus

Vorwort zur ersten Auflage

„An den höchsten Bildungsstätten des Landes vollzieht sich, von der breiten Öffentlichkeit weitgehend unbemerkt, eine der größten Umwälzungen des deutschen Hochschulwesens seit vielen Jahren: Gemäß den EU-Beschlüssen von Bologna erfolgt schrittweise die Umstellung des spezifisch deutschen Studiensystems auf die international üblichen Bildungsabschnitte Bachelor und Master.

Nahezu alle Studiengänge werden dafür auf den Prüfstand gestellt.

Insbesondere betrifft dies die vielfältigen Studienformen, in denen bisher die Betriebswirtschaftslehre vermittelt wurde – in wissenschaftlichen Diplomstudiengängen an den Universitäten und Fachhochschulen, in den stärker praxisnahen, dualen Studiengängen an Berufsakademien und Verwaltungs- und Wirtschaftsakademien.

Weitgehend einheitlich soll in Zukunft an den verschiedensten Studienorten in den höchsten Bildungsstätten des Landes der Erwerb des BWL-Bachelors erfolgen."

Mit diesen Worten leiteten wir vor vier Jahren unser erstes Buch ein und begründeten damit, warum wir speziell für Studierende im BWL-Bachelor-Studium einen neuen Lehrbuchtyp entwickeln wollten: Weil wir eben der Meinung sind, dass diese neue Form des Studiums, die sich inzwischen als sehr anstrengend und mit hohen Anforderungen versehen herausgestellt hat, neue und angepasste Lehrbücher und Lehrmaterialformen benötigt.

Der Erfolg gab uns Recht: Die erste Auflage war überraschend schnell ausverkauft, und der Verlag forderte uns auf, möglichst schnell eine zweite, erweiterte Auflage vorzubereiten. Dabei sollten natürlich die vielfältig eingegangenen Hinweise von Leserinnen und Lesern, von Fachkolleginnen und Fachkollegen umfassend berücksichtigt werden.

Das aber stellte uns vor ein Problem: Denn als wir die Sammlung der eingegangenen Buchbeurteilungen und Leserstimmen, die Mails und die von uns während unserer eigenen Lehrveranstaltungen gemachten Notizen sichteten, kristallisierten sich hauptsächlich zwei Wünsche heraus.

Da waren zuerst vielfältige Wünsche zur Erweiterung und Vertiefung der behandelten Stoffgebiete. Es wurde die Integralrechnung vermisst, die Behandlung von Differential- und Differenzengleichungen, die Vermittlung von Rechenmethoden für lineare Optimierungsaufgaben und vieles andere mehr.

Insbesondere studentische Leser aber wünschten sich mehr an Beispielen und vor allem viele Übungsaufgaben, mit deren Hilfe sie sich im Selbststudium besser mit dem spröden Stoff „Mathematik in der Betriebswirtschaftslehre" auseinandersetzen können.

Nach Rücksprache mit dem Verlag entschieden wir uns dagegen, das mit ca. 300 Seiten noch übersichtliche Grundlagenbuch zu einer unhandlichen „Bibel" auszubauen, so dass sich die im Herbst 2009 erschienene Zweitauflage des Bachelor-Buches als geringfügig erweitert, aber in ihrer Methodik und Gestaltung weiter verbessert präsentierte.

Parallel dazu erarbeiteten wir jedoch den Titel „Mathematik für BWL-Master", in dem die themenmäßige Erweiterung des Bachelor-Buches stattfindet, und der seit dem Frühjahr 2009 im Handel verfügbar ist.

Mit dem nun vorgelegten Übungsbuch komplettieren wir unser Vorhaben „Mathematik für BWL" und hoffen, damit auch den Wunsch nach vielen Beispielen und Übungen umfassend erfüllen zu können.

Alle Beispiele, sowohl die formal-mathematischen als auch die angewandten, werden grundsätzlich extrem ausführlich vorgerechnet. Insofern kann dieses „Übungsbuch" durchaus auch als Beispielsammlung „Mathematik in der BWL" angesehen werden.

Bei der Auswahl der Übungsaufgaben wurde viel Wert darauf gelegt, sowohl mathematisch-akademische Aufgaben zu stellen, so, wie es in vielen Lehrveranstaltungen üblich ist, als auch angewandte Aufgaben in ausreichendem Maße vorzulegen.

Unser grundlegendes Prinzip dabei ist:

Es gibt keine Übungsaufgabe ohne ausführliche Lösung.

Sollte aus Platzgründen im Buch nur die Mitteilung des Ergebnisses erfolgen, dann kann im Internet die ausführliche Lösung nachgelesen werden. Die Quelle ist stets angegeben.

Abschließend möchten wir allen, die uns zu diesem Übungsbuch anregten und ermunterten, herzlich danken, vor allem den vielen Rezensenten und Fachkollegen.

Dem Vieweg+Teubner Verlag in Wiesbaden danken wir, dass er unsere Anregung für dieses Buch so schnell aufgenommen hat und uns in jeder Weise anregend und hilfreich unterstützte.

Uenglingen, im Herbst 2010

Heidrun Matthäus
Wolf-Gert Matthäus

Inhaltsverzeichnis

A1 Mathematisches Handwerkszeug: Beispiele und Aufgaben

Grundsätzliches

Wie im Abschnitt 1 der Drittauflage des Buches „Mathematik für BWL-Bachelor“ ab Seite 23 angeführt wurde, sind es oft *Mängel im elementaren Rechnen*, die zu Fehlern führen.

Zu derartigen Mängeln gehören das *Nichtbeachten von Vorzeichenregeln* ebenso wie *vergessene Klammern* oder Defizite in der *Bruchrechnung*.

Beispiele dafür, wie es richtig gemacht wird

Beispiel 1.1: Der folgender Bruch soll so weit wie möglich vereinfacht werden:

(1.01) $$\frac{10ax+15bx-10ay-15by}{8ax-8ay+12by-12bx}$$

Zunächst versucht man, in Zähler und Nenner durch geeignetes Ausklammern eine *Produktzerlegung* zu finden, da *nur Faktoren gekürzt* werden können:

(1.02) $$=\frac{10a(x-y)+15b(x-y)}{8a(x-y)-12b(x-y)}=\frac{(x-y)(10a+15b)}{(x-y)(8a-12b)}$$

Nach dem Kürzen (d. h. nachdem Zähler und Nenner durch den gemeinsamen Faktor *(x-y)* dividiert worden sind), kann dann durch *Ausklammern* die nicht weiter zu vereinfachende Form des Bruches gefunden werden:

(1.03) $$=\frac{(10a+15b)}{(8a-12b)}=\frac{5(2a+3b)}{4(2a-3b)}$$

Beispiel 1.2: Man vereinfache

(1.04) $$\frac{1}{a^2+2ab+b^2}+\frac{1}{a^2-b^2}-\frac{1}{a^2}-\frac{b^2}{a^4-a^2b^2}$$

Im ersten Nenner ist das Ergebnis einer *binomischen Formel* erkennbar (meist wird sie als *erste binomische Formel* bezeichnet), und im vierten Nenner kann ausgeklammert werden:

(1.05) $$=\frac{1}{(a+b)^2}+\frac{1}{a^2-b^2}-\frac{1}{a^2}-\frac{b^2}{a^2(a^2-b^2)}$$

Mit dem geeigneten Hauptnenner $a^2(a^2-b^2)$ können der zweite, dritte und vierte Bruch zusammengefasst werden. Schließlich bleibt nur noch der erste Bruch übrig:

(1.06) $$=\frac{1}{(a+b)^2}+\frac{a^2-(a^2-b^2)-b^2}{a^2(a^2-b^2)}=\frac{1}{(a+b)^2}$$

Übungsaufgaben

Die Lösungen finden Sie ab Seite 143

Aufgabe 1.1: Man fasse so weit wie möglich zusammen:

(1.07) $(3x)(-2y)-(-5x)(-4y)+(-y)(6x)-(4x)(-9y)$

(1.08) $(5n-7p-8m)-(2p-m-3n)+(9m-8n+7p)$

(1.09) $6x-[2y-\{4z+(3x-2y)+2x\}-5z]$

(1.10) $18a^2-\{24a^2+[-36b^2-(-18a^2+4b^2)+48b^2]-20a^2\}$

Aufgabe 1.2: Man vereinfache und berechne:

(1.11) $(\frac{3}{4}a+\frac{2}{3}b)(-\frac{4}{5}a-\frac{9}{8}b)$

(1.12) $(2a+3b+4c)(a-2b-3c)$

(1.13) $(k+9)(k+7)-(k+4)^2-(k+1)(k-1)+(k-2)^2$

(1.14) $(12uvw-2uvz+6uvwz):(9uv)$

Aufgabe 1.3: Die folgenden Brüche sind so weit wie möglich zu kürzen:

(1.15) $\dfrac{a^2b-ab^2}{a^2c-ac^2}$

(1.16) $\dfrac{(u-v)^2}{u^2-v^2}$

(1.17) $\dfrac{u-v}{v-u}$

Aufgabe 1.4: Man berechne:

(1.18) $\dfrac{x}{x-y}-1$

(1.19) $\dfrac{u}{v}+\dfrac{u+v}{u-v}-\dfrac{v}{u}$

(1.20) $\dfrac{x+y}{x-y}+\dfrac{x-y}{x+y}-2\dfrac{x^2+y^2}{x^2-y^2}$

(1.21) $\dfrac{q+1}{q^2-q}-\dfrac{q-1}{q^2+q}+\dfrac{1}{q}-\dfrac{4}{q^2-1}$

A2 Potenzen, Wurzeln, Logarithmen: Beispiele und Aufgaben

Grundsätzliches

Im Abschnitt 2.1 des Buches „Mathematik für BWL-Bachelor" [22] sind ab Seite 25 die grundlegenden Aussagen zu Potenzen, Wurzeln und Logarithmen zusammengestellt.

Die sichere Anwendung von *Potenz- und Logarithmengesetzen* ist notwendig, um bei vielen ökonomischen Anwendungen zu einer korrekten Lösung zu gelangen.

Beispiele dafür, wie es richtig gemacht wird

Beispiel 2.1: Der folgende Ausdruck ist so weit wie möglich zu vereinfachen:

$$(2.01)\qquad \frac{(-a)^7(-a)^{2n}}{(-a)^{n-4}}$$

Die richtige Anwendung der Regel (2.05) über *Multiplikation und Division von Potenzen mit gleicher Basis* führt sofort zum Ergebnis:

$$(2.02)\qquad = (-a)^{7+2n-(n-4)} = (-a)^{11+n}$$

Beispiel 2.2: Man vereinfache

$$(2.03)\qquad \frac{(21r^4s^3t)^3}{(6r^4s^5t)^3} : \frac{(7r^3s^2t^2)^5}{(14r^5s^6t^4)^2} \quad .$$

Zuerst sollte man sich hier vom *Divisions-Doppelpunkt* verabschieden und den Ausdruck als *Doppelbruch* schreiben. Danach ist die Regel anzuwenden, dass ein *Bruch durch einen Bruch dividiert* wird, indem mit dem *Kehrwert des Nennerbruches* multipliziert wird:

$$(2.04)\qquad = \frac{\dfrac{(21r^4s^3t)^3}{(6r^4s^5t)^3}}{\dfrac{(7r^3s^2t^2)^5}{(14r^5s^6t^4)^2}} = \frac{(21r^4s^3t)^3}{(6r^4s^5t)^3}\frac{(14r^5s^6t^4)^2}{(7r^3s^2t^2)^5}$$

Anschließend werden unter Anwendung der drei wichtigen *Potenzgesetze*

$$(2.05)\qquad (a\cdot b)^n = a^n\cdot b^n \qquad (\frac{a}{b})^n = \frac{a^n}{b^n} \qquad (a^m)^n = a^{m\cdot n}$$

Zähler- und der Nennerbruch vereinfacht, dann wird zusammengefasst:

$$(2.06)\qquad = \frac{21^3 14^2 r^{22} s^{21} t^{11}}{6^3 7^5 r^{27} s^{25} t^{13}} = (\frac{21}{6})^3(\frac{14^2}{7^5})r^{-5}s^{-4}t^{-2} = (\frac{7}{2})^3(\frac{(2\cdot 7)^2}{7^5})\frac{1}{r^5s^4t^2} = \frac{1}{2}\frac{1}{r^5s^4t^2}$$

Die Regeln der Potenzrechnung sind ebenfalls hilfreich, wenn *Terme mit Wurzeln* zusammenzufassen sind. Denn *zwischen Wurzeln und Potenzen* besteht der Zusammenhang

(2.07) $\sqrt[n]{a} = a^{\frac{1}{n}}$

mit denen sich die *Potenzgesetze* auf die *n-ten Wurzeln* übertragen lassen.

Beispiel 2.3: Man vereinfache den Term

(2.08) $\sqrt{\sqrt[5]{x^4}}$.

Wenn der *Wurzelexponent fehlt,* handelt es sich um die *Quadratwurzel* (zweite Wurzel). Durch Umschreiben der Wurzeln in *Potenzen mit gebrochenen Exponenten* erhält man die Lösung:

(2.09) $= (\sqrt[5]{x^4})^{\frac{1}{2}} = (x^{\frac{4}{5}})^{\frac{1}{2}} = x^{\frac{4}{10}} = x^{\frac{2}{5}} = \sqrt[5]{x^2}$

Beispiel 2.4: Man vereinfache den folgenden Ausdruck:

(2.10) $(\sqrt[3]{\sqrt[6]{u}} \cdot \sqrt[9]{\sqrt{u^4}}) : (\sqrt[18]{u^{-7}} \cdot \sqrt[9]{\frac{1}{u^3}})$.

Wieder sollte zuerst von der Schreibweise mit dem Divisions-Doppelpunkt zur Bruch-Schreibweise übergegangen werden. Dann werden in Zähler und Nenner *Potenzschreibweisen* benutzt und die *Gesetze der Potenzrechnung* angewandt:

(2.11) $= \frac{(\sqrt[3]{\sqrt[6]{u}} \cdot \sqrt[9]{\sqrt{u^4}})}{(\sqrt[18]{u^{-7}} \cdot \sqrt[9]{\frac{1}{u^3}})} = \frac{(u^{\frac{1}{6}})^{\frac{1}{3}}(u^{\frac{4}{2}})^{\frac{1}{9}}}{(u^{-7})^{\frac{1}{18}}(u^{-3})^{\frac{1}{9}}} = \frac{u^{\frac{1}{18}}u^{\frac{2}{9}}}{u^{\frac{-7}{18}}u^{\frac{-3}{9}}} = \frac{u^{\frac{5}{18}}}{u^{\frac{-13}{18}}} = u^{\frac{5}{18}+\frac{13}{18}} = u$

Beispiel 2.5: Zu vereinfachen ist

(2.12) $\frac{a-b}{\sqrt{a}-\sqrt{b}} - \frac{a-b}{\sqrt{a}+\sqrt{b}}$.

Ungleichnamige Brüche werden addiert, indem zuerst nach einem *Hauptnenner* gesucht wird. Hier entsteht der Hauptnenner als *Produkt der beiden Teilnenner*:

(2.13) $= \frac{(a-b)(\sqrt{a}+\sqrt{b})}{(\sqrt{a}-\sqrt{b})(\sqrt{a}+\sqrt{b})} - \frac{(a-b)(\sqrt{a}-\sqrt{b})}{(\sqrt{a}-\sqrt{b})(\sqrt{a}+\sqrt{b})} = \frac{2(a-b)\sqrt{b}}{(\sqrt{a}-\sqrt{b})(\sqrt{a}+\sqrt{b})}$

Im Nenner ist die Anwendbarkeit einer binomischen Formel (häufig wird sie als *dritte binomische Formel* bezeichnet) zu erkennen:

(2.14) $\frac{2(a-b)\sqrt{b}}{(\sqrt{a}-\sqrt{b})(\sqrt{a}+\sqrt{b})} = \frac{2(a-b)\sqrt{b}}{((\sqrt{a})^2-(\sqrt{b})^2)} = \frac{2(a-b)\sqrt{b}}{(a-b)} = 2\sqrt{b}$

Der *Umgang mit Logarithmen* wird von vielen Studierenden als schwierig empfunden, obwohl es mit Hilfe der Definition doch eigentlich nicht kompliziert sein sollte, sauber mit Logarithmen zu arbeiten.

Gemäß Definition des Logarithmus gilt

(2.15) $$a^c = b \Leftrightarrow c = \log_a b \qquad a > 0, b > 0, a \neq 1 \quad .$$

Man kann also sagen $8^3=512$, was gleichbedeutend ist mit $3=\log_8 512$. Auch gebrochene Zahlen können als Logarithmen auftreten:

(2.16) $$\log_{81} 3 = \frac{1}{4} \Leftrightarrow 81^{\frac{1}{4}} = \sqrt[4]{81} = 3$$

Weitere ausführliche Erklärungen und Beispiele zum Logarithmenbegriff können u. a. im Buch „Mathematik für BWL-Bachelor" [22] im Abschnitt 2.1.5 ab Seite 28 nachgelesen werden. Die drei *wichtigsten Logarithmengesetze* sollen trotzdem wegen ihrer Bedeutung hier noch einmal wiederholt werden:

(2.17) $$\begin{aligned} \log_c(a \cdot b) &= \log_c a + \log_c b & &\Leftrightarrow \log_c a + \log_c b = \log_c(a \cdot b) \\ \log_c(\frac{a}{b}) &= \log_c a - \log_c b & &\Leftrightarrow \log_c a - \log_c b = \log_c(\frac{a}{b}) \\ \log_c(a^n) &= n \cdot \log_c a & &\Leftrightarrow n \cdot \log_c a = \log_c(a^n) \end{aligned}$$

Das Nichtbeachten der Logarithmen-Eigenschaften und Logarithmen-Gesetze ist eine häufige Fehlerquelle. Wird zum Beispiel die Aufgabe gestellt, die Gleichung

(2.18) $$\ln y = -3 \ln x$$

nach y aufzulösen, dann findet sich im Publikum nicht selten jemand, der vorschlägt, beide Seiten dieser Gleichung „durch *ln* zu teilen" – was natürlich völlig unsinnig ist. Richtig dagegen ist, das in (2.17) genannte dritte Gesetz anzuwenden:

(2.19) $$\ln y = -3 \ln x = \ln(x^{-3}) \Rightarrow y = x^{-3} = \frac{1}{x^3}$$

Die Arbeit mit dem Logarithmus ist besonders in der *Finanzmathematik* wichtig, wenn z. B. nach *Laufzeiten* bei Sparprozessen mit regelmäßigen Einzahlungen gefragt wird.

Beispiel 2.6: Frau Sicherlich zahlt das in ihrem Unternehmen gewährte Weihnachtsgeld von 500 € am Jahresende auf ein mit i=4% p. a. verzinstes Sparbuch ein. Wie viele Jahre müsste sie einzahlen, um 10.000 € am *Jahresende des letzten Einzahlungsjahres* erhalten zu können?

Mit Hilfe der passenden *Formel* aus der Finanzmathematik (siehe zum Beispiel in [20]) findet man die *Bestimmungsgleichung für das Endkapital* K_n :

(2.20) $$K_n = r\frac{(1+i)^n - 1}{i} \xrightarrow{r=500, i=0{,}04, K_n=10000} 10000 = 500\frac{(1+0{,}04)^n - 1}{0{,}04}$$

Die erhaltene Gleichung wird zuerst zahlenmäßig vereinfacht:

(2.21) $$\frac{10000}{500}0{,}04+1=(1+0{,}04)^n \Leftrightarrow 1{,}8=1{,}04^n$$

Da sowohl die linke als auch die rechte Seite der entstehenden Gleichung *positiv* sind, dürfen beide Seiten mit einer beliebigen Basis *logarithmiert* werden. Man benutzt dafür im allgemeinen den *natürlichen Logarithmus*, für dessen Auswertung sich selbst auf dem billigsten Taschenrechner eine Taste findet:

(2.22) $$\ln 1{,}8=\ln(1{,}04^n)=n\ln 1{,}04$$
$$n=\frac{\ln 1{,}8}{\ln 1{,}04}=14{,}986$$

Vergessen wir den *Antwortsatz* nicht – ohne diesen ist die Aufgabe nicht gelöst:

Antwortsatz: Die genannte Dame muss 15 Jahre lang einzahlen, um schließlich den Betrag von 10.000 € erhalten zu können.

Übungsaufgaben

Die Lösungen finden Sie ab Seite 145

Aufgabe 2.1: Man vereinfache die folgenden Terme:

(2.23) $$\left(\frac{v^{-2}x^2}{u^3y^{-4}}\right)^{-2}:\left(\frac{y^{-1}u^2}{x^2v^0}\right)^3$$

(2.24) $$\sqrt[5]{\sqrt[3]{x^5y^{10}z^{15}}}$$

(2.25) $$\sqrt{\frac{x}{y}}\cdot\sqrt[12]{\frac{y^3}{x}}:\sqrt[4]{\frac{y}{x}}$$

Aufgabe 2.2: Man bestimme x aus den folgenden Gleichungen:

(2.26) $$\log_2 x=5$$

(2.27) $$\log_x 0{,}5=-1$$

(2.28) $$\log_{0,3} x=4$$

(2.29) $$x=\log_a \sqrt[n]{a}$$

(2.30) $$\log_x 25=2$$

(2.31) $$x=\log_k \sqrt[3]{k^6}$$

Aufgabe 2.3: Wie lange müssen am Ende eines jeden Jahres 8.229,12 € eingezahlt werden, damit am Ende des n-ten Jahres bei einem Zinssatz von i=5,5% p. a. genau 80.000 € zur Verfügung stehen?

A3 Lineare und quadratische Gleichungen: Beispiele und Aufgaben

Grundsätzliches

Das *Lösen von Gleichungen* ist eine in der Analysis vielfach benötigte Arbeitstechnik, bei der es oft zu – vermeidbaren – Fehlern kommt.

Die zulässigen Operationen für das *Lösen von linearen und quadratischen Gleichungen* sind im Buch „Mathematik für BWL-Bachelor" in den Abschnitten 2.2.1 ab Seite 31 und 2.2.2 ab Seite 33 zusammengestellt.

Beispiele dafür, wie es richtig gemacht wird

Beispiel 3.1: Bestimmen Sie alle Werte von x, die die Gleichung

(3.01) $$5(2x-3)+3(4-x)-2(x+7)=2x-4+2(6-x)$$

erfüllen.

Wie geht man vor? Zunächst werden alle Klammern aufgelöst, und es wird auf beiden Seiten der Gleichung so weit wie möglich zusammengefasst:

(3.02) $$\begin{aligned} 10x-15+12-3x-2x-14 &= 2x-4+12-2x \\ 5x-17 &= 8 \end{aligned}$$

Die beiden erlaubten Operationen *Addition von 17* und *Division durch 5*, nacheinander angewandt auf beide Seiten der Gleichung, liefern dann das Ergebnis:

(3.03) $$\begin{aligned} 5x-17 &= 8 \quad |+17 \\ 5x &= 25 \quad |:5 \\ x &= 5 \end{aligned}$$

Nur die Zahl 5, eingesetzt für x, erzeugt links und rechts den gleichen Wert. Sie ist *die einzige Lösung* der Gleichung (3.01).

Beispiel 3.2: Bestimmen Sie alle Werte von x, die die Gleichung

(3.04) $$(a+x)(b-x)=(a-x)(b+x)$$

erfüllen.

Mit der linken und rechten Seite der Gleichung werden vier *erlaubte Rechenoperationen* vollzogen:

(3.05) $$\begin{aligned} ab+bx-ax-x^2 &= ab-bx+ax-x^2 \quad |-ab+x^2+bx-ax \\ 2bx-2ax &= 0 \end{aligned}$$

Nach dem *Ausklammern des gemeinsamen Faktors 2x* finden wir eine Gleichung vor, die ohne eine *Fallunterscheidung* nicht weiter behandelt werden kann:

(3.06) $$2(b-a)x=0$$

Fallunterscheidung: Betrachten wir zuerst den Fall, dass *die Differenz (b-a) von Null verschieden* ist. Dann können beide Seiten der Gleichung (3.06) durch *2(b-a)* dividiert werden, man erhält *einen x-Wert* als Lösung:

(3.07) $$(b-a)\neq 0 \rightarrow x=\frac{0}{2(b-a)}=0$$

Falls aber die Differenz *(b-a)* gleich Null sein sollte, dann entsteht für jede beliebige reelle Zahl *x* die wahre Aussage 0=0. Die Gleichung (3.04) besitzt dann *unendlich viele Lösungen.*

Beispiel 3.3: Bestimmen Sie alle Werte von *x*, die die Gleichung

(3.08) $$\frac{1+x}{1-x}=\frac{2-x}{x+8}$$

erfüllen.

Zunächst muss festgehalten werden, dass keiner der beiden Nenner Null werden darf, das heißt, es muss *x≠1 und x≠-8 gefordert* werden.

Nach dieser Vorüberlegung werden beide Seiten der Gleichung mit dem Hauptnenner *(1-x)(x+8)* multipliziert. Damit ergibt sich als Lösung der Wert $x=-1/2$:

(3.09) $$\begin{aligned} \frac{1+x}{1-x}&=\frac{2-x}{x+8} && |\,(1-x)(x+8)\\ (1+x)(x+8)&=(2-x)(1-x)\\ x^2+9x+8&=x^2-3x+2 && |-x^2+3x\\ 12x+8&=2 && |-8\\ 12x&=-6 && |:12\\ x&=-\frac{1}{2} \end{aligned}$$

Beispiel 3.4: Bestimmen Sie alle Werte von *x*, die die Gleichung

(3.10) $$\frac{x+4}{x+1}-\frac{2x}{x-1}=\frac{x^2}{1-x^2}$$

erfüllen.

Die Gleichung ist nur sinnvoll für *x≠1* und *x≠-1*, nur dort sind die verwendeten Nenner ungleich Null. Beachtet man ferner, dass nach einer *binomischen Formel* $(x+1)(x-1)=x^2-1$ ist, so kann die Gleichung mit dem Hauptnenner x^2-1 multipliziert werden:

(3.11) $$\begin{aligned} (x+4)(x-1)-2x(x+1)&=-x^2\\ &\rightarrow x=4 \end{aligned}$$

In den Beispielen 3 und 4 trat zwar in der Aufgabenstellung oder während der Rechnung die Unbekannte x in zweiter Potenz als x^2 auf, da der Term x^2 aber später verschwand, handelte es sich in den genannten Beispielen *nicht* um quadratische Gleichungen. Sie liegen dann vor, wenn bis zum Schluss der Rechnung das x^2 erhalten bleibt.

In solchen Fällen versucht man zunächst, die so genannte *Normalform einer quadratischen Gleichung*

(3.12) $$x^2 + px + q = 0$$

zu erhalten, um dann mit der *p-q-Formel* (3.13) zu einer Lösungsaussage der Gleichung zu kommen:

(3.13) $$x_{1,2} = -\frac{p}{2} \pm \sqrt{\left(\frac{p}{2}\right)^2 - q}$$

Beispiel 3.5: Bestimmen Sie alle Werte von x, die die Gleichung

(3.14) $$(x-5)(x-7) = (x+4)(9-x) - 31$$

erfüllen.

Nach dem Ausmultiplizieren beider Seiten und Zusammenfassung entsteht hier eine *quadratische Gleichung in ihrer Normalform*:

(3.15) $$x^2 - \frac{17}{2}x + 15 = 0$$

Man erkennt $p=-17/2$ und $q=15$. Diese Werte werden in die *p-q-Formel* (3.13) eingesetzt:

$$x_{1,2} = -\frac{\left(-\frac{17}{2}\right)}{2} \pm \sqrt{\left(\frac{\left(-\frac{17}{2}\right)}{2}\right)^2 - 15}$$

(3.16) $$x_{1,2} = \frac{17}{4} \pm \sqrt{\left(\frac{-17}{4}\right)^2 - 15}$$

$$x_{1,2} = \frac{17}{4} \pm \sqrt{\frac{289}{16} - 15}$$

$$x_{1,2} = \frac{17}{4} \pm \sqrt{\frac{49}{16}} = \frac{17}{4} \pm \frac{7}{4}$$

Es ist erkennbar: Die Gleichung (3.14), die sich während der Rechnung als quadratische Gleichung erwiesen hat, besitzt *zwei Lösungen*:

(3.17) $$x_1 = \frac{17}{4} + \frac{7}{4} = 6 \qquad x_2 = \frac{17}{4} - \frac{7}{4} = \frac{5}{2}$$

Beispiel 3.6: Bestimmen Sie alle Werte von x, die die Gleichung

$$(x+1)(x+3)=(x+9)(1-x)-32 \tag{3.18}$$

erfüllen.

Wieder wird auf beiden Seiten ausmultipliziert, und nach der Zusammenfassung zeigt sich, dass x^2 nicht verschwinden wird:

$$x^2+4x+3=-x^2-8x+9-32 \tag{3.19}$$

Folglich liegt eine *quadratische Gleichung* vor, und die Normalform (3.12) ist anzustreben:

$$\begin{aligned} 2x^2+12x+26=0 \quad &|:2 \\ x^2+6x+13=0 \\ x_{1,2}=-\frac{6}{2}\pm\sqrt{(\frac{6}{2})^2-13}=-3\pm\sqrt{9-13} \end{aligned} \tag{3.20}$$

Die Anwendung der *p-q-Formel* führt zu einem *negativen Radikanden* (das ist der Wert *unter dem Wurzelzeichen*). Folglich hat die Gleichung (3.19) im Bereich der reellen Zahlen *keine Lösung*.

Beispiel 3.7: Bestimmen Sie alle Werte von x, die die Gleichung

$$(x+2)^2+4=(2x-5)^2+31 \tag{3.21}$$

erfüllen.

Auf beiden Seiten werden die *binomischen Formeln* benutzt, und nach der Zusammenfassung zeigt sich erneut, dass x^2 nicht verschwinden wird.

Die Anwendung der *p-q-Formel* liefert ein überraschendes Ergebnis:

$$\begin{aligned} x^2+4x+4+4=4x^2-20x+25+31 \\ 3x^2-24x+48=0 \quad &|:3 \\ x^2-8x+16=0 \\ x_{1,2}=-(-\frac{8}{2})\pm\sqrt{(-\frac{8}{2})^2-16}=4\pm\sqrt{16-16}=4 \end{aligned} \tag{3.22}$$

Da *unter dem Wurzelzeichen eine Null* entsteht, fallen die beiden Lösungen x_1 und x_2 zusammen – die Gleichung (3.21) hat nur den Wert 4 als *Lösung*.

Man spricht in solchen Fällen von einer so genannten *Doppellösung*.

Übungsaufgaben

Die Lösungen finden Sie ab Seite 147

Aufgabe 3.1: Man löse die folgenden Gleichungen:

(3.23) $13-(5x+2)=8x-20-(x-7)$

(3.24) $3(5x-7a)+5(3b-7x)=7(5b-3a)$

(3.25) $(3x-2)(x+7)-(4x-1)(1+x)=(x-2)(5-x)$

(3.26) $\frac{x+1}{15}+\frac{2x-10}{5}=3-\frac{3x-16}{3}$

(3.27) $\frac{5x-1}{2x-1}-\frac{5x+2}{4x-2}-\frac{4x-1}{6x-3}+\frac{7x-2}{8x-4}=1$

(3.28) $\frac{1}{8-4x}-\frac{1}{8}+\frac{x}{16+8x}=\frac{x+5}{16-4x^2}$

Aufgabe 3.2: Man löse die folgenden Gleichungen:

(3.29) $x^2+22x+112=0$

(3.30) $\frac{3}{8}x^2-\frac{9}{20}x+\frac{2}{15}=0$

(3.31) $(x-4)^2+(x-7)^2=29$

(3.32) $\frac{2x+1}{x-1}-\frac{3x-4}{x+1}=\frac{3x+3}{x^2-1}$

(3.33) $\frac{x-3}{2x+7}=\frac{3x+1}{x-5}$

(3.34) $a^2+\frac{a^2-b^2}{x^2-2x}=\frac{b^2(x+2)}{x-2}$

Beispiele für Anwendungen:

Beispiel 3.8: Eine Abiturklasse hat sich verpflichtet, zur Verschönerung der Außenanlagen des Gymnasiums eine Anzahl von freiwilligen Arbeitsstunden zu leisten. Arbeitet jeder Schüler 30 Stunden, wird die Verpflichtung mit 70 Stunden übererfüllt. Wenn jeder Schüler nur 25 Stunden arbeitet, fehlen noch 25 Stunden zur Erfüllung der Verpflichtung.

Wie viele Schüler gehören zur Abiturklasse? Zu wie vielen Stunden hat sich die Klasse verpflichtet?

Die Umsetzung der verbalen Aufgabenstellung in *mathematischen Formalismus* nennt man *mathematische Modellierung*, in deren Ergebnis das *mathematische Modell* der Aufgabenstellung entsteht.

Mathematische Modellierung: Zuerst wird festgestellt, was zu berechnen ist, welche und wie viele *Unbekannte* es gibt. Dafür werden *Buchstaben* verwendet, üblich sind x und y:

Anzahl der Schüler: x

Anzahl der Stunden: y

Aus dem Text werden nun die *Beziehungen zwischen den Unbekannten* entnommen:

(3.35a) $$30x = y + 70$$

(3.35b) $$25x = y - 25$$

Mit der Festlegung der Bedeutung der beiden Unbekannten x und y sowie mit den beiden Gleichungen (3.35a) und (3.35b) ist das *mathematische Modell* des Beispiels gefunden.

Die Lösung dieser zwei Gleichungen mit zwei Unbekannten kann z. B. nach der *Einsetzmethode* erfolgen: Die zweite Gleichung (3.35b) wird nach y aufgelöst und in die erste Gleichung (3.35a) eingesetzt:

(3.35c) $$30x = (25x + 25) + 70$$

Daraus ergibt sich $x=19$. Nach Einsetzen in eine der beiden Gleichungen folgt $y=500$.

Weil die Aufgabe in Worten formuliert war, muss auch ihre *endgültige Lösung* in *Worten* angegeben werden – es muss ein *Antwortsatz* formuliert werden:

Die 19 Schüler der Abiturklasse haben sich zu 500 Arbeitsstunden verpflichtet.

Beispiel 3.9: Ein Facharbeiter benötigt zur Endmontage einer Apparatur 5 ½ Tage, ein anderer für die gleiche Arbeit 7 Tage. Wie viele Tage brauchen sie gemeinsam, wenn der erste Arbeiter erst zwei Tage später als der zweite mitarbeitet?

Mathematische Modellierung: Gesucht ist die Anzahl der Tage x bei gemeinsamer Arbeit.

Da der Arbeiter A allein 5 ½ Tage benötigt, schafft er an einem Tag 2/11 der Apparatur. Dagegen schafft der Arbeiter B an einem Tag 1/7 der Apparatur.

Wenn wir die (unbekannte) Anzahl der Tage, an denen die beiden Arbeiter gemeinsam tätig sind, mit x bezeichnen, so ergibt sich unter Berücksichtigung der vorher stattfindenden zwei einsamen Tage von Arbeiter B für x die Gleichung

(3.36) $$2 \cdot \frac{1}{7} + x \cdot \left(\frac{1}{7} + \frac{2}{11}\right) = 1 \quad .$$

Diese Gleichung wird nach x aufgelöst, und man erhält $x=11/5$.

Antwortsatz: Beide Arbeiter müssen gemeinsam 2 1/5 Tage lang arbeiten, damit die Apparatur in 4 1/5 Tagen montiert wird.

Beispiel 3.10: Die Produktion von x Einheiten eines Gutes verursache *Kosten* in Höhe von

(3.37a) $5000 + 2x + x^2$ (in Geldeinheiten) .

Für welche produzierte Menge x betragen die Kosten 15.200 Geldeinheiten?

Mathematisches Modell: Gesucht sind hier nur die *positiven Lösungen* der Gleichung

(3.37b) $5000 + 2x + x^2 = 15200$

denn *negative Produktionsmengen* sind ökonomisch sinnlos:

Lösung: Die quadratische Gleichung (3.37b) wird zuerst in die Normalform überführt:

(3.37c) $x^2 + 2x - 10200 = 0$

Nun kann die bekannte p-q-Formel angewandt werden:

(3.37d) $x_{1,2} = -1 \pm \sqrt{1 + 10200} \rightarrow x_1 = 100 \quad x_2 = -102$

Antwortsatz: Bei der Produktion von 100 Einheiten des Gutes entstehen Kosten von 15.200 Geldeinheiten.

Beispiel 3.11: Ein Betrieb arbeitet bei der Produktion von x Einheiten eines Gutes mit einer *Gewinnfunktion*

(3.38a) $G(x) = 48x - 4x^2 - 108$

Man bestimme die *Gewinnschwellen*, d. h. die *positiven Nullstellen* dieser Gewinnfunktion.

Lösung: Es ist die quadratische Gleichung

(3.38b) $48x - 4x^2 - 108 = 0$

zu lösen. Wenn beide Seiten durch -4 dividiert werden, entsteht die Normalform, auf die die p-q-Formel angewandt werden kann:

(3.38c) $x_{1,2} = 6 \pm \sqrt{36 - 27} \rightarrow x_1 = 3 \quad x_2 = 9$

Antwortsatz: Bei der Produktion von entweder *drei* oder *neun Einheiten* des Gutes wechselt der Betrieb aus der Verlust- in die Gewinnzone.

Die Lösungen finden Sie ab Seite 148

Übungen mit Anwendungsaufgaben

Aufgabe 3.3: Aus einem Motorradtank, von dessen Inhalt 20 Prozent verbraucht waren, wurden noch 2,4 Liter Benzin abgelassen. Im Tank verblieb danach ein Rest von 2/3 des gesamten Tankinhalts.

Wie viele Liter Kraftstoff fasst der Tank?

Aufgabe 3.4: Zum Entleeren eines Beckens benötigt eine Pumpe vier Stunden und 30 Minuten. Eine andere Pumpe benötigt dafür 6,75 Stunden.

In welcher Zeit wird das Becken geleert, wenn beide Pumpen gleichzeitig arbeiten?

Aufgabe 3.5: Eine Firma verkauft Zimmerspringbrunnen zum Preis von p Geldeinheiten. Der *am Markt erreichbare Umsatz* wird durch die Funktion

$$U(p) = 300p - 2p^2 \tag{3.39}$$

beschrieben.

Für welche Preise p wird der Umsatz Null?

A4 Ungleichungen: Beispiele und Aufgaben

Grundsätzliches

Wie im Buch „Mathematik für BWL-Bachelor" in den Abschnitten 2.2.3 bis 2.2.6 ausführlich dargelegt wird, ist beim Lösen von Ungleichungen ein sehr konzentriertes Arbeiten nötig.

> Denn das *Relationszeichen* reagiert – anders als bei den Gleichungen – sehr empfindlich auf *Multiplikation* oder *Division* beider Seiten einer Ungleichung mit *negativen* Zahlen oder Ausdrücken.

Beispiele dafür, wie es richtig gemacht wird

Beispiel 4.1: Gesucht sind alle Werte für die Unbekannte x, die die folgende Ungleichung erfüllen:

(4.01) $$9x-8-3(x-2) > 2(x+3)$$

Zuerst wird auf beiden Seiten der Ungleichung ausmultipliziert und zusammengefasst:

(4.02) $$6x-2 > 2x+6$$

Auf beiden Seiten einer Ungleichung dürfen dieselben Ausdrücke *addiert* werden, links und rechts darf problemlos auch *subtrahiert* werden:

(4.03) $$\begin{aligned} 6x-2 &> 2x+6 \quad |-2x+2 \\ 4x &> 8 \end{aligned}$$

Um die Unbekannte x auf der linken Seite allein zu erhalten, muss nun eine *Division* beider Seiten der Ungleichung durch die Zahl 4 folgen. Dabei ist zu beachten:

> Werden beide Seiten einer Ungleichung durch eine *positive Zahl* oder einen *positiven Ausdruck* dividiert, bleibt das *Relationszeichen unverändert.*
>
> Erfolgt die Division dagegen durch eine *negative Zahl* oder einen *negativen Ausdruck*, so wechselt das Relationszeichen: Aus < wird >, aus > wird dann <.

Da unser Divisor, die Zahl 4, zweifelsohne positiv ist, verändert sich folglich bei der Division beider Seiten der Ungleichung das Relationszeichen nicht:

(4.04) $$\begin{aligned} 4x &> 8 \quad |:4 \\ x &> 2 \end{aligned}$$

Angenommen, wir hätten bei der Ungleichung (4.02) auf beiden Seiten sowohl $6x$ als auch 6 subtrahiert (hätten damit also die Unbekannte x „auf die rechte Seite gebracht"), dann würde sich bei der *Division durch minus vier* das *Relationszeichens* verändern:

(4.05) $$\begin{aligned} 6x-2 &> 2x+6 \quad |-6x-6 \\ -8 &> -4x \quad |:(-4) \\ 2 &< x \end{aligned}$$

Die *Lösungsmenge der Ungleichung (4.01)* kann auf vier Arten beschrieben werden:

- Mit *Worten*: Alle Zahlen die auf dem Zahlenstrahl *rechts von der Zwei* liegen, erfüllen die Ungleichung.
- Mit einer *Skizze*, die auf dem Zahlenstrahl den Lösungsbereich deutlich erkennen lässt:

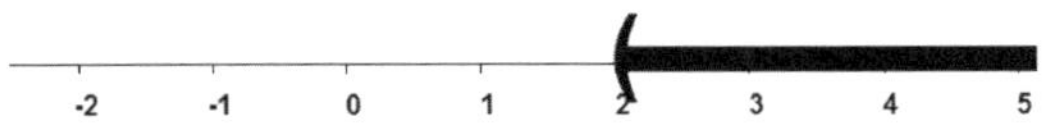

Bild 4.1: Lösungsmenge der Ungleichung (4.01)

- In *Intervallschreibweise*: $L = (2, \infty)$
- In *Mengenschreibweise*: $L = \{x \in \Re \mid x > 2\}$

Beispiel 4.2: Gesucht sind alle Werte für die Unbekannte *x*, die die folgende Ungleichung erfüllen:

(4.06) $$\frac{10+x}{24x} - \frac{x+4}{12x} \leq 1 - \frac{x+3}{8x}$$

Auf beiden Seiten werden durch Verwendung je eines Hauptnenners die Differenzen vereinfacht, schließlich wird mit der positiven Zahl 24 multipliziert:

(4.07) $$\frac{2-x}{24x} \leq \frac{7x-3}{8x} \quad | \cdot 24$$
$$\frac{2-x}{x} \leq \frac{21x-9}{x}$$

Jetzt entsteht das typische Problem bei der Lösung von Ungleichungen: *Einerseits* müssten beide Seiten der Ungleichung nun mit *x* multipliziert werden – *andererseits* kann nur dann multipliziert oder dividiert werden, wenn bekannt ist, ob Faktor oder Divisor positiv oder negativ sind.

Wie kann man diesen scheinbaren Widerspruch lösen?

Der Untersuchungsbereich wird mit Hilfe von *Fallunterscheidungen* eingeschränkt:

Fall 1: Wir untersuchen zuerst nur den Teil des Zahlenstrahls rechts von Null, das heißt, wir formulieren die *Annahme 1: x>0*. Dann kann mit *x* multipliziert werden, gemäß Annahme wechselt das Relationszeichen nicht:

(4.08) $$\frac{2-x}{x} \leq \frac{21x-9}{x} \quad | \cdot x$$
$$2 - x \leq 21x - 9$$
$$\frac{1}{2} \leq x$$

Mit der *ersten Annahme* $x>0$ ergibt sich die *erste Schlussfolgerung* $x \geq 1/2$.

Alle x-Werte, die *sowohl in der ersten Annahmemenge* als auch in der *resultierenden ersten Schlussfolgerungsmenge* liegen, bilden den *ersten Teil der Lösungsmenge* L_1:

(4.09) $$L_1 = \{x \in \Re \mid x \geq \frac{1}{2}\} = [\frac{1}{2}, \infty)$$

Fall 2: Nun folgt die *zweite Annahme,* mit $x<0$ wird der Teil des Zahlenstrahles *links vom Nullpunkt* zum Untersuchungsbereich gemacht. Jetzt *ändert sich das Relationszeichen* bei der Multiplikation mit x:

$$\frac{2-x}{x} \leq \frac{21x-9}{x} \qquad | \cdot x$$

(4.10) $$2 - x \geq 21x - 9$$

$$\frac{1}{2} \geq x$$

Mit der *zweiten Annahme* $x<0$ ergibt sich die *zweite Schlussfolgerung* $x \leq 1/2$.

Alle x-Werte, die *sowohl in der zweiten Annahmemenge* als auch in der *resultierenden zweiten Schlussfolgerungsmenge* liegen, bilden den *zweiten Teil der Lösungsmenge* L_2:

(4.11) $$L_2 = \{x \in \Re \mid x < 0\} = (-\infty, 0)$$

Die *Gesamt-Lösungsmenge L* der Ungleichung setzt sich nun zusammen aus allen x-Werten, die entweder im ersten oder im zweiten Teil der Lösungsmenge liegen.

In der Sprache der Mathematik sagt man, die Gesamt-Lösungsmenge ergibt sich als *Vereinigung aller Teile der Lösungsmenge*:

(4.12) $$L = L_1 \cup L_2 = (-\infty, 0) \cup [\frac{1}{2}, +\infty)$$

Anhand einer Skizze kann man sich verdeutlichen, dass nur die Zahlen zwischen Null und ½ nicht zur Lösungsmenge gehören, wobei zusätzlich die Null ausgeschlossen werden muss.

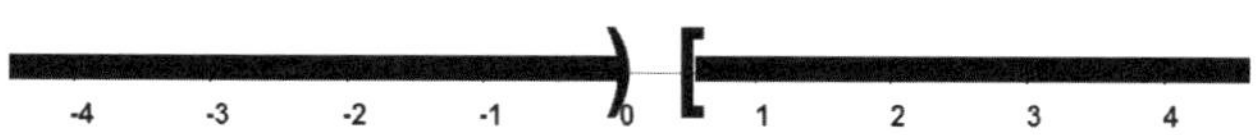

Bild 4.2: Lösungsmenge der Ungleichung (4.06)

Beispiel 4.3: Gesucht sind alle Werte für die Unbekannte x, die die folgende Ungleichung erfüllen:

(4.13) $$(x+3)(2x+1) + 11x + 18 > x(x+5) - 9$$

Auf beiden Seiten dieser Ungleichung wird zuerst ausmultipliziert und zusammengefasst. Anschließend wird durch geeignete Subtraktion auf der rechten Seite eine Null erzeugt:

(4.14)
$$2x^2+18x+21>x^2+5x-9 \quad |-(x^2+5x-9)$$
$$x^2+13x+30>0$$

Gesucht sind also alle x-Werte, für die der links stehende quadratische Ausdruck positiv wird. Wie kann man sie finden?

Zunächst wird die Gleichung

(4.15) $$x^2+13x+30=0$$

mit Hilfe der *p-q-Formel* gelöst:

(4.16) $$x_{1,2}=-\frac{13}{2}\pm\sqrt{\frac{169}{4}-30} \rightarrow x_1=-3 \quad x_2=-10$$

Mit diesem Ergebnis kann jetzt der quadratische Ausdruck auf der linken Seite von (4.15) als Produkt der beiden Linearfaktoren *(x-(-3))* und *(x-(-10))* geschrieben werden:

(4.17) $$x^2+13x+30=(x-(-3))(x-(-10))=(x+3)(x+10)$$

Somit ergibt sich folgender Zusammenhang:

(4.18) $$x^2+13x+30>0 \Leftrightarrow (x+3)(x+10)>0$$

Anstelle nach Lösung der links stehenden quadratischen Ungleichung zu suchen, kann nun überlegt werden, wann *ein Produkt positiv* werden kann:

Ein *Produkt aus zwei Faktoren* ist *positiv,* wenn *beide Faktoren* das *gleiche Vorzeichen* haben.

Fall 1: Es wird zuerst angenommen, dass *beide Faktoren positiv* sind:

(4.19)
$$x+3>0 \quad \text{und} \quad x+10>0$$
$$x>-3 \quad \text{und} \quad x>-10$$

Beide Forderungen werden von *x>-3* erfüllt.

Als *erster Teil der Lösungsmenge* ergibt sich $L_1=(-3,\infty)$.

Fall 2: Es wird angenommen, dass *beide Faktoren negativ* sind:

(4.20)
$$x+3<0 \quad \text{und} \quad x+10<0$$
$$x<-3 \quad \text{und} \quad x<-10$$

Beide Forderungen werden von $x < -10$ erfüllt.

Als *zweiter Teil der Lösungsmenge* ergibt sich $L_2=(-\infty,-10)$.

Die *Gesamt-Lösungsmenge L* ergibt sich als Vereinigung aller Teile der Lösungsmenge:

(4.21) $$L=L_1\cup L_2=(-\infty,-10)\cup(-3,+\infty)$$

Beispiel 4.4: Die in der Anwendungsaufgabe 3.5 auf Seite 26 erwähnte Firma möchte den Umsatz, der durch den Verkauf von Zimmerspringbrunnen erzielt wird, auf über 5.200 steigern. Wie müssen dazu die *Preise* festgelegt werden, wenn die *Umsatzfunktion* durch

(4.22) $$U(p) = 300p - 2p^2$$

gegeben ist?

Mathematisches Modell: Zu bestimmen ist die Menge aller Zahlen p, die die Ungleichung

(4.23) $$300p - 2p^2 > 5200$$

erfüllen.

Lösung: Es wird dafür gesorgt, dass auf der rechten Seite der Ungleichung eine Null entsteht und auf der linken Seite die *Normalform eines quadratischen Ausdrucks*:

(4.24) $$\begin{aligned} 300p - 2p^2 &> 5200 \quad &|-5200 \\ -2p^2 + 300p - 5200 &> 0 \quad &|:(-2) \\ p^2 - 150p + 2600 &< 0 \end{aligned}$$

Die Anwendung der p-q-Formel auf die linke Seite liefert $p_1=20$ und $p_2=130$. Mit den beiden Linearfaktoren $(p-20)$ und $(p-130)$ ist demnach die Ungleichung

(4.25) $$(p-20)(p-130) < 0$$

zu lösen. Die folgende Feststellung führt wieder zur Fallunterscheidung:

Ein *Produkt aus zwei Faktoren* ist *negativ*, wenn *beide Faktoren unterschiedliche Vorzeichen* haben.

Fall 1: Es wird angenommen, dass *der erste Faktor positiv*, der *zweite Faktor negativ* ist:

(4.26) $$\begin{aligned} p-20 > 0 &\quad \text{und} \quad p-130 < 0 \\ p > 20 &\quad \text{und} \quad p < 130 \end{aligned}$$

Beide Forderungen werden von *allen Zahlen p zwischen 20 und 130* erfüllt.

Als *erster Teil der Lösungsmenge* ergibt sich $L_1=(20,130)$.

Fall 2: Es wird angenommen, dass *der erste Faktor negativ*, der *zweite Faktor positiv* ist:

(4.27) $$\begin{aligned} p-20 < 0 &\quad \text{und} \quad p-130 > 0 \\ p < 20 &\quad \text{und} \quad p > 130 \end{aligned}$$

Diese Forderungen sind *widersprüchlich*:

Als *zweiter Teil der Lösungsmenge* ergibt sich die leere Menge $L_2=\varnothing$.

Die *Gesamt-Lösungsmenge L* ergibt sich als Vereinigung aller Teile der Lösungsmenge:

(4.28) $$L = L_1 \cup L_2 = (20,130) \cup \varnothing = (20,130)$$

Antwortsatz: Mit Preisen zwischen 20 und 130 wird ein Umsatz oberhalb von 5200 erzielt.

Übungsaufgaben

Die Lösungen finden Sie ab Seite 149

Aufgabe 4.1: Man löse die folgenden Ungleichungen:

(4.29) $$2+\frac{3(x+1)}{8}<3-\frac{x-1}{4}$$

(4.30) $$\frac{3x-5}{x-1}>2x-5$$

(4.31) $$2x^2-4x+3\leq(x+1)(x-9)$$

Übungen mit Anwendungsaufgaben

Die Lösungen finden Sie ab Seite 152

Aufgabe 4.2:

Als *Gewinnzone eines Unternehmens* bezeichnet man den Bereich aller x-Werte, für den die *Gewinnfunktion G(x)* positive Werte liefert.
Dabei beschreibt die *Gewinnfunktion G(x)* den *Gewinn G* in Abhängigkeit von der *abgesetzten Menge x* .

Man bestimme die Gewinnzone bei einer Gewinnfunktion

(4.32) $$G(x)=10x-x^2-21 \quad .$$

A5 Ökonomische Funktionen: Beispiele und Aufgaben

Grundsätzliches

Funktionen stellen ein wichtiges Hilfsmittel bei der Beschreibung ökonomischer Prozesse und Sachverhalte dar.

Insbesondere die *Polynome ersten Grades* (auch bekannt unter dem Namen *lineare Funktionen*) sowie *Polynome zweiten Grades* (bekannt unter dem Namen *quadratische Funktionen*) sollten sicher beherrscht werden.

Der Umgang mit ihnen ist z. B. im Buch „Mathematik für BWL-Bachelor" in den Abschnitten 4.1.5, 4.1.6 und 4.1.7 auf den Seiten 59 bis 64 ausführlich beschrieben.

Lineare und quadratische Funktionen sind zwar recht einfache Funktionen, trotzdem können bereits mit ihrer Hilfe typische Zusammenhänge, zum Beispiel

- zwischen *nachgefragter Menge x* und *verlangtem Preis p*

oder

- zwischen dem *Verkaufserlös E* und der *verkauften Menge x*

beschrieben werden.

Beispiele dafür, wie es richtig gemacht wird

Beispiel 5.1: Gesucht ist die *Gleichung der linearen Nachfragefunktion*, die den Zusammenhang zwischen *nachgefragter Menge x* und *gefordertem Preis p* beschreibt, wenn die folgenden zwei Informationen vorliegen (GE=Geldeinheiten, ME=Mengeneinheiten):

- Bei einem Preis von *p=4 GE/ME* werden *100 ME* nachgefragt.
- Sinkt der Preis um *1 GE*, werden *20 ME* mehr nachgefragt.

Zur Lösung dieser Aufgabe geht man von einem *passenden*, hier also *linearen* Ansatz aus:

(5.01) $$x = a_1 p + a_0$$

Aus den beiden vorliegenden Informationen lassen sich *zwei Gleichungen* ableiten:

(5.02) $$\begin{aligned} 100 &= a_1 \cdot 4 + a_0 \\ 120 &= a_1 \cdot 3 + a_0 \end{aligned}$$

Zur Lösung kann z. B. die obere Gleichung nach a_0 umgestellt, und der für a_0 erhaltene Ausdruck wird in die untere Gleichung eingesetzt:

(5.03) $$\begin{aligned} & a_0 = 100 - 4a_1 \\ \rightarrow\ & 120 = 3a_1 + (100 - 4a_1) \\ \rightarrow\ & 120 = 100 - a_1 \\ \rightarrow\ & a_1 = -20 \end{aligned}$$

Wird der erhaltene Wert $a_1=-20$ in die obere Gleichung eingesetzt, ergibt sich der Wert für a_0:

(5.04) $$a_0 = 100 - 4(-20) = 180$$

Damit ist die Gleichung der Nachfragefunktion vollständig:

(5.05) $$x = -20p + 180$$

Aus dieser Gleichung lässt sich ablesen, dass bei einem Preis von *p=9 GE/ME* die nachgefragte Menge *Null* wird.

Für *p>9 ME/GE* verliert die Nachfragefunktion ihr *ökonomisch sinnvolle Anwendbarkeit*, weil die nachgefragte Menge dann *negativ* würde.

Verschenkt man das Produkt *(p=0)*, so werden *180 ME* abgesetzt, mehr ist nicht möglich.

Für eine Absatzmenge über *180 ME* müsste man einen „negativen Preis" verlangen.

Beispiel 5.2: Untersuchen wir nun den Zusammenhang zwischen gefordertem Preis und angebotener Menge *aus der Sicht des Anbieters*, beschäftigen wir uns in diesem Beispiel mit einer *Angebotsfunktion*.

Aufgabenstellung: Gesucht ist die *Gleichung der linearen Angebotsfunktion*, die den Zusammenhang zwischen dem *Angebotspreis p* und der *angebotenen Menge x* beschreibt, wenn folgende Informationen vorliegen:

- Bei einem Preis von *p=2 GE/ME* werden *40 ME* angeboten.
- Wäre der Preis doppelt so hoch (d. h. *p=4 GE/ME*), dann würde der Anbieter *60 ME* auf den Markt bringen.

Zur Lösung dieser Aufgabe geht man wieder von einem *passenden*, hier also wieder *linearen* Ansatz aus:

(5.06) $$x = a_1 p + a_0$$

Aus den beiden vorliegenden Informationen lassen sich *zwei Gleichungen* ableiten:

(5.07) $$\begin{aligned} 40 &= a_1 \cdot 2 + a_0 \\ 60 &= a_1 \cdot 4 + a_0 \end{aligned}$$

Zur Ermittlung von a_0 und a_1 kann wieder dieselbe Vorgehensweise wie in Beispiel 1 gewählt werden: Zuerst Auflösung der oberen Gleichung nach a_0, das Einsetzen in die untere Gleichung liefert a_1, damit erhält man a_0:

(5.08) $$\begin{aligned} & a_0 = 40 - 2a_1 \\ \rightarrow\ & 60 = 4a_1 + (40 - 2a_1) \\ \rightarrow\ & 60 = 40 + 2a_1 \\ \rightarrow\ & a_1 = 10 \\ \rightarrow\ & a_0 = 20 \end{aligned}$$

Mit den gefundenen Zahlenwerten für die Koeffizienten a_0 und a_1 ergibt sich nach Einsetzen in (5.06) die gesuchte *Angebotsfunktion:*

(5.09) $$x = 10\,p + 20$$

Betrachten wir diese *Angebotsfunktion* genauer:

> Weil in ihr der Anstieg a_1 positiv ist ($a_1=10$), wird *mit wachsendem Angebotspreis p* auch die *angebotene Menge* steigen.

Bei einem Preis $p=0$ würde der Anbieter noch *20 ME* auf den Markt bringen.

Angebotsfunktionen werden im Folgenden kaum noch eine Rolle spielen. Stattdessen wird grundsätzlich die *Nachfragefunktion,* also die *Preis-Absatz-Funktion,* verwendet, die die nachgefragte Menge in Abhängigkeit vom geforderten Preis betrachtet.

Beispiel 5.3: In diesem Beispiel soll der Begriff des *Marktgleichgewichts* mathematisch erklärt werden. Gegeben seien die *Nachfragefunktion*

(5.10) $$x_N = 180 - 2\,p_N$$

und die *Angebotsfunktion*

(5.11) $$x_A = 60 + 2\,p_A$$

Fragestellung: Wann fallen die *angebotene Menge* x_A und die *nachgefragte Menge* x_N sowie die *zugehörigen Preise* p_A und p_N zusammen – wann befindet man sich also *im Marktgleichgewicht*?

> Aussage: Im Marktgleichgewicht gilt $x_N=x_A$, außerdem stimmen *Angebots-* und *Nachfragepreis* überein: $p_N=p_A=p$.

Mit diesen Aussagen und den Beziehungen (5.10) und (5.11) kann nun gerechnet werden:

(5.12)
$$\begin{aligned}
x_N = x_A \quad &\rightarrow 180 - 2\,p_N = 60 + 2\,p_A \\
p_N = p_A = p \rightarrow \quad &180 - 60 = 4p \\
\rightarrow \quad &p = 30 \\
\rightarrow \quad &x_N = x_A = 120
\end{aligned}$$

Antwortsatz: Bei einem Preis von $p=30$ gilt, dass die angebotene Menge von $x=120$ gleich der nachgefragten Menge ist.

Beispiel 5.4: In diesem Beispiel sollen die *Zusammenhänge zwischen Preis und Erlös* mathematisch gefasst werden – es wird sich zeigen, dass hierfür Kenntnisse über *quadratische Funktionen* benötigt werden.

Fragestellung: Gegeben sei eine *Nachfragefunktion*

(5.13) $$x = x(p) = 400 - 5\,p \quad .$$

Wie lautet die zugehörige *Erlösfunktion*?

Lösung: Wir gehen dazu von der bekannten Formel

Verkaufserlös = Umsatz = Menge mal Preis

aus, benennen die so definierte *Erlösfunktion* mit dem Formelzeichen *E(p)* und setzen ein:

(5.14)
$$E(p) = x(p) \cdot p = (400 - 5p) \cdot p$$
$$E(p) = -5p^2 + 400p$$

Es zeigt sich, dass die zu der *linearen* Nachfragefunktion (5.13) gehörige Erlösfunktion eine *quadratische* Funktion wird, d. h. ein *Polynom zweiten Grades*.

Aufgabe: Für welchen Preis wird maximaler Verkaufserlös erzielt?

Lösung: Die Erlösfunktion ist ersichtlich ein *Polynom zweiten Grades*. Deren Graph ist nach den Darlegungen im Buch „Mathematik für BWL-Bachelor" im Abschnitt 4.1.5 stets eine *symmetrische Parabel*.

Wegen der negativen Zahl vor p^2 wird diese Parabel *nach unten geöffnet* sein. Sie besitzt also *genau einen Hochpunkt*:

Die Erlösfunktion $E(p)=-5p^2+400p$ wird genau ein Maximum besitzen.

Dieses Maximum ist immer dann sehr leicht zu finden, wenn die Parabel *die waagerechte Achse schneidet*:

Schneidet der Graph der Erlösfunktion zweimal die waagerechte Achse, dann liegt das *Maximum der Erlösfunktion* in der *Mitte zwischen den beiden Nullstellen*.

Zur Klärung der Frage, ob der Graph der Erlösfunktion die waagerechte Achse schneidet, muss die quadratische Gleichung

(5.15)
$$-5p^2 + 400p = 0$$

gelöst werden. Nach Überführung dieser Gleichung in die Normalform (siehe Seite 21) gibt die *p-q-Formel* die gesuchte Antwort:

(5.16)
$$p^2 - 80p = 0$$
$$p_{1,2} = -\frac{(-80)}{2} \pm \sqrt{(-\frac{80}{2})^2 - 0}$$
$$p_{1,2} = 40 \pm \sqrt{40^2} \rightarrow p_1 = 0 \qquad p_2 = 80$$

Da der *Radikand* (d. h. der *Wurzelinhalt*) positiv ist, gibt es zwei Schnittpunkte mit der waagerechten Achse bei 0 und 80.

Folglich befindet sich das Maximum der Erlösfunktion bei $p=40$.

Man erzielt den *maximalen Verkaufserlös* bei einem Preis von $p=40$. Der maximale *Verkaufserlös* liegt bei $E(p=40)=8000$.

Aufgabe: Bei welcher abgesetzten Menge wird der *maximale Verkaufserlös* erzielt?

Lösungsweg 1: Der gefundene Preis $p=40$ wird in die Nachfragefunktion (5.13) eingesetzt:

(5.17) $$x = x(40) = 400 - 5 \cdot 40 = 200$$

Lösung: Die abgesetzte Menge liegt bei $x(40)=200$.

Lösungsweg 2: Die Nachfragefunktion (5.13) wird zuerst nach p aufgelöst:

(5.18) $$x(p) = 400 - 5p \rightarrow p(x) = 80 - \frac{1}{5}x$$

Damit erhält man eine Beziehung, die den *Preis p in Anhängigkeit von der abgesetzten Menge x* beschreibt.

Setzt man die erhaltene Preisformel in die *Erlösfunktion* $E=x \cdot p(x)$ ein, dann erhält man nun *die Erlösfunktion E* in Abhängigkeit von der *abgesetzten Menge x*:

(5.19) $$E(x) = x \cdot p(x) = x(80 - \frac{1}{5}x)$$
$$E(x) = -\frac{1}{5}x^2 + 80x$$

Auch hier erkennt man ein *Polynom zweiten Grades* – eine *quadratische Funktion*. Der Graph dieser quadratischen Funktion ist wegen des negativen Koeffizienten vor x^2 eine *nach unten geöffnete symmetrische Parabel*.

Nach der Überführung der quadratischen Gleichung $E(x) = 0$ in die Normalform (3.12) liefert die *p-q-Formel* auch hier die Aussage, dass es *zwei Schnittpunkte* mit der waagerechten Achse (d. h. *Nullstellen*) gibt:

(5.20) $$-\frac{1}{5}x^2 + 80x = 0$$
$$x^2 - 400x = 0$$
$$x_{1,2} = -\frac{-400}{2} \pm \sqrt{(\frac{-400}{2})^2 - 0}$$
$$x_{1,2} = 200 \pm \sqrt{200^2 - 0}$$
$$x_1 = 0 \quad x_2 = 400$$

Damit kann in der *Mitte der beiden Nullstellen*, die sich bei $x=0$ und $x=400$ befinden, der x-Wert für die abgesetzte Menge mit *maximalem Verkaufserlös* gefunden werden:

Lösung: Der *maximale Verkaufserlös* von $E=8.000$ wird bei einer abgesetzten Menge von $x=200$ erzielt.

Beispiel 5.5: Eine große Rolle bei der Diskussion betriebswirtschaftlicher Zusammenhänge spielen auch die *Gesamtkostenfunktionen*, die bei einfachsten Modellen durch *Polynome ersten Grades* (lineare Funktionen) beschrieben werden können.

Fragestellung: Ein Unternehmen stellt ein Produkt her, wobei die Produktion einer ME dieses Produkts *10 GE* kostet. Die *Fixkosten* (Mietkosten u. Ä.) liegen bei *20.000 GE*. Wie heißt die *lineare Gesamtkostenfunktion*?

Lösung: Die Gesamtkosten *K(x)* setzen sich aus den *variablen Kosten* $K_v(x)$ und den *Fixkosten* $K_f(x)$ zusammen:

(5.21) $$K(x) = K_v(x) + K_f(x)$$

Aus den vorliegenden Angaben dieses Beispiels gewinnt man:

(5.22) $$K(x) = 10 \cdot x + 20000$$

Fragestellung: Wie heißt die zugehörige *Stückkostenfunktion*?

Lösung: Ist eine *Gesamtkostenfunktion K(x)* gegeben, so ist die zugehörige *Stückkostenfunktion k(x)* erklärt als Quotient $k(x)=K(x)/x$:

(5.23) $$k(x) = \frac{K(x)}{x} = \frac{10 \cdot x + 20000}{x} = 10 + \frac{20000}{x}$$

Aufgabe: Wie groß sind die Stückkosten bei einer produzierten Menge von $x_1=100$ *ME* und $x_2=100.000$ *ME* ?

Lösung: Durch Einsetzen in die Formel (5.23) ergeben sich die gesuchten Werte:

(5.24) $$\begin{aligned} k(x_1 = 100) &= 10 + \frac{20000}{100} = 210 \\ k(x_2 = 100000) &= 10 + \frac{20000}{100000} = 10{,}20 \end{aligned}$$

Da sich die Fixkosten auf immer mehr produzierte Einheiten verteilen, wird ihr Anteil an den Stückkosten immer geringer.

Beispiel 5.6: Dieses Beispiel wird sich mit den Begriffen *Gewinn*, *Gewinnzone* und *Gewinnschwellen* beschäftigen: Ein Unternehmen, das mit einer *Gesamtkostenfunktion*

(5.25) $$K(x) = 36x + 40$$

arbeitet, habe seine *Nachfragefunktion* (Preis-Absatz-Funktion) mit

(5.26) $$p(x) = 60 - 2x$$

ermittelt.

Fragestellung: Wie heißt die Gewinnfunktion für dieses Unternehmen?

Lösung: Bekanntlich gilt der Zusammenhang

Gewinn = Verkaufserlös minus Kosten

Wird die Gewinnfunktion und ihre Abhängigkeit von der abgesetzten Menge *x* mit *G(x)* bezeichnet, dann gilt folglich die Formel

(5.27) $$G(x) = E(x) - K(x)$$

Dabei ist *E(x)* die *Erlösfunktion* und *K(x)* die *Kostenfunktion*. Während die *Kostenfunktion K(x)* mit (5.25) bereits gegeben ist, muss zunächst die *Erlösfunktion E(x)* mit Hilfe der gegebenen *Nachfragefunktion p(x)* berechnet werden:

(5.28) $$E(x) = x \cdot p(x) = x(60 - 2x)$$

Aus den Beziehungen (5.25), (5.27) und (5.28) ergibt sich nun die Gewinnfunktion *G(x)*:

(5.29) $$\begin{aligned} G(x) &= E(x) - K(x) \\ &= x(60 - 2x) - (36x + 40) \\ &= -2x^2 + 24x - 40 \end{aligned}$$

Wiederum handelt es sich um ein *Polynom zweiten Grades*, eine *quadratische Funktion*.

Wegen der negativen Zahl vor x^2 ist ihr Graph eine *nach unten geöffnete Parabel*.

Fragestellung: Für welche produzierte und abgesetzte Menge x wird der Gewinn maximal?

Lösung: Es ist dieselbe Überlegung wie schon in den beiden vorhergehenden Beispielen anzustellen: Wenn die Gleichung

(5.30) $$-2x^2 + 24x - 40 = 0$$

zwei Lösungen besitzt, dann liegt das Gewinnmaximum in der Mitte dieser beiden Lösungen.

(5.31) $$\begin{aligned} -2x^2 + 24x - 40 &= 0 \\ x^2 - 12x + 20 &= 0 \\ x_{1,2} &= -(\frac{-12}{2}) \pm \sqrt{(\frac{-12}{2})^2 - 20} \\ x_{1,2} &= 6 \pm \sqrt{36 - 20} \rightarrow x_1 = 2 \qquad x_2 = 10 \end{aligned}$$

Das Gewinnmaximum befindet sich in der Mitte zwischen 2 und 10, bei *x=6*:

Bei einer produzierten und abgesetzten Menge von *x=6 ME* ergibt sich ein Gewinnmaximum von *G(x=6)=32 GE*.

Fragestellung: Wo liegt die Gewinnzone?

Als *Gewinnzone* wird derjenige *x*-Bereich bezeichnet, für den der *Verkaufserlös über den Kosten* liegt.

Wenn aber für eine produzierte und abgesetzte Menge *x* die Differenz *E(x) minus K(x)* größer als Null ist, dann liefert nach Formel (5.27) die Gewinnfunktion *G(x)* einen positiven Wert.

Somit kann man gleichwertig formulieren:

Als *Gewinnzone* wird derjenige *x*-Bereich bezeichnet, für den die Gewinnfunktion *G(x)* positiv ist.

Da der Graph der Gewinnfunktion eine nach unten geöffnete Parabel ist, kann eine weitere, gleichwertige Definition formuliert werden:

Als *Gewinnzone* wird der *x*-Bereich bezeichnet, der *zwischen den beiden Lösungen der Gleichung G(x)=0* liegt.

Die beiden Lösungen der Gleichung $G(x)=0$ sind in Formel (5.31) angegeben. Damit ergibt sich:

Alle produzierten und abgesetzten Mengen x mit $2<x<10$ liegen in der Gewinnzone.

Fragestellung: Wo liegen die *Gewinnschwellen*?

Lösung: Als *Gewinnschwellen* werden diejenigen *x*-Werte bezeichnet, für die der *Verkaufserlös gleich den Kosten* ist.

Das heißt, die Gewinnschwellen sind die *Nullstellen der Gewinnfunktion*: $x=2$ und $x=10$.

Fragestellung: Wie groß ist der *Gewinn im Erlösmaximum*?

Lösung: Zuerst muss die produzierte und abgesetzte Menge x gefunden werden, für die die Erlösfunktion (5.28) ihren Maximalwert annimmt:

(5.32) $$E(x) = x(60-2x) = -2x^2 + 60x \rightarrow \max!$$

Wiederum hilft hier die Überlegung, dass der Graph der Erlösfunktion eine nach unten geöffnete Parabel ist. Das Erlösmaximum liegt also in der Mitte zwischen den beiden Nullstellen.

Sie werden wie üblich bestimmt:

(5.33)
$$\begin{aligned}
&-2x^2 + 60x = 0 \\
&x^2 - 30x = 0 \\
&x_{1,2} = -\left(\frac{-30}{2}\right) \pm \sqrt{\left(\frac{-30}{2}\right)^2 - 0} \\
&x_{1,2} = 15 \pm \sqrt{225} \rightarrow x_1 = 0 \quad x_2 = 30
\end{aligned}$$

Das *Erlösmaximum* liegt folglich bei $x=15$.

Setzt man diesen Wert in die Gewinnfunktion (5.29) ein, dann erhält man die *Antwort auf die gestellte Frage*:

(5.34) $$G(x=15) = -2 \cdot 15^2 + 24 \cdot 15 - 40 = -130$$

Dass für die produzierte und abgesetzte Menge von $x=15$ *ME* grundsätzlich ein *Verlust* zu erwarten ist, ließ sich schon daraus ableiten, dass der Wert $x=15$ *nicht in der Gewinnzone* $2<x<10$ liegt.

Mit der zusätzlichen Rechnung nach (5.33) und (5.34) wird dazu der tatsächliche Zahlenwert des Verlustes ausgerechnet.

Es ist also keinesfalls richtig, dass, wenn *im Erlösmaximum* produziert und abgesetzt wird, ein *Gewinn* zu erwarten sei – erst recht nicht der Maximalgewinn.

Die Lösungen finden Sie ab Seite 153

Übungsaufgaben

Aufgabe 5.1 : Bei einem Preis von 10 € setzt ein Unternehmen 5000 Mengeneinheiten (ME) eines Gutes ab. Eine *Preissenkung* um 1€ bewirkt eine *Absatzsteigerung* auf 6000 ME.

Weiterhin wird vorausgesetzt, dass die *Nachfragefunktion* (d. h. die Preis-Absatz-Funktion) *linear* ist.

Geben Sie die Nachfragefunktion sowohl in der Form $x=x(p)$ als auch in der Form $p=p(x)$ an.

Aufgabe 5.2 : Bei einem Angebotsmonopol seien die folgenden Funktionen gegeben:

Die *Nachfragefunktion*

(5.35a) $$p(x) = -\frac{1}{5}x + 10$$

und die *Kostenfunktion*

(5.35b) $$K(x) = 2x + 60 \ .$$

a) Wie heißen die *Erlös-* und die *Gewinnfunktion*?

b) Berechnen Sie die *Grenzen der Gewinnzone*.

c) Wie groß ist der Gewinn, wenn der Umsatz (Erlös) *am größten* ist?

d) Wo liegt das *Gewinnmaximum*? Wie groß ist der *maximale Gewinn*?

e) Welcher *Preis* wird *im Gewinnmaximum* gefordert?

Aufgabe 5.3 : Ein Angebotsmonopolist geht von folgenden Angaben über seine *Kosten- und Preissituation* aus:

- Die *Nachfrage,* der er gegenübersteht, lässt sich durch eine lineare Funktion mit der Gleichung

(5.36) $$p(x) = -\frac{1}{4}x + 4$$

beschreiben.

- Bei der Produktion machen die *fixen Kosten* 7,50 € aus.
- Die *Gesamtkostenfunktion* lässt sich durch eine *Gerade* mit dem Anstieg 0,75 darstellen.

Beantworten Sie dazu die folgenden *Fragen*:

a) Wie heißt die *Erlösfunktion*? Wo liegt das *Erlösmaximum*? Welcher Preis wird dort erzielt?

b) Wie heißt die *Gewinnfunktion*? Wo liegen die *Grenzen der Gewinnzone*? Wie groß ist der *Gewinn im Erlösmaximum*?

c) Zeichnen Sie die *Graphen* der *Nachfragefunktion*, der *Kostenfunktion* und der *Erlösfunktion* in einem Koordinatensystem. Stellen Sie dort auch die *Gewinnfunktion* grafisch dar.

Aufgabe 5.4 : Gegeben sei eine *Preis-Absatz-Funktion* der Form

(5.37a) $$p = p(x) = 180 - 3x \quad .$$

Beantworten Sie die folgenden Fragen:

a) Wie hoch ist die *maximal abzusetzende Menge x*?

b) Wie heißt die *Erlösfunktion*? Wo wird der *Erlös maximal*? Wie hoch ist der *maximale Erlös*?

c) Welcher *Preis* kann *im Erlösmaximum* erzielt werden?

d) Die Kostenfunktion sei durch

(5.37b) $$K = K(x) = 90x + 600$$

gegeben. Wie lautet die *Gewinnfunktion*, wie hoch ist der *maximale Gewinn*, wo liegen die *Grenzen der Gewinnzone*?

e) Wie hoch ist der Gewinn im Erlösmaximum?

Aufgabe 5.5 : Ein Betrieb stellt ein Produkt her, für das die folgende *Preis-Absatz-Funktion p(x)* und *Gesamtkostenfunktion K(x)* bestimmt wurden:

(5.38) $$\begin{aligned} p(x) &= 2520 - 30x \\ K(x) &= 10x^2 - 2680x + 168000 \end{aligned}$$

a) Bestimmen Sie die *Erlösfunktion E(x)* und die *Gewinnfunktion G(x)*.

b) Wo wird der *Erlös maximal*? Wo liegt das *Gewinnmaximum*?

c) Bestimmen Sie die *Gewinnschwellen*.

d) Wie heißt die *Deckungsbeitragsfunktion*? Wo wird der *Deckungsbeitrag maximal*?

e) Wo liegt das *Minimum der Kostenfunktion*? Wie hoch sind die *minimalen Kosten*?

Hinweis zu d): Der *Deckungsbeitrag* ist der um die *variablen Kosten* verminderte *Verkaufserlös*, d. h. $D(x) = E(x) - K_{var}(x)$.

A6 Weitere Funktionen: Beispiele und Aufgaben

Grundsätzliches

Während bisher in den Abschnitten A3 bis A5 vorrangig *Polynome ersten und zweiten Grades* (*lineare* bzw. *quadratische* Funktionen) zuerst formal und dann mit ihren wichtigen ökonomischen Anwendungen betrachtet wurden, soll in diesem Kapitel auf *Polynome dritten und höheren Grades* sowie auf *Exponential-* und *Logarithmusfunktionen* hingewiesen werden. Beginnen wir mit *Polynomen dritten Grades*.

Beispiele dafür, wie es richtig gemacht wird

Beispiel 6.1: Gegeben sei das *Polynom dritten Grades*

(6.01) $$p_3(x) = x^3 + 6x^2 + 3x - 10 \quad .$$

Gesucht sind *alle reellen Lösungen* der Gleichung

(6.02) $$p_3(x) = 0 \quad .$$

und – falls *drei reelle Lösungen* gefunden werden – die *Produktdarstellung* des Polynoms.

Wir suchen alle x-Werte, deren Polynomwert Null wird – anschaulich bedeutet das, dass wir alle Stellen suchen, an denen der *Graph des Polynoms* die *waagerechte Achse schneidet*.

Mit anderen Worten: Wir suchen alle *Nullstellen* des gegebenen Polynoms.

Es kann *maximal drei* derartige Stellen geben. Wie kann man sie finden?

Schritt 1: Eine erste Nullstelle sollte durch Probieren erraten werden. Sie findet sich oft unter den *Primfaktoren des absoluten Gliedes*.

Unser Polynom (6.01) hat die Zahl -10 als absolutes Glied. Dessen Primfaktoren sind die Zahlen 1, -1, 2, -2, 5 und -5. Schon der erste Versuch scheint zum Ziel zu führen. Vermutung: $x_1=1$ ist eine Nullstelle.

Schritt 2: Mit dem HORNER-Schema (siehe Abschnitt 4.1.2 auf Seite 55 im Buch „Mathematik für BWL-Bachelor") wird überprüft, ob die Vermutung zutrifft:

	1	6	3	-10
1		1	7	10
	1	7	10	0

Bild 6.1: HORNER-Schema zur Überprüfung der Vermutung

Schritt 3: Hat sich – wie in Bild 6.1 zu sehen – die Vermutung über die erste Nullstelle bestätigt, dann können aus der *Fußzeile* des HORNER-Schemas die *Koeffizienten des Restpolynoms zweiten Grades* abgelesen werden:

(6.03) $$p_2(x) = 1 \cdot x^2 + 7 \cdot x + 10$$

Schritt 4: Mit der *p-q-Formel* wird versucht, zwei reelle Nullstellen des Restpolynoms zu finden (das muss nicht immer gelingen, siehe Beispiel 3.6 auf Seite 22).

Hier aber gelingt es:

(6.04) $$x_{2,3} = -\frac{7}{2} \pm \sqrt{(\frac{7}{2})^2 - 10} \rightarrow x_2 = -5, x_3 = -2$$

Damit wurden *drei reelle Lösungen* der Gleichung (6.02) gefunden:

Der Graph des Polynoms (6.01) schneidet bei $x_1 = 1$, $x_2 = -5$ und $x_3 = -2$ die waagerechte Achse.

Also kann auch die *Zusatzaufgabe* nach der folgenden *Regel* gelöst werden:

Sind von einem Polynom *n*-ten Grades $p_n(x)$ genau *n* reelle Nullstellen $x_1, \ldots, x_n$ bekannt, dann kommt man zur *Produktdarstellung* dieses Polynoms mit

(6.05) $$p_n(x) = a \cdot (x - x_1)(x - x_2) \cdots (x - x_n)$$

wobei die Zahl *a* geeignet zu wählen ist.

Dabei können auch *gleiche Nullstellen* auftreten, man spricht dann von *mehrfachen Nullstellen* (siehe Beispiel 3.7 auf Seite 22, dort gab es z. B. eine *doppelte Nullstelle*).

In Anwendung der Formel (6.05) kann die Produktdarstellung dieses Polynoms angegeben werden:

(6.06a) $$p_3(x) = x^3 + 6x^2 + 3x - 10 = a(x-1)(x+2)(x+5)$$

Für *a* muss hier die Eins gewählt werden – denn sonst würde beim Ausmultiplizieren der drei Produkte vor x^3 keine Eins entstehen:

(6.06b) $$p_3(x) = (x-1)(x+2)(x+5)$$

Bemerkung: Kennt man nur einige (und nicht alle) Nullstellen $x_1, \ldots, x_m$ mit $m<n$ eines Polynoms $p_n(x)$ mit führendem Koeffizienten Eins, so lässt sich eine *Teil-Produktdarstellung* aufschreiben:

(6.07) $$p_n(x) = (x - x_1)(x - x_2)(x - x_m) \cdot q_{n-m}(x)$$

Dabei ist $q_{n-m}(x)$ dann ein *Restpolynom* vom Grade $n-m$.

Diese Bemerkung wird nützlich sein für die Lösung der Aufgabe 6.2.

Beispiel 6.2: Von einer *ertragsgesetzlichen Kostenfunktion* liegen folgende Angaben vor:

- Die *Fixkosten* liegen bei 12.000 GE.
- Bei einer *produzierten Menge* von 100 ME liegen die *Gesamtkosten* bei 18.000 GE.
- *Verdoppelt* man die produzierte Menge, *steigen* die Gesamtkosten auf 104.000 GE.
- Ein *Halbieren* der hergestellten Menge auf 50 ME *senkt* die Gesamtkosten auf 12.500 GE.

Man versuche, eine *polynomiale Form* der Kostenfunktion zu finden.

Eine erste Überlegung: Es sind *vier Bedingungen* gegeben. Mit einer *linearen* oder *quadratischen* Form der Kostenfunktion werden sich die vier Bedingungen nicht realisieren lassen. Versuchen wir einen kubischen Ansatz:

(6.08a) $K(x) = ax^3 + bx^2 + cx + d$

Aus der Höhe der Fixkosten ergibt sich sofort *d=12000*. Damit lautet der Ansatz nur noch

(6.08b) $K(x) = ax^3 + bx^2 + cx + 12000$

Tragen wir nun zusammen, was sich aus den restlichen drei Informationen über die Zusammenhänge zwischen *produzierter Menge* und den jeweiligen *Kosten* ergibt:

(6.09)
$$\begin{aligned} K(x=100) &= 18000 \Rightarrow 18000 = a \cdot 100^3 + b \cdot 100^2 + c \cdot 100 + 12000 \\ K(x=200) &= 104000 \Rightarrow 104000 = a \cdot 200^3 + b \cdot 200^2 + c \cdot 200 + 12000 \\ K(x=50) &= 12500 \Rightarrow 12500 = a \cdot 50^3 + b \cdot 50^2 + c \cdot 50 + 12000 \end{aligned}$$

Nach Ausmultiplizieren und Zusammenfassen erhält man ein System von *drei linearen Gleichungen* für *drei Unbekannte*:

(6.10)
$$\begin{aligned} 10000a + 100b + c &= 60 \\ 40000a + 200b + c &= 460 \\ 2500a + 50b + c &= 10 \end{aligned}$$

Dieses System kann systematisch mit dem GAUSSschen Algorithmus gelöst werden (siehe dazu auch den Abschnitt A15 auf Seite 101). Wegen der geringen Dimension ist auch ein intuitives Vorgehen nach Schulmethoden möglich:

Wird zuerst die dritte Zeile von der ersten und dann die dritte Zeile von der zweiten Zeile abgezogen, so entstehen zwei Gleichungen für die zwei Unbekannten *a* und *b*. Das weitere Vorgehen führt dann zur Lösung

(6.11) $a = 0{,}02 \qquad b = -2 \qquad c = 60$

Antwortsatz: Die gesuchte Kostenfunktion lautet $K(x) = 0{,}02x^3 - 2x^2 + 60x + 12000$.

Beispiel 6.3: Die *Produktivität* [in Leistungseinheiten] eines Unternehmens, das zum Zeitpunkt *t=0* gegründet wurde, lässt sich in Abhängigkeit von der *Zeit t* [in Jahren] beschreiben durch die Funktion

(6.12) $P(t) = \dfrac{30000}{1800 + 2(t-10)^2}$

Folgende Fragen sind zu beantworten:

a) Mit welcher Produktivität *startet* das Unternehmen?

b) Nach wie vielen Jahren erreicht es seine *maximale Produktivität*?

Zu a) Für den Start gilt $t=0$. Dann ergibt sich $P(t=0)=15$.

Zu b) Die Produktivität wird dann maximal sein, wenn der *Bruch* seinen *größten Wert* erreicht hat, also wenn der *Nenner des Bruches am kleinsten* ist (siehe dazu auch die Ausführungen über Größenverhältnisse von Brüchen in [22], Abschnitt 1.3 auf Seite 23).

Um das zu erreichen, muss $t-10$ gleich Null sein, denn jeder andere, von Null verschiedene t-Wert vergrößert den Nenner. Für $t=10$ ergibt sich $P(t=10)=16,666667$.

Antwortsatz: Das Unternehmen startet mit einer Produktivität von 15 Leistungseinheiten. Nach 10 Jahren erreicht es seine maximale Produktivität, sie liegt bei 16 2/3 Leistungseinheiten.

Exponentialfunktionen werden häufig verwendet, um Wachstums- oder Schrumpfungsprozesse zu charakterisieren.

Beispiel 6.4: Die Nachfragemenge N [in ME] nach einem Luxusgut in Abhängigkeit vom Einkommen x [in 1000 €] lässt sich durch die Funktion

(6.13) $$N(x) = 30(1 - e^{-0,2x})$$

beschreiben. Folgende Fragen sind zu beantworten:

a) Wie entwickelt sich die Nachfragemenge, wenn das Einkommen über alle Grenzen wächst?

b) Bei welchem Einkommen ist eine Nachfrage von 20 ME zu erwarten?

Beginnen wir damit, dass wir feststellen, dass bei fehlendem Einkommen (d. h. $x=0$) die Nachfragemenge offensichtlich verschwindet:

(6.14) $$N(0) = 30(1 - e^0) = 30(1-1) = 0$$

Wächst das Einkommen dagegen, dann folgt gemäß den grundlegenden *Eigenschaften der Exponentialfunktion* (siehe z. B. [22], Seite 66), dass der Term $e^{-0,2x}$ immer kleinere Werte annimmt. In mathematischer Terminologie wird das beschrieben durch

(6.15a) $$\lim_{x\to\infty} e^{-0,2x} = 0$$

Folglich konvergiert die Funktion $N(x)$ für x gegen Unendlich gegen 30:

(6.15b) $$\lim_{x\to\infty} 30(1 - e^{-0,2x}) = 30$$

Dieser Grenzwert wird als *Sättigungsmenge* bezeichnet.

Zur zweiten Frage: Um sie beantworten zu können, ist die Gleichung

(6.16) $$20 = 30(1 - e^{-0,2x})$$

nach x aufzulösen. Dazu ist zuerst der Exponentialterm allein auf eine Seite zu bringen:

(6.17a) $$20 = 30(1 - e^{-0,2x}) \leftrightarrow \frac{2}{3} = 1 - e^{-0,2x} \leftrightarrow 1 - \frac{2}{3} = e^{-0,2x} \leftrightarrow e^{-0,2x} = \frac{1}{3}$$

Wie bei solchen Exponentialgleichungen üblich, können unter der Voraussetzung, dass beide Seiten positiv sind (was hier erfüllt ist) beide Seiten logarithmiert werden:

$$e^{-0,2x} = \frac{1}{3}$$

$$\ln e^{-0,2x} = \ln\frac{1}{3} = \ln 1 - \ln 3 = -\ln 3$$

(6.17b) $$-0,2x \ln e = -\ln 3$$

$$0,2x = \ln 3 \quad (\text{wegen } \ln e = 1)$$

$$x = \frac{\ln 3}{0,2} \approx 5,493$$

Antwortsatz: Würde das Einkommen über alle Grenzen wachsen, dann ergäbe sich der *Sättigungsbetrag* von 30 ME. Für Einkommen von 5493 € ergibt sich eine *Nachfragemenge* von 20 ME.

Beispiel 6.5: Der *Output y* eines Unternehmens wird in Abhängigkeit vom *Input r* durch die Funktion

(6.18) $$y = y(r) = 30\ln(4r^2 + 1)$$

beschrieben. Folgende Fragen sind zu beantworten:

a) Wie hoch ist der Output y bei einem Input von $r=10$?

b) Welcher Input ist für einen Output von $y=90$ notwendig?

Die Beantwortung der ersten Frage ist einfach – dafür ist auf der rechten Seite von (6.18) für r der Wert 10 einzusetzen:

(6.19) $$y(10) = 30\ln(4\cdot 10^2 + 1) = 30\ln(400+1) = 30\ln 401 \approx 179,82$$

Zur Beantwortung der zweiten Frage ist die Gleichung

(6.20) $$90 = 30\ln(4r^2+1) \leftrightarrow \ln(4r^2+1) = 3$$

nach r aufzulösen. Das ist möglich, indem beide Seiten der Gleichung als Exponenten in *Potenzen zur Basis e* geschrieben werden:

(6.21) $$e^{\ln(4r^2+1)} = e^3$$

Wegen $e^{\ln x} = x$ ergibt sich dann:

$$4r^2 + 1 = e^3$$

(6.22) $$r^2 = \frac{e^3 - 1}{4}$$

$$r = \sqrt{\frac{e^3-1}{4}} \approx 2,18$$

Übungsaufgaben:

Die Lösungen finden Sie ab Seite 157

Aufgabe 6.1: Eine ertragsgesetzliche Produktionsfunktion beschreibt den *Output x* in Abhängigkeit vom *Input r* durch

(6.23) $$x = x(r) = -0{,}05r^3 + 0{,}2r^2 + 7r$$

für $0 \leq r \leq r_{max}$.

Welchen Wert darf r_{max} nicht überschreiten, um noch zu *sinnvollen Aussagen* für den Output zu kommen?

Hinweis: Überlegen Sie, welche Informationen Ihnen die Kenntnis der Nullstellen der Funktion $x(r)$ dazu liefern können.

Aufgabe 6.2: Von einem Polynom 3. Grades ist folgendes bekannt:

- $x_0=1$ ist doppelte Nullstelle des Polynoms.
- Der Schnittpunkt des Graphen mit der senkrechten Achse liegt bei $y=6$.
- Der Graph verläuft außerdem durch den Punkt $P(x=-1, y=12)$.

Wie heißt die Gleichung des Polynoms? Wo liegt die dritte Nullstelle des Polynoms?

Aufgabe 6.3: Bestimmen Sie mittels der Nullstellen die *Produktform des Polynoms*

(6.24) $$p_5(x) = 2x^5 - 5x^4 - 9x^3 + 18x^2$$

Aufgabe 6.4: Gegeben sei eine Exponentialfunktion $f(x) = a + b \cdot c^x$ mit $f(0)=15$, $f(2)=30$ und $f(4)=90$. Zu bestimmen sind *a*, *b* und *c*. Für welchen Wert x_0 gilt $f(x_0)=50$?

Aufgabe 6.5: Welche Laufzeit besitzt ein Sparbrief, wenn man für 7.049,60 € bei 6% jährlicher Verzinsung am Ende 10.000 € erhält?

Aufgabe 6.6: Die *abgesetzte Menge y* eines Produktes kann in Abhängigkeit vom *Preis p* durch folgende Funktion beschrieben werden:

(6.25) $$y = \begin{cases} 20 + \sqrt{100 - 10p} & 0 \leq p \leq 10 \\ 40 - 2p & p > 10 \end{cases}$$

a) Skizzieren Sie den Graphen der Funktion und lesen Sie ab, welcher Preis höchstens erzielt werden kann.

b) Welche *maximal mögliche Menge y* kann abgesetzt werden?

c) Das Unternehmen konnte eine Menge von $y=15$ absetzen. Welcher *Preis* wurde gefordert?

d) Welche Menge kann bei einem Preis von $p=7{,}5$ abgesetzt werden?

Aufgabe 6.7: Skizzieren Sie die Funktion (6.26). Ist diese Funktion stetig? Kann sie eine Umkehrfunktion (Inverse) besitzen?

(6.26) $$f(x) = \begin{cases} \frac{1}{2}x & 0 \leq x \leq 10 \\ 9 - 0{,}02(x-30)^2 & x > 10 \end{cases}$$

A7 Formales Differenzieren: Beispiele und Aufgaben

Grundsätzliches

Die *Technik des Differenzierens* ist eine Grundtechnik, die beim Lösen von Optimierungsproblemen eingesetzt wird.

Der Umgang mit dem hierfür notwendigen *Regelwerk* sollte ausführlich geübt werden, um gewisse Sicherheiten in diesem Aufgabenbereich zu erzielen.

Beispiele dafür, wie es richtig gemacht wird

Beispiel 7.1: Gesucht ist die erste und danach die zweite Ableitungsfunktion von

(7.01) $$f(x) = (1+\sqrt[3]{x})^3 \quad .$$

Lösung: Es wird hier die Kettenregel benötigt, die in [22] im Abschnitt 8.5 auf den Seiten 124 bis 127 ausführlich beschrieben wurde. Zuvor sollte aber die *Wurzel* als *Potenz mit gebrochenem Exponenten* geschrieben werden:

(7.01a) $$f(x) = (1+x^{\frac{1}{3}})^3$$

Die erste Ableitungsfunktion ergibt sich nun aus dem Produkt der so genannten *äußeren Ableitung* (zuerst wird die dritte Potenz differenziert) mit der *inneren Ableitung*:

(7.02) $$f\,'(x) = 3(1+x^{\frac{1}{3}})^2 \cdot \frac{1}{3}x^{-\frac{2}{3}} = \frac{(1+\sqrt[3]{x})^2}{\sqrt[3]{x^2}}$$

Für die Berechnung der daraus folgenden *zweiten Ableitungsfunktion* wäre, wenn man sie sofort und unkritisch in Angriff nimmt, neben der *Kettenregel* auch noch die unhandliche *Quotientenregel* zu verwenden.

Es empfiehlt sich grundsätzlich, *vor* jeder Anwendung von Ableitungsregeln zu versuchen, die Funktionsgleichung bzw. (wie hier) die Gleichung der ersten Ableitungsfunktion so weit wie möglich zu *vereinfachen*.

Dieser Empfehlung folgend, wird zuerst der Zähler von (7.02) nach der ersten binomischen Formel ausgewertet:

(7.03) $$f\,'(x) = \frac{(1+\sqrt[3]{x})^2}{\sqrt[3]{x^2}} = \frac{1+2\sqrt[3]{x}+(\sqrt[3]{x})^2}{\sqrt[3]{x^2}}$$

Nun kann der Bruch nach den *Regeln der Bruchrechnung* zerlegt werden:

$$f'(x) = \frac{1 + 2\sqrt[3]{x} + (\sqrt[3]{x})^2}{\sqrt[3]{x^2}} = \frac{1}{\sqrt[3]{x^2}} + \frac{2\sqrt[3]{x}}{\sqrt[3]{x^2}} + \frac{(\sqrt[3]{x})^2}{\sqrt[3]{x^2}} \tag{7.04}$$

Die Anwendung der *Gesetze der Potenzrechnung* (siehe Seite 15 und [22], Abschnitt 3.1.2) führt schließlich zu einer solchen Form der ersten Ableitungsfunktion, die für das weitere Differenzieren bequem ist und vor allem die Anwendung der Quotientenregel umgeht:

$$f'(x) = \frac{1}{\sqrt[3]{x^2}} + \frac{2\sqrt[3]{x}}{\sqrt[3]{x^2}} + \frac{(\sqrt[3]{x})^2}{\sqrt[3]{x^2}} = \frac{1}{\sqrt[3]{x^2}} + \frac{2}{\sqrt[3]{x}} + 1 = x^{-\frac{2}{3}} + 2x^{-\frac{1}{3}} + 1 \tag{7.05}$$

Nun ist das weitere Differenzieren einfach, die zweite Ableitungsfunktion lässt sich mit gebrochenen Exponenten sofort angeben und schließlich in die optisch ansprechendere Wurzelschreibweise bringen:

$$f''(x) = -\frac{2}{3}x^{-\frac{2}{3}-1} + 2(-\frac{1}{3})x^{-\frac{1}{3}-1} = (-\frac{2}{3})\frac{1+\sqrt[3]{x}}{\sqrt[3]{x^5}} \tag{7.06}$$

Beispiel 6.2: Gesucht sind erste und zweite Ableitungsfunktion von

$$f(x) = \frac{e^x}{x+1} \tag{7.07a}$$

Hier haben wir die Wahl – wir können entweder *sofort die Quotientenregel* anwenden oder den Nenner mit negativem Exponenten in den Zähler bringen, um dann *Produkt- und Kettenregel* zu nutzen:

$$f(x) = \frac{e^x}{x+1} = e^x(x+1)^{-1} \tag{7.07b}$$

Es soll diesmal, ausgehend von (7.07a) der Umgang mit der *Quotientenregel* demonstriert werden - das Nachrechnen mit (7.07b) mittels Produkt- und Kettenregel wird als Übung empfohlen:

$$f'(x) = \frac{e^x(x+1) - e^x}{(x+1)^2} = \frac{x \cdot e^x}{(x+1)^2} \tag{7.08}$$

$$\begin{aligned} f''(x) &= \frac{(x+1)e^x(x+1)^2 - xe^x 2(x+1)}{(x+1)^4} \\ &= \frac{(x+1)^2 e^x - 2xe^x}{(x+1)^3} \\ &= \frac{(x^2+1)e^x}{(x+1)^3} \end{aligned} \tag{7.09}$$

Beispiel 6.3: Für

(7.10) $$f(x) = \ln \frac{1-e^x}{e^x}$$

bestimme man den *Definitionsbereich* und die *erste und zweite Ableitungsfunktion.*

Zum Begriff des Definitionsbereiches sei auf den Abschnitt 6.2 in [22] verwiesen – zu bestimmen sind demnach alle x-Werte, für die der natürliche Logarithmus gebildet werden kann – das ist folglich die Suche nach allen *positiven Argumenten* der Logarithmusfunktion.

Wir müssen also die *Ungleichung*

(7.11a) $$\frac{1-e^x}{e^x} > 0$$

lösen. Da der Nenner stets positiv ist, können beide Seiten der Ungleichung ohne Veränderung des Relationszeichens (siehe Seite 27) mit e^x multipliziert werden:

(7.11b) $$\frac{1-e^x}{e^x} > 0 \mid \cdot e^x \leftrightarrow 1-e^x > 0 \leftrightarrow e^x < 1$$

Der Definitionsbereich besteht also aus allen Zahlen x, für die die Exponentialfunktion e^x Werte links der Eins liefert:

(7.11c) $$D(f) = \{x \in \Re \mid e^x < 1\} = \{x \in \Re \mid x < 0\} = (-\infty, 0)$$

Schlussfolgerung: *Nur negative x-Werte* können von der Funktion (7.10) verarbeitet werden.

Kommen wir nun zur Empfehlung von Seite 49, überlegen wir *vor* der Anwendung der Ableitungsregeln, ob sich die Funktion (7.10) vorher vereinfachen lässt – denn sonst warten Ketten- und Quotientenregel auf uns.

Geht es einfacher?

Ja. Wenn wir nämlich das Logarithmengesetz (2.17) von Seite 17 anwenden

(7.12) $$f(x) = \ln \frac{1-e^x}{e^x} = \ln(1-e^x) - \ln e^x = \ln(1-e^x) - x \ ,$$

dann erübrigt sich die Quotientenregel:

(7.13) $$\begin{aligned} f'(x) &= \frac{-e^x}{1-e^x} - 1 = \frac{-e^x - (1-e^x)}{1-e^x} \\ &= \frac{-1}{1-e^x} = \frac{1}{e^x - 1} \\ &= (e^x - 1)^{-1} \end{aligned}$$

Für die *zweite Ableitungsfunktion* wird nur noch die *Kettenregel* benötigt:

(7.14) $$f''(x) = (-1)(e^x - 1)^{-2} e^x = \frac{-e^x}{(e^x - 1)^2}$$

Bemerkung: Obwohl es *rein formal* möglich wäre, in die rechten Seiten der ersten und zweiten Ableitungsfunktion auch positive x-Werte einzusetzen, so ist es doch sinnlos:

Wo es keine Funktion gibt, dort sind erste und zweite Ableitungswerte unsinnig.

Beispiel 6.4: Die Funktion

(7.15) $$f(x) = \ln(x + \sqrt{1 + x^2})$$

ist zweimal zu differenzieren. Da es *keine Formel für den Logarithmus einer Summe* gibt, kann bei dieser Funktion leider keine Vereinfachung vor der Anwendung der Ableitungsregeln vorgenommen werden. Hier benötigen wir mehrfach die *Kettenregel*:

(7.16) $$f'(x) = \frac{1 + \frac{x}{\sqrt{1+x^2}}}{x + \sqrt{1+x^2}} = \frac{\frac{\sqrt{1+x^2} + x}{\sqrt{1+x^2}}}{x + \sqrt{1+x^2}}$$

$$= \frac{\sqrt{1+x^2} + x}{(x + \sqrt{1+x^2})\sqrt{1+x^2}} = \frac{1}{\sqrt{1+x^2}} = (1 + x^2)^{-\frac{1}{2}}$$

(7.17) $$f''(x) = (-\frac{1}{2})(1 + x^2)^{-\frac{3}{2}}(2x) = \frac{-x}{\sqrt{(1+x^2)^3}}$$

Der *erste Ableitungswert* $f'(x_0)$ an einer Stelle x_0 aus dem Definitionsbereich der Funktion $f(x)$ gibt den *Anstieg der Tangente an den Graph der Funktion* im Punkt $P(x_0, f(x_0))$ an (vergleiche dazu auch den Abschnitt 9.1 ab Seite 129 in [22]).

Damit kann zum Beispiel bestimmt werden, unter welchem Winkel sich Funktionsgraphen schneiden – oder ob es auf dem Graphen der Funktion Punkte gibt, in denen die Tangenten parallel zu Geraden mit bekanntem Anstieg sind.

Beispiel 6.5: Gibt es auf dem Graphen der Funktion

(7.18) $$f(x) = 0{,}2x^3 + 1{,}2x^2 + 0{,}8x - 2$$

einen oder mehrere Punkte, in dem/denen die Tangente/n parallel zur Geraden $y = -x$ ist/sind?

Lösung: Es muss untersucht werden, ob es Punkte gibt, in denen $f'(x) = -1$ ist.

Wegen

(7.19) $$f'(x) = 0{,}6x^2 + 2{,}4x + 0{,}8$$

ist die quadratische Gleichung

(7.20) $$0{,}6x^2 + 2{,}4x + 0{,}8 = -1$$

zu lösen. Nach Überführung in die *Normalform* (siehe Seite 21) und Anwendung der *p-q-Formel* ergeben sich die Lösungen $x_1=-1$ und $x_2=-3$.

Diese Werte werden in die Funktionsformel (7.18) eingesetzt, damit lässt sich die Lösung der Aufgabe angeben:

Antwortsatz: Es gibt zwei Punkte $P_1(-1,-18)$ und $P_2(-3,1)$, in denen die Tangente an den Graphen der Funktion (7.18) den Anstieg -1 hat (also um 45 Grad fallend geneigt ist).

Übungsaufgaben

Die Lösungen finden Sie ab Seite 161

Aufgabe 7.1: Geben Sie für die folgenden Funktionen jeweils die *erste und zweite Ableitungsfunktion* an. Beginnen Sie erst dann mit der Anwendung der Ableitungsregeln, nachdem Sie vorher erfolgreich versucht haben, die Funktionsformeln zu vereinfachen.

(7.21) $$f(x) = (x^3 - 3x + 2)(x^4 + x^2 - 1)$$

(7.22) $$f(x) = \frac{x^4 + x - 1}{x^3 + 1}$$

(7.23) $$f(x) = (x^3 - \frac{1}{x^3} + 3)^4$$

(7.24) $$f(x) = (1 - 2\sqrt{x})^4$$

(7.25) $$f(x) = \frac{1 + \sqrt{x}}{1 + 2\sqrt{x}}$$

(7.26) $$f(x) = x^2 \ln x$$

(7.27) $$f(x) = x(\ln x)^2$$

(7.28) $$f(x) = (x^2 - 2x + 3)e^x$$

(7.29) $$f(x) = \frac{e^x}{\sqrt{x+1}}$$

(7.30) $f(x) = e^{\sqrt{\ln x}}$

(7.31) $f(x) = \sqrt{e^{\ln x}} + x^2$

(7.32) $f(x) = \sqrt{x \cdot \sqrt{x \cdot \sqrt{x}}}$

Aufgabe 7.2: Wo hat der Graph der Funktion

(7.33) $f(x) = 2x^3 - 6{,}6x^2 + 2{,}4x - 1{,}8$

waagerechte Tangenten?

Aufgabe 7.3: Wie heißt das *Polynom dritten Grades* (auch als *ganzrationale Funktion* bezeichnet), dessen Graph die folgenden Bedingungen erfüllt:

a) Im Punkt $P_1(2,-4)$ hat die Tangente an den Graph den Anstieg -3.

b) Der Schnittpunkt mit der senkrechten Achse liegt im Punkt $P_2(0,4)$.

c) Eine Nullstelle der Funktion liegt in $P_3(4,0)$.

Aufgabe 7.4: Der Graph der Funktion

(7.34) $f(x) = kx^3 - 0{,}4x$

hat für $x=2$ den Anstieg $m=-1{,}6$. Wie groß ist k? Wo liegen die Nullstellen der Funktion?

Aufgabe 7.5: Für welches Polynom 3. Grades $p_3(x)$ ist

(7.35) $p_3(-1) = 0 \qquad p_3(2) = 0 \qquad p_3'(1) = 6 \qquad p_3''(-2) = -12$?

Aufgabe 7.6: Es sei $K(x)$ eine *Gesamtkostenfunktion* (siehe Seite 38).

Der Wert der *zugehörigen Grenzkostenfunktion* $K'(x_0)$ an der Stelle x_0 gibt an, um welchen Betrag sich die Gesamtkosten näherungsweise ändern, wenn ausgehend von x_0 eine Einheit mehr produziert wird.

Bestimmen Sie die Grenzkostenfunktion $K'(x)$ zur Gesamtkostenfunktion

(7.36) $K(x) = 60 + 2e^{0{,}01x}$

und berechnen Sie $K'(x_0=100)$.

Vergleichen Sie diesen Wert mit der *tatsächlichen Kostenänderung* von 100 auf 101 produzierte Mengeneinheiten.

A8 Anwendungen des Ableitungsbegriffs: Beispiele und Aufgaben

Grundsätzliches

Wie in den Abschnitten 9.2 und 9.3 von [22] ausgeführt wurde, besitzen *Ableitungsfunktionen* und *Ableitungswerte* einer Funktionen große Bedeutung für die Untersuchung des Verlaufs ihres *Graphen*.

Man kann mit ihrer Hilfe sowohl *lokale Extrema* finden als auch das *Krümmungsverhalten* des Graphen klären.

Besondere Anwendung finden Ableitungen bei *Produktionsfunktionen*, die den *Output* in Abhängigkeit von *Input* beschreiben.

Hier lässt sich bestimmen, wo das *progressive Wachstum des Outputs* in ein *degressives Wachstum* umschlägt. Auch kann man diejenige Inputmenge ermitteln, die den *maximalen Output* garantiert.

Beispiele dafür, wie es richtig gemacht wird

Beispiel 8.1: Für die Funktion

(8.01) $$f(x) = x^2 e^{-x}$$

bestimme man den Definitions- und Wertebereich, die lokalen Extrema und die Wendepunkte.

Lösung: Für den *Definitionsbereich* findet man

(8.02a) $$D(f) = \Re = (-\infty, +\infty) \quad ,$$

denn für alle reellen Zahlen kann ein Funktionswert berechnet werden. Da bei der Funktionswertberechnung stets ein *Quadrat* mit einer *Potenz von e* multipliziert wird, können nur nichtnegative Funktionswerte entstehen:

(8.02b) $$W(f) = \{x \in \Re \mid x \geq 0\} = [0, +\infty)$$

Zur Lösung der weiter gestellten Aufgaben werden zunächst die später benötigten *Ableitungsfunktionen* bereitgestellt:

(8.03)
$$\begin{aligned}
f(x) &= x^2 e^{-x} \\
f'(x) &= 2xe^{-x} + x^2 e^{-x}(-1) = (2x - x^2)e^{-x} \\
f''(x) &= (2-2x)e^{-x} + (2x - x^2)e^{-x}(-1) = (2 - 4x + x^2)e^{-x} \\
f'''(x) &= (-4+2x)e^{-x} + (2 - 4x + x^2)e^{-x}(-1) = (-6 + 6x - x^2)e^{-x}
\end{aligned}$$

Aus $f'(x)=0$ bestimmt man jetzt die *stationären Stellen* der Funktion, das sind diejenigen Stellen, an denen der Graph der Funktion *waagerechte Tangenten* besitzt – das sind gleichermaßen auch diejenigen Stellen, an denen *Hoch- oder Tiefpunkte* des Graphen vorliegen *können*.

Man erhält zwei stationäre Stellen:

(8.04)
$$(2x-x^2)e^{-x}=0 \quad |:e^{-x}$$
$$2x-x^2=0$$
$$x^2-2x=0 \rightarrow x_1=0\,,\; x_2=2$$

Diese beiden stationären Stellen benennen – so könnte man sagen – die *Kandidaten für lokale Extremstellen*. Ob an diesen Stellen tatsächlich lokale Extrema vorliegen und von welcher Art sie sind, das erfährt man aus dem Vorzeichen beim Einsetzen in die *zweite Ableitungsfunktion*:

(8.05)
$$f''(x_1=0)=(2-4\cdot 0+0^2)e^{-0}=2>0$$
$$f''(x_1=2)=(2-4\cdot 2+2^2)e^{-2}=-2e^{-2}<0$$

Liefert der x-Wert einer stationären Stelle, eingesetzt in die zweite Ableitungsfunktion, ein positives Ergebnis, dann liegt dort ein relatives Minimum, ein Tiefpunkt. vor.

Liefert der x-Wert einer stationären Stelle, eingesetzt in die zweite Ableitungsfunktion, ein negatives Ergebnis, dann liegt dort ein relatives Maximum, ein Hochpunkt, vor.

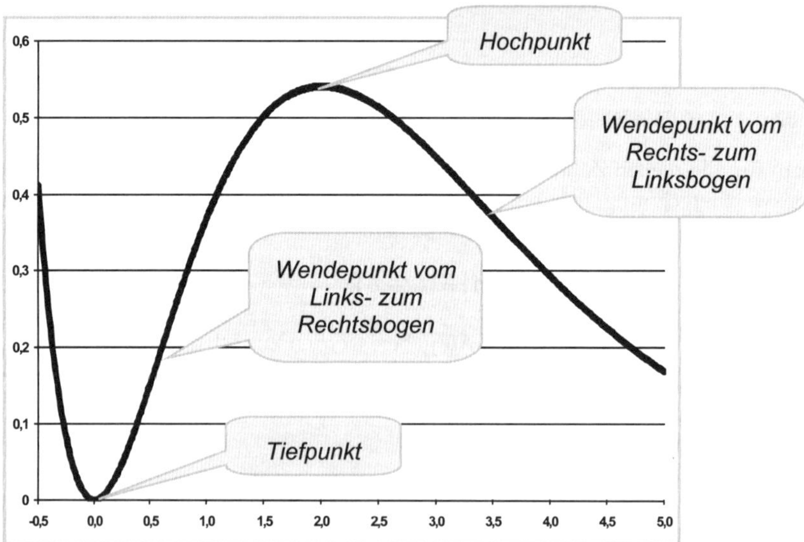

Bild 8.1: Ausschnitt aus dem Graph der Funktion (8.01)

Also bewegt sich der Graph der Funktion vom Tiefpunkt bei $x_1=0$ bis zum Hochpunkt bei $x_2=2$ *streng monoton aufwärts*. Links vom Nullpunkt (d. h. für $x<0$) muss die Funktion *streng monoton fallend* sein, desgleichen rechts von $x_1=2$.

Diese *Monotonieaussagen*, abgeleitet aus der Art der relativen Extrema, können auch auf andere Art erhalten werden, indem die *Vorzeichenbereiche der ersten Ableitungsfunktion* zusammengestellt werden:

(8.06) $$f'(x) = (2x - x^2)e^{-x} \begin{cases} < 0 & \text{für } x < 0 \\ = 0 & \text{für } x = 0 \\ > 0 & \text{für } 0 < x < 2 \\ = 0 & \text{für } x = 2 \\ < 0 & \text{für } x > 2 \end{cases}$$

In einem *Wendepunkt* wechselt der Graph der Funktion aus einem *Rechtsbogen* (*Konkavbogen*) in einen *Linksbogen* (*Konvexbogen*) oder umgekehrt (siehe [22], Abschnitt 9.3.2).

Zur Bestimmung möglicher Wendepunkte werden zunächst alle Stellen gesucht, für die die *zweite Ableitungsfunktion verschwindet*:

(8.07) $$(2 - 4x + x^2)e^{-x} = 0 \rightarrow x_{W1} = 2 - \sqrt{2} \approx 0{,}58 \quad x_{W2} = 2 + \sqrt{2} \approx 3{,}41$$

Endgültige Gewissheit bringt aber erst die *Kontrolle* – an den Wendepunkten muss die *dritte Ableitungsfunktion einen von Null verschiedenen Wert* liefern. Durch Einsetzen überzeugt man sich:

(8.08) $$f'''(x = 2 - \sqrt{2}) \neq 0$$ $$f'''(x = 2 + \sqrt{2}) \neq 0$$

An den beiden Stellen liegt tatsächlich jeweils ein Wendepunkt vor.

Die *Vorzeichenübersicht der zweiten Ableitungsfunktion* erklärt dazu, welche Bögen in den beiden Wendepunkten aneinander stoßen:

(8.09) $$f''(x) = (2 - 4x + x^2)e^{-x} = \begin{cases} > 0 \text{ für } x < 2 - \sqrt{2} \\ = 0 \text{ für } x = 2 - \sqrt{2} \\ < 0 \text{ für } 2 - \sqrt{2} < x < 2 + \sqrt{2} \\ = 0 \text{ für } x < 2 - \sqrt{2} \\ > 0 \text{ für } x < 2 - \sqrt{2} \end{cases}$$

Also verläuft der Graph zuerst in einem *Linksbogen (Konvexbogen)*, im ersten Wendepunkt bei ca. 0,58 wechselt er in einen *Rechtsbogen(Konkavbogen)* , dem sich schließlich im zweiten Wendepunkt bei ca. 3,41 wieder ein *Linksbogen* anschließt.

Bild 8.1 zeigt eine Skizze des Graphen. Bevor wir uns dieser Skizze zuwenden, wollen wir in Form einer kleinen Wertetabelle die gefundenen *vier bedeutsamsten Punkte des Graphen* mit ihren x- und y-Werten zusammenstellen:

x	f(x)	Art
0	0	<-- Tiefpunkt
2	0,541	<-- Hochpunkt
0,586	0,191	<-- Wendepunkt vom Linksbogen zum Rechtsbogen
3,414	0,384	<-- Wendepunkt vom Rechtsbogen zum Linksbogen

Bild 8.2: Lokale Extremwerte und Wendepunkte der Funktion (8.01)

Bei der Untersuchung *ertragsgesetzlicher Kostenfunktionen* versteht man unter der *Schwelle des Ertragsgesetzes* den Punkt, in dem der Übergang vom *degressiven Wachsen der Gesamtkosten* zum *progressiven Wachsen der Gesamtkosten* erfolgt.

Die Schwelle des Ertragsgesetzes ist also der *Wendepunkt* der Gesamtkostenfunktion.

Ebenfalls betrachtet werden das *Betriebsoptimum* sowie das *Betriebsminimum*:

Das *Betriebsoptimum* ist dabei diejenige Ausbringungsmenge, für die die *Stückkosten*

(8.10) $$k(x) = \frac{K(x)}{x}$$

minimal sind. Da in diesem Punkt der minimale Wert der Stückkosten gerade noch die Gesamtkosten deckt, nennt man das Betriebsoptimum auch *langfristige Preisuntergrenze.*

Das *Betriebsminimum* ist diejenige Ausbringungsmenge x_m, für die die *variablen Stückkosten*

(8.11) $$k_V(x) = \frac{K_V(x)}{x}$$

minimal werden. Es wird auch als *kurzfristige Preisuntergrenze* bezeichnet.

Beispiel 8.2: Für die ertragsgesetzliche Kostenfunktion

(8.12) $$K(x) = x^3 - 15x^2 + 300x + 60$$

bestimme man die Schwelle des Ertragsgesetzes, das Betriebsminimum und die kurzfristige Preisuntergrenze.

Für die Schwelle des Ertragsgesetzes benötigen wir den Wendepunkt von (8.12). Stellen wir dafür die *benötigten Ableitungsfunktionen* der Kostenfunktion zusammen:

(8.13)
$$\begin{aligned} K(x) &= x^3 - 15x^2 + 300x + 60 \\ K'(x) &= 3x^2 - 30x + 300 \\ K''(x) &= 6x - 30 \\ K'''(x) &= 6 \end{aligned}$$

Aus $K''(x)=0$ bestimmt man $x_w=5$. Da die dritte Ableitungsfunktion konstant gleich 6, also von Null verschieden ist, liegt tatsächlich ein Wendepunkt vor:

Die *Schwelle des Ertragsgesetzes* liegt bei einer Ausbringungsmenge von $x=5$.

Aus $K(x)$ entnimmt man die variablen Kosten

(8.14a) $$K_V(x) = x^3 - 15x^2 + 300x \quad .$$

Damit lassen sich die *variablen Stückkosten* bestimmen:

(8.14b) $$k_V(x) = \frac{K_V(x)}{x} = \frac{x^3 - 15x^2 + 300x}{x} = x^2 - 15x + 300$$

Das Nullsetzen der ersten Ableitungsfunktion von $k_V(x)$ liefert $x_M=7{,}5$. Dort liegt tatsächlich das Betriebs*minimum*, da die zweite Ableitungsfunktion von $k_V(x)$ konstant gleich 2 und damit positiv ist.

Die *kurzfristige Preisuntergrenze* liegt demzufolge bei

(8.14c) $$k_V(x = x_M) = 7{,}5^2 - 15 \cdot 7{,}5 + 300 = 243{,}75$$

Beispiel 8.3: Um die Produktion eines Unternehmens, das sich am Ort *N*. befinde, in den Ort *A* zu bringen, soll eine Straße von *N* nach *P* gebaut werden, die das Unternehmen mit der Eisenbahnlinie von *A* nach *B* verbindet (siehe Bild 8.3).

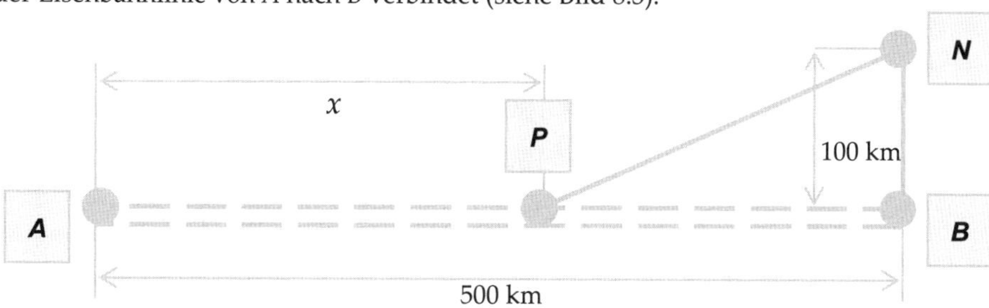

Bild 8.3: Skizze der Orte und der Eisenbahnlinie mit Entfernungen

Die Transportkosten auf der *Straße* sind doppelt so hoch wie die der *Eisenbahn*. Bis zu welchem Punkt *P* muss die Straße führen, um die Gesamtkosten für den Transport von *N* nach *A* zu minimieren?

Wenn wir die gesuchte Entfernung des Punktes *P* von *A* mit *x* bezeichnen und annehmen, dass auf der Eisenbahn pro Entfernungskilometer für eine Transporteinheit eine Geldeinheit zu entrichten ist, dann ergeben sich nach dem Satz des PYTHAGORAS die Transportkosten zu

(8.15) $$T(x) = x + 2 \cdot \sqrt{100^2 + (500 - x)^2}$$

Gesucht ist die *Minimumstelle* der Funktion $T(x)$, d. h. ein *Tiefpunkt*.

Dafür werden zuerst die benötigten Ableitungsfunktionen nach den Regeln der Differentialrechnung bereitgestellt:

$$T(x) = x + 2\cdot\sqrt{100^2 + (500-x)^2}$$

(8.16) $$T'(x) = 1 + 2\cdot\frac{2(500-x)(-1)}{2\sqrt{100^2+(500-x)^2}} = 1 - 2\cdot\frac{(500-x)}{\sqrt{100^2+(500-x)^2}}$$

$$T''(x) = (-2)\frac{[(-1)\sqrt{100^2+(500-x)^2}\,] - [(500-x)\frac{(500-x)(-1)}{\sqrt{100^2+(500-x)^2}}\,]}{100^2+(500-x)^2}$$

Da die zweite Ableitungsfunktion nur benötigt wird, um nach dem Einsetzen der gefundenen stationären Stelle lediglich eine *Vorzeicheninformation* zu liefern, kann auf weiteres Vereinfachen verzichtet werden.

Betrachten wir nun die *erste Ableitungsfunktion* und setzen wir sie gleich Null:

$$1 - 2\cdot\frac{(500-x)}{\sqrt{100^2+(500-x)^2}} = 0$$

$$\frac{(500-x)}{\sqrt{100^2+(500-x)^2}} = \frac{1}{2}$$

$$2(500-x) = \sqrt{100^2+(500-x)^2} \quad |\,^2$$

(8.17) $$4(500-x)^2 = 100^2 + (500-x)^2$$

$$(500-x)^2 = \frac{100^2}{3} \quad |\sqrt{\;}$$

$$500 - x = \frac{100}{\sqrt{3}}$$

$$x = 500 - \frac{100}{\sqrt{3}} \approx 442{,}3$$

Mit x_E=*442,3 [km]* ist vorerst aber nur eine *stationäre Stelle* gefunden (waagerechte Tangenten an den Graphen von *T(x)*).

Setzt man aber anschließend diesen Wert in die *zweite Ableitungsfunktion* ein, so ergibt sich $T''(x_E = 442{,}3) > 0$. Es handelt sich in der Tat um einen *Tiefpunkt*, ein *lokales Minimum*.

Ermitteln wir abschließend durch Einsetzen von $x=x_E$ die minimalen Transportkosten:

(8.18) $$T(x = x_E) = (500 - \frac{100}{\sqrt{3}}) + 2\cdot\sqrt{100^2 + (500-(500-\frac{100}{\sqrt{3}}))^2} \approx 673{,}2$$

Zusammenfassung: Wird eine Straße von N nach P so gebaut, dass sie ca. 442,3 km vor A auf die Eisenbahn trifft, dann ergeben sich Transportkosten von N über P nach A in Höhe von 673,2 GE.

Zum Vergleich:

Würde eine Straße direkt von N nach A gebaut, dann ergäben sich die Transportkosten von 1019,8 GE.

Würde die Straße dagegen nur auf dem kurzen Stück von N nach B gebaut, dann wären die Transportkosten von N über B nach A mit 700 GE immer noch höher als das berechnete Minimum.

Übungsaufgaben

Die Lösungen finden Sie ab Seite 167

Aufgabe 8.1: Gesucht sind *Lage und Art der lokalen Extremwerte* für folgende Funktionen:

(8.19) $$f(x) = x^3 - 3x^2 - x + 3$$

(8.20) $$f(x) = \frac{x^3}{x^2 - 3}$$

(8.21) $$f(x) = x^2(\ln x)^2$$

(8.22) $$f(x) = e^{2x-x^2}$$

Aufgabe 8.2: Bestimmen Sie das *Betriebsoptimum* eines Unternehmens, dessen Gesamtkostenfunktion durch

(8.23) $$K(x) = 0{,}3x^2 + 12x + 180$$

gegeben ist.

Aufgabe 8.3: Für welche Werte von a und b ist der Punkt $P_1(1,3)$ ein Wendepunkt der Funktion

(8.24) $$f(x) = ax^3 + bx^2 \quad ?$$

Aufgabe 8.4: Ein Unternehmen produziere mit einer Gewinnfunktion

(8.25) $$G(x) = -x^3 + 120x^2 - 468x - 4024 \quad .$$

Für welche Ausbringungsmenge x wird der Gewinn maximal?

Aufgabe 8.5: Ein Monopolist produziere mit einer *Kostenfunktion*

(8.26a) $$K(x) = x^3 + 4x^2 + 7x + 28$$

und sehe sich einer *Preis-Absatz-Funktion*

(8.26b) $$p(x) = 70 - 2x$$

gegenüber.

a) Wie heißt die *Gewinnfunktion*, für welche Menge x wird der *Gewinn maximal* und wie groß ist dann der *maximale Gewinn*?

b) Welche abgesetzte Menge x maximiert den Verkaufserlös? Wie groß ist dort der Gewinn?

c) Welcher Preis kann im Gewinnmaximum erzielt werden?

Aufgabe 8.6: Eine *neoklassische Produktionsfunktion x(r)* (auch als *Funktion mit abnehmenden Grenzerträgen* bezeichnet) ist gekennzeichnet durch *positive Erträge* und positive, aber abnehmende *Grenzerträge* für jeden positiven Input r.

Überprüfen Sie, ob die Produktionsfunktion

(8.27) $$x(r) = (0{,}6\sqrt{r} + 1)^2$$

vom neoklassischen Typ ist.

A9 Funktionen zweier Variabler: Beispiele und Aufgaben

Grundsätzliches

Eine *Funktion zweier Variabler* ist eine *Vorschrift*, die einem gegebenen Zahlenpaar (x_1,x_2) eindeutig eine reelle Zahl y zuordnet.

Auf diese Aufgabenstellung wird z. B. ausführlich im Buch „Mathematik für BWL-Bachelor" im Kapitel 10 ab Seite 147 eingegangen.

Was die Verwendung von Buchstaben angeht: Nicht selten wird anstelle von $(x_1,x_2)\rightarrow y$ bzw. $y=f(x_1,x_2)$ die Symbolik $(x,y)\rightarrow z$ bzw. $z=f(x,y)$ verwendet. Das hat keine inhaltliche Bedeutung.

Man schreibt $y=f(x_1,x_2)$ und nennt die Menge der Zahlenpaare (x_1,x_2), für die die Vorschrift erklärt ist, den *Definitionsbereich* $D(f)$ der Funktion. Die Menge der möglichen y-Werte bildet den *Wertebereich* $W(f)$ der Funktion.

Will man den Definitionsbereich einer Funktion $y=f(x_1,x_2)$ ermitteln, so muss man jetzt eine Punktmenge in der x_1-x_2-Ebene bestimmen. Als Wertebereich wird sich dagegen eine Teilmenge der Menge der reellen Zahlen (oder diese Menge selbst) ergeben.

Beispiele dafür, wie es richtig gemacht wird

Beispiel 9.1: Gesucht sind Definitions- und Wertebereich der Funktion

(9.01) $$y=\sqrt{1-(x_1^2+x_2)^2} \quad .$$

Lösung: Der Ausdruck unter der Wurzel, der Radikand, darf nicht negativ sein:

(9.02a) $$1-(x_1^2+x_2)^2 \geq 0$$

Diese Ungleichung wird nun umgeformt:

(9.02b) $$\begin{aligned} (x_1^2+x_2)^2 &\leq 1 \quad |\sqrt{} \\ -1 \leq (x_1^2+x_2) &\leq 1 \quad |-x_1^2 \\ -x_1^2-1 \leq x_2 &\leq -x_1^2+1 \end{aligned}$$

Als Definitionsbereich ergibt sich die in Bild 9.01 skizzierte Punktmenge in der x_1-x_2-Ebene:

Aus dem *Bereich zwischen den beiden Parabeln* dürfen beliebige Punkte (x_1,x_2) gewählt werden.

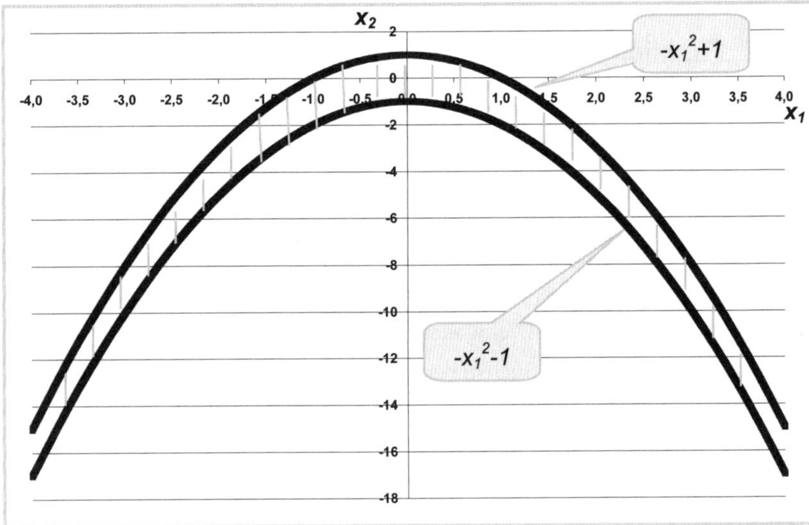

Bild 9.01: Definitionsbereich der Funktion (9.01)

Denken wir über den Wertebereich nach: Eine Wurzelfunktion liefert nach Definition nur nichtnegative Werte, das heißt, negative Werte sind nicht zu erwarten: $y \geq 0$. Da der Ausdruck unter der Wurzel außerdem stets kleiner oder gleich Eins ist (denn es wird ja von der Eins das Quadrat einer reellen Zahl abgezogen), ergibt sich schließlich als Wertebereich das abgeschlossene Intervall von Null bis Eins:

(9.03) $$W(f) = \{y \in \Re \mid 0 \leq y \leq 1\} = [0,1]$$

In der Ökonomie werden oft Funktionen betrachtet, die den *Output* x (d. h. die produzierte Menge x) in Abhängigkeit von den *eingesetzten Mengen der Produktionsfaktoren* r_1, r_2, ..., r_n beschreiben. Dabei werden die Produktionsfaktoren als *gegeneinander austauschbar* (substituierbar) angesehen.

Betrachtet man eine solche Produktionsfunktion, die den *Output* x in Abhängigkeit von *zwei eingesetzten Produktionsfaktoren* beschreibt, erhält man eine *Funktion zweier Variabler*, die diesmal entsprechend den Traditionen des Fachgebietes mit den Symbolen r_1, r_2 und x beschrieben wird:

(9.04) $$x = x(r_1, r_2)$$

Für derartige Funktionen ist es oft interessant, die so genannten *Isoquanten* zu bestimmen:

Eine *Isoquante* ist eine *Linie konstanten Produktionsausstoßes.*

Beispiel 9.2: Gegeben sei die Produktionsfunktion

(9.05) $$x = x(r_1, r_2) = 5\sqrt{r_1 \cdot r_2} \quad .$$

a) Gesucht ist sind die *Gleichungen der Isoquanten* zu $x=10$ und $x=20$. Die beiden Isoquanten sind grafisch darzustellen.

b) Welcher Produktionsausstoß x ist bei einer eingesetzten Menge $r_1=75$ und $r_2=48$ möglich?

c) Die eingesetzte Menge r_2 soll auf $r_2=50$ erhöht werden, dabei soll der Produktionsausstoß unverändert bleiben. Welche Menge r_1 ist dann nur noch nötig?

Vorbemerkung zu den Lösungen: Ökonomisch sinnvoll ist nur eine Betrachtung im Bereich $r_1 \geq 0$ und $r_2 \geq 0$, da die Symbole r_1 und r_2 eingesetzte Mengen an Produktionsfaktoren beschreiben.

Zu a): Um die *Gleichung einer Isoquante* zu bestimmen, ist lediglich für x der vorgegebene Output-Wert einzusetzen:

(9.06)
$$\begin{aligned} 10 &= 5\sqrt{r_1 \cdot r_2} & \qquad 20 &= 5\sqrt{r_1 \cdot r_2} \\ 2 &= \sqrt{r_1 \cdot r_2} & 4 &= \sqrt{r_1 \cdot r_2} \\ 4 &= r_1 \cdot r_2 & 16 &= r_1 \cdot r_2 \\ r_2 &= \frac{4}{r_1} & r_2 &= \frac{16}{r_1} \end{aligned}$$

Bild 9.02 zeigt die beiden Isoquanten – es sind Äste von Hyperbeln, die im ersten Quadranten der r_1-r_2-Ebene liegen.

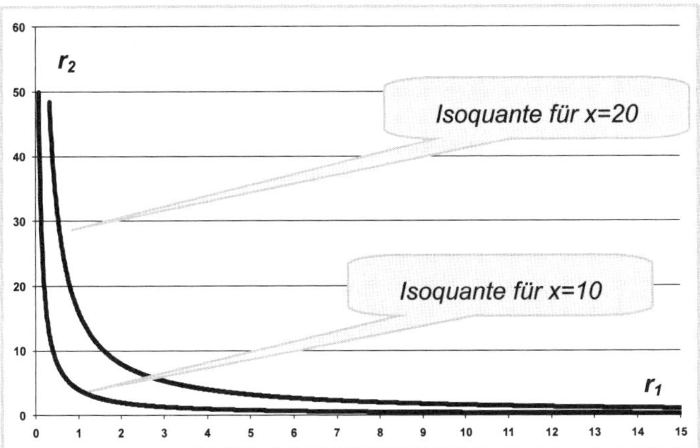

Bild 9.02: Zwei Isoquanten der Produktionsfunktion (9.05)

Zu b): Sind die eingesetzten Mengen beider Produktionsfaktoren gegeben, dann errechnet sich der Produktionsausstoß durch Einsetzen in die rechte Seite der Produktionsfunktion: Mit $r_1=75$ und $r_2=48$ ergibt sich folglich

(9.07) $$x = x(75,48) = 5\sqrt{75 \cdot 48} = 300 \quad .$$

Zu c): Jetzt soll gelten $x=300$ und $r_2=50$. Aus der Produktionsfunktion lässt sich dann die benötigte Menge r_1 berechnen:

(9.08) $$300 = x(r_1,50) = 5\sqrt{r_1 \cdot 50} \Rightarrow 60 = \sqrt{r_1 \cdot 50} \Rightarrow 3600 = r_1 \cdot 50 \Rightarrow 72 = r_1$$

Bei gleichem Produktionsausstoß können drei Einheiten von r_1 eingespart werden, wenn r_2 um zwei Einheiten erhöht wird.

Übungsaufgaben

Die Lösungen finden Sie ab Seite 173

Aufgabe 9.1: Bestimmen Sie den Definitionsbereich der folgenden Funktionen und stellen Sie diesen grafisch dar.

Falls möglich, geben Sie auch den Wertebereich an.

(9.09) $f(x_1,x_2)=\sqrt{2-x_1^2-x_2^2}$

(9.10) $f(x_1,x_2)=\ln(-x_1-x_2)$

(9.11) $f(x_1,x_2)=e^{2-x_1+x_2}$

(9.12) $f(x_1,x_2)=\sqrt{x_1^2+x_2^2-8x_1}$

Aufgabe 9.2: Ein Produkt wird unter Verwendung zweier Produktionsfaktoren hergestellt. Dabei gelte die Produktionsfunktion

(9.13) $x=x(r_1,r_2)=0{,}4\cdot r_1^{0,5}\cdot r_2^{0,5}$

Welcher Produktionsausstoß ist bei einer Faktorenkombination $r_1=200$ und $r_2=800$ zu erwarten?

Um wie viel kann die eingesetzte Menge von r_2 abgesenkt werden, wenn vom ersten Produktionsfaktor für den gleichen Produktionsausstoß eine Menge $r_1=210$ zur Verfügung steht?

Aufgabe 9.3: Gegeben sei eine *Nutzenfunktion U*, die den Nutzen in Abhängigkeit von den eingesetzten Mengen x_1, x_2 zweier nutzenstiftender Güter beschreibt.

Die *Kurven konstanten Nutzens* werden *Indifferenzkurven* genannt.

Bestimmen Sie für

(9.14) $U=U(x_1,x_2)=x_1e^{x_2-2}$

die *Gleichung der Indifferenzkurve* für einen Nutzen von

(9.14a) $U=e^2$.

Stellen Sie diese Indifferenzkurve grafisch dar.

A10 Partielle Ableitungen: Beispiele und Aufgaben

Grundsätzliches

Zur Bestimmung von lokalen Extremwerten einer Funktion zweier Variabler und zur genaueren Untersuchung einer solchen Funktion werden *Ableitungsfunktionen* (oft kurz als *Ableitungen* bezeichnet) benötigt.

Bei Funktionen von zwei und mehr Variablen treten dabei so genannte *partielle Ableitungsfunktionen* auf (siehe z. B. [22], Abschnitt 10.3) .

Mit Hilfe von *partiellen Ableitungsfunktionen* einer *Funktion zweier Variabler* kann man *partielle Ableitungswerte* erhalten. Sie beschreiben das Verhalten der Funktion in Richtung der Variablen, nach der differenziert wird, bei konstantem zweitem Argument.

Die bekannten Regeln für das Differenzieren lassen sich auch bei Funktionen zweier Variabler anwenden – zusätzlich gilt eine Sonderregel ([22], Seite 160):

Wird *nach der ersten Variablen partiell differenziert,* dann muss die zweite Variable *wie eine Konstante* behandelt werden. Wird *nach der zweiten Variablen partiell differenziert,* dann muss die erste Variable *wie eine Konstante* behandelt werden.

Beispiele dafür, wie es richtig gemacht wird

Beispiel 10.1: Gesucht sind die ersten partiellen Ableitungsfunktionen f_x und f_y für die Funktion

(10.01) $$f(x,y) = (3x^2 + 4y) \cdot e^{5y} \quad .$$

Bei der *partiellen Ableitung nach x* ist nur der erste Faktor (der Klammerausdruck) zu differenzieren, weil die Exponentialfunktion jetzt wie ein *konstanter Faktor* behandelt wird.

Dagegen muss bei der *partiellen Ableitung nach y* die *Produktregel* zur Anwendung kommen:

(10.02a) $$f_x(x,y) = (3x^2 + 4y)_x \cdot e^{5y} = 6x \cdot e^{5y}$$

(10.02b) $$\begin{aligned} f_y(x,y) &= (3x^2 + 4y)_y \cdot (e^{5y})_y \\ &= 4e^{5y} + (3x^2 + 4y) \cdot e^{5y} \cdot 5 \\ &= (4 + 15x^2 + 20y) \cdot e^{5y} \end{aligned}$$

Beispiel 10.2: Gesucht sind die ersten partiellen Ableitungsfunktionen f_x und f_y für die Funktion

(10.03) $$f(x, y) = (4x+1)^{8y-3} \quad .$$

Für das *partielle Differenzieren nach x* ist die Funktion wie eine Potenzfunktion zu behandeln:

(10.04a) $$f_x(x, y) = (8y-3)(4x+1)^{(8y-3)-1} \cdot 4 = 4 \cdot (8y-3)(4x+1)^{8y-4}$$

Dagegen muss die Funktion beim partiellen Differenzieren nach y wie eine Exponentialfunktion behandelt werden – es ist die Regel $(a^x)' = a^x \cdot \ln a$ anzuwenden:

(10.04b) $$f_y(x, y) = (4x+1)^{8y-3} \cdot \ln(4x+1) \cdot 8$$

Mit *partiellen Ableitungswerten* können die Anstiege der Funktion *in Richtung der zugehörigen Koordinatenachsen* beschrieben werden:

> $f_x(x_0, y_0)$ beschreibt den Anstieg im Punkt $P(x_0, y_0)$ in Richtung der *x*-Achse, $f_y(x_0, y_0)$ beschreibt den Anstieg im Punkt $P(x_0, y_0)$ in Richtung der *y*-Achse.

Es kann damit abgeschätzt werden, wie sich kleine Änderungen des jeweiligen Argumentes auf den Funktionswert auswirken, wenn das andere Argument fixiert ist (*ceteris paribus-Bedingung*).

> Wie aber muss man vorgehen, wenn sich gleichzeitig beide Argumente ändern sollen?

Für solche Betrachtungen verwendet man das *totale Differential*

(10.05) $$df = f_x\big|_{(x_0, y_0)} \cdot dx + f_y\big|_{(x_0, y_0)} \cdot dy$$

Beispiel 10.3: Für die bereits im Kapitel A9 auf Seite 64 betrachtete Produktionsfunktion

(10.06) $$x = x(r_1, r_2) = 5\sqrt{r_1 \cdot r_2}$$

soll abgeschätzt werden, wie sich der Produktionsausstoß ändert, wenn – ausgehend von der Faktorkombination (16,25) –

a) die Einsatzmenge des ersten Produktionsfaktors um 0,2 Einheiten abgesenkt wird und

b) dafür die Einsatzmenge des zweiten Produktionsfaktors um 0,1 Einheit erhöht wird.

Der *Weg zur Lösung*: Gesucht ist also der *Wert des totalen Differentials dx* im Punkt (16,25) mit $dr_1 = -0{,}2$ und $dr_2 = 0{,}1$:

(10.07a) $$dx = f_{r_1}\big|_{(16,25)} \cdot dr_1 + f_{r_2}\big|_{(16,25)} \cdot dr_2$$

Zuerst wird die erste partiellen Ableitungsfunktion nach r_1 berechnet:

(10.07b) $$f_{r_1} = 5\frac{1}{2\sqrt{r_1}}\sqrt{r_2} = 2{,}5\sqrt{\frac{r_2}{r_1}}$$

In gleicher Weise erhält man die andere erste partielle Ableitungsfunktion:

(10.07c) $$f_{r_2} = 5\sqrt{r_1}\,\frac{1}{2\sqrt{r_2}} = 2{,}5\sqrt{\frac{r_1}{r_2}}$$

Nach Einsetzen und Zusammenfassung ergibt sich der Zahlenwert des totalen Differentials

(10.07d) $$dx = 2{,}5\sqrt{\frac{25}{16}}\cdot(-0{,}2) + 2{,}5\sqrt{\frac{25}{16}}\cdot 0{,}1 = -0{,}425$$

Antwortsatz: Der Produktionsausstoß würde um ca. 0,425 Einheiten sinken.

Zum Vergleich kann hier mit Hilfe der bekannten Produktionsfunktion (10.06) die *exakte Differenz* berechnet werden:

(10.08) $$x(16\,,25) - x(15{,}8\,;16{,}1) = -0{,}4284$$

Es zeigt sich, dass die Abschätzung mit Hilfe des totalen Differentials sehr brauchbar gewesen ist.

Da die ersten beiden partiellen Ableitungsfunktionen selbst ebenfalls Funktionen zweier Variabler sind, können sie weiter differenziert werden. Man erhält dann *partielle Ableitungsfunktionen höherer Ordnung*.

Beispiel 10.4: Für die Funktion

(10.09) $$f(x,y) = \frac{x}{y}\cdot e^{x+y}$$

bestimme man *alle zweiten partiellen Ableitungsfunktionen*.

Zunächst müssen die beiden *ersten partiellen Ableitungsfunktionen* bereitgestellt werden:

(10.10)
$$f_x(x,y) = \frac{1}{y}\cdot e^{x+y} + \frac{x}{y}\cdot e^{x+y} = \left(\frac{1}{y}+\frac{x}{y}\right)\cdot e^{x+y} = \frac{1+x}{y}\cdot e^{x+y}$$
$$f_y(x,y) = \frac{-x}{y^2}\cdot e^{x+y} + \frac{x}{y}\cdot e^{x+y} = \left(\frac{-x}{y^2}+\frac{x}{y}\right)\cdot e^{x+y} = \frac{xy-x}{y^2}\cdot e^{x+y}$$

Dann wird viermal weiter partiell differenziert – zuerst f_x partiell nach x und y, dann f_y partiell nach x und y:

(10.11)
$$f_{xx}(x,y) = \frac{1}{y}\cdot e^{x+y} + \frac{1+x}{y}\cdot e^{x+y} = \frac{2+x}{y}\cdot e^{x+y}$$
$$f_{xy}(x,y) = -\frac{1+x}{y^2}\cdot e^{x+y} + \frac{1+x}{y}\cdot e^{x+y} = \frac{xy+y-x-1}{y^2}\cdot e^{x+y}$$
$$f_{yx}(x,y) = \frac{y-1}{y^2}\cdot e^{x+y} + \frac{xy-x}{y^2}\cdot e^{x+y} = \frac{xy+y-x-1}{y^2}\cdot e^{x+y}$$
$$f_{yy}(x,y) = \frac{xy^2-(xy-x)2y}{y^4}\cdot e^{x+y} + \frac{xy-x}{y^2}\cdot e^{x+y} = \frac{2x+xy^2-2xy}{y^3}\cdot e^{x+y}$$

Es ist übrigens kein Zufall, dass die *Ergebnisse der beiden mittleren Zeilen* in (10.11) identisch sind:

> In der Regel kann man damit rechnen, dass für die beiden so genannten *gemischten zweiten partiellen Ableitungsfunktionen* die Gleichheit gilt:
>
> (10.12) $f_{xy}(x,y) = f_{yx}(x,y)$

Natürlich gibt es Ausnahmen – wer mehr darüber erfahren will, informiere sich z. B. in [37] über die Voraussetzungen der Gültigkeit des *Vertauschbarkeitssatzes von SCHWARZ.*

Derartige Ausnahmen sind aber für die in der Ökonomie bedeutsamen Funktionen nicht zu erwarten.

Bemerkung zur Symbolik: Es gibt zwei völlig gleichwertige Formen, wie man zum Ausdruck bringen kann, dass eine Funktion zweier Veränderlicher entstanden ist als partielle Ableitungsfunktion.

Zum einen ist das die in diesem Buch durchgängig verwendete *Index-Notation*:

$$f(x,y)$$

$$f_x(x,y) \qquad\qquad f_y(x,y)$$

$$f_{xx}(x,y) \quad f_{xy}(x,y) \qquad f_{yx}(x,y) \quad f_{yy}(x,y)$$

Bild 10.1: Bezeichnung der Ableitungsfunktion durch entsprechenden Index

Genauso gebräuchlich ist aber auch die Verwendung des so genannten „partiellen d“:

$$f(x,y)$$

$$\frac{\partial f(x,y)}{\partial x} \qquad\qquad \frac{\partial f(x,y)}{\partial y}$$

$$\frac{\partial^2 f(x,y)}{\partial x^2} \quad \frac{\partial^2 f(x,y)}{\partial x \partial y} \qquad \frac{\partial^2 f(x,y)}{\partial y \partial x} \quad \frac{\partial^2 f(x,y)}{\partial y^2}$$

Bild 10.2: Verwendung des „partiellen d“

Gesprochen wird in jedem Fall „de-f-nach-de-x“ bzw. „de-zwei- f-nach-de-x-quadrat“.

Übungsaufgaben

Die Lösungen finden Sie ab Seite 175

Aufgabe 10.1: Für die folgenden Funktionen bestimme man *alle ersten und zweiten partiellen Ableitungsfunktionen:*

(10.13) $f(x,y) = x^3y - xy^3$

(10.14) $f(x,y) = \ln(x^2 + y^2)$

(10.15) $f(x,y) = \dfrac{x}{y} + \dfrac{y}{x}$

(10.16) $f(x,y) = (x+y)e^{-x}$

(10.17) $f(x,y) = e^{\frac{y}{x}}$

(10.18) $f(x,y) = \sqrt{x^2 + y^2}$

Man überprüfe dabei insbesondere die *Gleichheit der gemischten zweiten partiellen Ableitungsfunktionen.*

Aufgabe 10.2: Gegeben sei eine *Cobb-Douglas-Produktionsfunktion*

(10.19a) $y(A,K) = 0{,}7 \cdot A^{0,7} \cdot K^{0,3}$.

Mit Hilfe des totalen Differentials schätze man ab, wie sich der Output y ändert, wenn A um 5% abgesenkt und dafür K um 3% erhöht wird.

Hinweis: Eine Erhöhung von K um 3% heißt

(10.19b) $dK = 0{,}03K$,

ein Absenken von A um 5% heißt

(10.19c) $dA = -0{,}05\,A$.

Aufgabe 10.3: Mit Hilfe des totalen Differentials bestimme man näherungsweise die Änderung der Funktionswerte, wenn in der Funktion

(10.20) $f(x,y) = x^y$

das Argument x von $x_0=1$ auf $x=1{,}04$ erhöht und gleichzeitig das Argument y von $y_0=2$ auf $y=2{,}02$ erhöht wird.

Aufgabe 10.4: Gegeben sei die Produktionsfunktion

(10.21) $x(r_1,r_2) = 5 \cdot r_1^{0,3} \cdot r_2^{0,2}$

Wie ändert sich der Output x näherungsweise, wenn man ausgehend von einer Faktorkombination $r_1=10$ und $r_2=20$ den ersten Produktionsfaktor um 0,2 Einheiten vermindert und den zweiten Produktionsfaktor um 0,3 Einheiten erhöht?

Aufgabe 10.5: Wie wirkt sich eine vierprozentige Erhöhung von x auf die Kostenfunktion

$$K(x,y) = 500 + x + y + xy \tag{10.22}$$

bei $x_0 = 10$ und $y_0 = 15$ aus?

A11 Extremwertsuche bei zwei Variablen: Beispiele und Aufgaben

Grundsätzliches

Die Suche nach lokalen Extrema bei Funktionen zweier Variabler erfolgt grundsätzlich in gleicher Weise wie bei Funktionen einer Variablen:

Mit den *ersten partielle Ableitungsfunktionen* sucht man zuerst nach Punkten auf der Funktionsfläche von $z=f(x,y)$, in denen lokale Extrema liegen *könnten* – das sind die Punkte mit *waagerechten Tangentialebenen*, die so genannten *stationären Stellen.*

Anschließend wird mit Hilfe der *zweiten partiellen Ableitungsfunktionen* geklärt, ob diese Punkte tatsächlich lokale Extremwerte sind.

Wie in den Abschnitten 10.2.3 und 10.5 in [22] beschrieben, geht man bei der Suche nach lokalen Extrema einer Funktion zweier Variabler $z=f(x,y)$ in folgender Weise vor:

a) Aus dem Gleichungssystem

(11.01) $$\begin{aligned} f_x(x,y) &= 0 \\ f_y(x,y) &= 0 \end{aligned}$$

werden die *stationären Stellen* bestimmt.

b) In den gefundenen stationären Stellen berechnet man den Ausdruck

(11.02) $$D = f_{xx} \cdot f_{yy} - (f_{xy})^2 \quad .$$

c) Ist $D>0$, so liegt an der stationären Stelle ein lokales Extremum vor:

c1) Ist $f_{xx}>0$, so handelt es sich um ein *lokales Minimum.*

c2) Ist $f_{xx}<0$, so handelt es sich um ein *lokales Maximum.*

d) Ist $D<0$, so liegt kein lokaler Extremwert vor.

e) Ist $D=0$, dann sind zusätzliche Untersuchungen nötig (siehe dazu z. B. [37]).

Beispiele dafür, wie es richtig gemacht wird

Beispiel 11.1: Die Funktion

(11.03) $$f(x,y) = x^3 + 3xy^2 - 15x - 12y$$

ist auf lokale Extrema zu untersuchen. Oft wird diese Aufgabe symbolisch auch durch

(11.03a) $$f(x,y) = x^3 + 3xy^2 - 15x - 12y = extr!$$

ausgedrückt.

Zunächst werden die benötigten fünf *partiellen Ableitungsfunktionen* bereitgestellt:

$$(11.04)\quad \begin{array}{lll} f_x = 3x^2 + 3y^2 - 15 & & f_y = 6xy - 12 \\ f_{xx} = 6x & f_{xy} = 6y & f_{yy} = 6x \end{array}$$

Zur Suche nach den stationären Stellen der Funktion ist das Gleichungssystem (11.01) zu lösen. Mit den beiden ersten partiellen Ableitungsfunktionen aus (11.04) erhält man

$$(11.05)\quad \begin{array}{lll} 3x^2 + 3y^2 - 15 = 0 & (1) \\ 6xy - 12 \qquad = 0 & (2) \end{array} \quad .$$

Diese Gleichungssystem ist *nichtlinear* (zur Definition eines linearen Gleichungssystems siehe [22], Seite 289). Somit ist der Algorithmus von GAUSS nicht anwendbar, man muss versuchen, mittels *eigener Überlegungen* zu den Lösungen zu kommen:

Beginnen wir bei der unteren Gleichung (2):

$$(11.05a)\quad xy = 2 \Rightarrow y = \frac{2}{x}$$

Setzt man den so erhaltenen Ausdruck für y in die erste Gleichung (1) ein, so kommt man zur Aufgabe, alle reellen Nullstellen eines *Polynoms vierten Grades* (vergleiche Seite 43) zu suchen:

$$(11.05b)\quad \begin{array}{l} x^2 + (\frac{2}{x})^2 = 5 \mid \cdot x^2 \\ x^4 + 4 \quad = 5x^2 \\ x^4 - 5x^2 + 4 = 0 \end{array}$$

Da die ungeraden Potenzen fehlen, spricht man hier von einer *biquadratischen Gleichung*. Sie kann durch die *Substitution*

$$(11.05c)\quad x^2 = t$$

in eine *quadratische Gleichung* überführt werden. Dann ist die Anwendung der bekannten *p-q-Formel* (siehe Seite 21) möglich:

$$(11.05d)\quad t^2 - 5t + 4 = 0 \Rightarrow t_{1,2} = \frac{5}{2} \pm \sqrt{(\frac{5}{2})^2 - 4} \Rightarrow t_1 = 1, \quad t_2 = 4$$

Wegen (11.05c) müssen anschließend alle x-Werte gesucht werden, deren Quadrate 1 oder 4 ergeben. Das sind die vier Zahlen

$$(1105e)\quad x_1 = 1, \quad x_2 = -1, \quad x_3 = 2, \quad x_4 = -2$$

Die zugehörigen Werte werden aus (11.05a) berechnet:

$$(11.05f)\quad y_1 = 2, \quad y_2 = -2, \quad y_3 = 1, \quad y_4 = -1$$

Nun ist die erste Teilaufgabe gelöst, die *stationären Stellen* sind bekannt:

Die Funktion (11.03) besitzt die stationären Stellen $P_1(1,2)$, $P_2(-1,-2)$, $P_3(2,1)$ und $P_4(-2,-1)$.

Da für jede stationäre Stelle nun der Ausdruck (11.02) zu berechnen ist, werden die dafür benötigten zweiten partiellen Ableitungsfunktionen aus (11.04) eingesetzt. Es ergibt sich

(11.06a) $$D = f_{xx} \cdot f_{yy} - (f_{xy})^2 = 6x \cdot 6x - (6y)^2 = 36x^2 - 36y^2$$

Stellen wir nun die Werte für D für die vier stationären Stellen zusammen:

(11.06b)
$$\begin{aligned}
&P_1(1,2): && D_1 = 36 \cdot 1^2 - 36 \cdot 2^2 && = -108 < 0 \\
&P_2(-1,-2): && D_2 = 36 \cdot (-1)^2 - 36 \cdot (-2)^2 && = -108 < 0 \\
&P_3(2,1): && D_3 = 36 \cdot 2^2 - 36 \cdot 1^2 && = 108 \quad > 0 \\
&P_4(-2,-1): && D_4 = 36 \cdot (-2)^2 - 36 \cdot (-1)^2 && = 108 \quad > 0
\end{aligned}$$

Es ist zu erkennen: Weder P_1 noch P_2 sind Stellen, an denen Hoch- oder Tiefpunkte der Funktionsfläche liegen. Sie sind zwar stationäre Stellen, besitzen eine waagerechte Tangentialebene, aber kommen für lokale Extrema nicht infrage.

Die letzten beiden stationären Stellen P_3 und P_4 erweisen sich als lokale Extremstellen. Hier muss mit Hilfe der zweiten partiellen Ableitungsfunktion f_{xx} ihre Art geprüft werden:

(11.06c)
$$\begin{aligned}
&P_3(2,1): && f_{xx} = 6 \cdot 2 && = 12 \quad > 0 \\
&P_4(-2,-1): && f_{xx} = 6 \cdot (-2) && = -12 < 0
\end{aligned}$$

Antwortsatz: Die Funktion (11.03) besitzt im Punkt $P_3(2,1)$ einen *Tiefpunkt* und im Punkt $P_4(-2,-1)$ einen *Hochpunkt*.

Falls zusätzlich nach den *Funktionswerten* gefragt wird – dann sind die Koordinaten beider Punkte in die Funktionsgleichung einzusetzen:

(11.06d)
$$\begin{aligned}
&f(x = 2, \quad y = 1 \quad) = -28 \\
&f(x = -2, y = -1) = \quad 28
\end{aligned}$$

Beispiel 11.2: Ein Unternehmen stellt zwei Güter her, wobei für die Güter *unterschiedliche Nachfragefunktionen* gelten:

(11.07)
Für Gut_1 lautet die Nachfragefunktion $x = x(p_1) = 100 - 5p_1$

Für Gut_2 lautet die Nachfragefunktion $y = y(p_2) = 200 - 4p_2$

Die Gesamtkostenfunktion des Herstellers sei

(11.08) $$K(x, y) = x^2 + xy + y^2$$

Wie sollte das Unternehmen die Preise p_1 und p_2 für die beiden Güter festlegen, damit der *Gewinn maximal* wird? Welche Mengen der beiden Güter werden *im Gewinnmaximum* abgesetzt?

Die Lösung der Aufgabe beginnt damit, dass die Gewinnfunktion $G(p_1, p_2)$ aus den beiden Nachfragefunktionen und der Kostenfunktion gebildet wird (vergleiche Seite 39):

(11.09a)
$$\begin{aligned} G(p_1, p_2) &= x \cdot p_1 + y \cdot p_2 - [x^2 + xy + y^2] \\ &= (100 - 5 \cdot p_1) \cdot p_1 + (200 - 4 \cdot p_2) \cdot p_2 \\ &\quad -[(100-5 \cdot p_1)^2 + (100 - 5 \cdot p_1)(200 - 4 \cdot p_2) + (200 - 4 \cdot p_2)^2] \end{aligned}$$

Es wird ausmultipliziert und zusammengefasst:

(11.09b) $$G(p_1, p_2) = -30p_1^2 - 20p_1p_2 - 20p_2^2 + 2100p_1 + 2200p_2 - 70000$$

Die benötigten partiellen Ableitungsfunktionen (hier nicht in Indexschreibweise, sondern mit dem „partiellen d", siehe Seite 70) werden berechnet:

(11.09c)
$$\frac{\partial G}{\partial p_1} = -60p_1 - 20p_2 + 2100 \qquad \frac{\partial G}{\partial p_2} = -20p_1 - 40p_2 + 2200$$
$$\frac{\partial^2 G}{\partial p_1^2} = -60 \qquad \frac{\partial^2 G}{\partial p_1 \partial p_2} = -20 \qquad \frac{\partial^2 G}{\partial p_2^2} = -40$$

Die ersten partiellen Ableitungsfunktionen werden gleich Null gesetzt, um die *stationären Stellen der Gewinnfunktion* zu ermitteln:

(11.09d)
$$\begin{aligned} -60p_1 - 20p_2 + 2100 &= 0 \\ -20p_1 - 40p_2 + 2200 &= 0 \end{aligned}$$

Dies ist ein *lineares Gleichungssystem*, bestehend aus zwei Gleichungen mit zwei Unbekannten. Es kann mit den von der Schule bekannten Einsetz- Gleichsetz- oder Additionsmethoden gelöst werden, auch die Anwendung der CRAMER'schen Regel (siehe [22], Seite 285) ist möglich:

(11.09e) $$p_1 = 20, \quad p_2 = 45$$

Die Gewinnfunktion besitzt eine stationäre Stelle, sie befindet sich bei $P(20, 45)$.

Um zu prüfen, ob ein lokales Extremum vorliegt, ist die Größe D zu berechnen:

(11.09f) $$D = \frac{\partial^2 G}{\partial p_1^2} \frac{\partial^2 G}{\partial p_2^2} - \left(\frac{\partial^2 G}{\partial p_1 \partial p_1}\right)^2 = (-60)(-40) - (-20)^2 = 2000$$

Es erweist sich bereits vor dem Einsetzen von $P(20, 45)$, dass der Wert von D positiv ist.

Folglich ist die stationäre Stelle *P(20,45)* ein lokaler Extremwert. Wegen

(11.09g) $$\frac{\partial^2 G}{\partial p_1^2} = -60$$

handelt es sich um einen *Hochpunkt* (lokales Maximum).

Antwortsatz: Das Unternehmen müsste das Gut 1 zum Preis $p_1=20$ anbieten, das Gut 2 sollte zum Preis $p_2=45$ verkauft werden, um den maximalen Gewinn zu erzielen. Dieser liegt bei $G_{max}=500$ (wie man durch Einsetzen in (11.09b) errechnet).

Betrachtet man die *abgesetzten Mengen x* und *y im Gewinnmaximum* gemäß den in (11.07) gegebenen Formeln, so stellt man fest, dass vom Gut 1 nichts verkauft werden kann, von Gut 2 werden noch 20 ME verkauft.

Übungsaufgaben

Die Lösungen finden Sie ab Seite 179

Aufgabe 11.1: Man bestimme Lage und Art der lokalen Extrema für folgende Funktionen:

(11.10) $$f(x,y) = x^2 + xy + y^2 - 3x - 6y$$

(11.11) $$f(x,y) = x^2 + y^2 - 2\ln x - 18\ln y$$

(11.12) $$f(x,y) = 2x^3 - xy^2 + 5x^2 + y^2$$

(11.13) $$f(x,y) = xy(12 - x - y)$$

(11.14) $$f(x,y) = (x + y^2 + 2y)e^{2x}$$

(11.15) $$f(x,y) = x^3 + y^2 - 6xy - 39x + 18y + 20$$

Aufgabe 11.2: Besitzt die Funktion

(11.16) $$f(x,y) = xy + \frac{50}{x} + \frac{20}{y}$$

für $x>0$, $y>0$ lokale Extrema? Wenn ja, sind das lokale Maxima oder Minima?

Aufgabe 11.3: Man überprüfe die Behauptung, dass die Funktion

(11.17a) $$f(x,y) = x^2 + xy + y^2 + \frac{a^3}{x} + \frac{a^3}{y}$$

im Punkt $P(x = \frac{a}{\sqrt[3]{3}}, y = \frac{a}{\sqrt[3]{3}})$ ein lokales Maximum besitzt.

Aufgabe 11.4: Ein Unternehmen, das zwei Güter mit den Ausbringungsmengen x und y herstellt, arbeite mit der Gesamtkostenfunktion

(11.18a) $K(x,y) = 2x^2 + 2xy + 2y^2 + 30$

und der Umsatzfunktion

(11.18b) $E(x,y) = 20x + 25y$.

Für welche Ausbringungsmengen wird der Gewinn maximal?

Aufgabe 11.5: Ein Produkt wird auf zwei räumlich getrennten Teilmärkten, in denen unterschiedliche Preis-Absatz-Funktionen gelten, angeboten. Diese Preis-Absatz-Funktionen sind:

(11.19a) $p_1 = 60 - x_1$, $p_2 = 40 - \frac{1}{3}x_2$

Das Unternehmen produziert für beide Teilmärkte zentral mit der Gesamtkostenfunktion

(11.19b) $K(x) = 10x + 200$,

wobei x die Gesamtmenge ist, die hergestellt wurde, also $x=x_1+x_2$. Bei *getrennter Preisfixierung* soll der *Gewinn des Unternehmens maximiert* werden. Dabei sind Transportkosten entscheidungsirrelevant.

Hinweis: Die Gewinnfunktion heißt

(11.19c) $G(x_1, x_2) = x_1 \cdot p_1 + x_2 \cdot p_2 - K(x)$.

Aufgabe 11.6: Ein Fahrradhersteller produziert zwei Fahrradvarianten. Die Preis-Absatz-Funktionen lauten

(11.20a) $$p_1 = 1800 - 12{,}5x$$ $$p_2 = 2000 - 10y$$

für Variante 1 bzw. Variante 2. Die Gesamtkostenfunktion des Herstellers sei

(11.20b) $K(x,y) = 15xy + 950x + 1050y + 2500$.

Wie viele Fahrräder jeder Variante sollten hergestellt werden, damit der Gewinn des Herstellers maximal wird?

A12 Extremwerte mit Nebenbedingungen: Beispiele und Aufgaben

Grundsätzliches

Bei der Untersuchung ökonomischer Funktionen ist es häufig nicht ausreichend, nur nach dem maximalen Gewinn oder den minimalen Kosten für ein Unternehmen zu fragen. Zwei Beispiele sollen das illustrieren:

- Oft muss berücksichtigt werden, dass bei der *Gewinnmaximierung* nicht mehr als eine gewisse Menge der Güter abgesetzt werden kann.
- Bei der *Kostenminimierung* wird man wenigstens vertraglich gebundene Mengen herstellen müssen.

Damit entstehen mathematische Probleme, bei denen es um die *Suche von Extremwerten bei Vorliegen von Nebenbedingungen in Gleichungsform* geht.

In diesem Kapitel wird zur Lösung derartiger Aufgaben die *Methode der LAGRANGE-Multiplikatoren* bevorzugt, so wie sie in der 3. Auflage des Buches „Mathematik für BWL-Bachelor" im Abschnitt 12.3.3 beschrieben ist.

Die *Methode der LAGRANGE-Multiplikatoren* gehört insbesondere in der Volkswirtschaftslehre zu den üblichen Arbeitstechniken.

Beispiele dafür, wie es richtig gemacht wird

Beispiel 12.1: Gesucht sind die Extremwerte der Funktion

(12.01a) $f(x,y) = x + 2y$

unter der Bedingung

(12.01b) $x^2 + y^2 = 5$.

Wie geht man vor? Zuerst ist die Gleichung der Nebenbedingung auf die Form

(12.01c) $g(x,y) = 0$

zu bringen:

(12.01d) $x^2 + y^2 - 5 = 0$.

Anschließend muss, wie in [22] auf Seite 188 beschrieben, die so genannte *LAGRANGE-Funktion*

(12.02) $L(x,y,\lambda) = x + 2y + \lambda(x^2 + y^2 - 5)$

aufgestellt werden. Der Faktor λ wird dabei als *LAGRANGE-Multiplikator* bezeichnet.

> Die *LAGRANGE-Funktion* entsteht als *Summe* aus der *Zielfunktion* und der mit einem Faktor λ multiplizierten linken Seite der *Nebenbedingungs-Gleichung.*

Nun werden die *stationären Stellen der LAGRANGE-Funktion* bestimmt: Dazu werden die drei ersten partiellen Ableitungsfunktionen der LAGRANGE-Funktion nach x, y und λ gebildet:

(12.03a)
$$L_x = \frac{\partial L}{\partial x} = 1 + 2x\lambda$$
$$L_y = \frac{\partial L}{\partial y} = 2 + 2y\lambda$$
$$L_\lambda = \frac{\partial L}{\partial \lambda} = x^2 + y^2 - 5$$

Stationäre Stellen findet man (siehe Seite 73), indem alle ersten partiellen Ableitungsfunktionen gleich Null gesetzt werden:

(12.03b)
$$\begin{aligned} 1 + 2x\lambda &= 0 \\ 2 + 2y\lambda &= 0 \\ x^2 + y^2 - 5 &= 0 \end{aligned}$$

Dieses Gleichungssystem ist nichtlinear, aber durch sinnvolles Einsetzen kann/können die Lösung/en gefunden werden. Hier bietet sich an, die erste Gleichung nach x und die zweite Gleichung nach y aufzulösen und dann in die dritte Gleichung einzusetzen:

$$1 + 2x\lambda = 0 \rightarrow x = -\frac{1}{2\lambda}$$
$$2 + 2y\lambda = 0 \rightarrow y = -\frac{1}{\lambda}$$
$$\downarrow$$

(12.04)
$$x^2 + y^2 - 5 = 0 \rightarrow\rightarrow\rightarrow\rightarrow\rightarrow (-\frac{1}{2\lambda})^2 + (-\frac{1}{\lambda})^2 - 5 = 0$$
$$\frac{1}{4\lambda^2} + \frac{1}{\lambda^2} - 5 = 0 \,|\cdot \lambda^2$$
$$\lambda^2 = \frac{1}{4}$$

Die resultierende quadratische Gleichung führt zu zwei λ-Lösungen, zu denen mit den obersten beiden Zeilen von (12.04) der zugehörige x- und y-Wert bestimmt wird:

(12.05)
$$\lambda_1 = \frac{1}{2} \rightarrow x_1 = -1, y_1 = -2$$
$$\lambda_2 = -\frac{1}{2} \rightarrow x_2 = 1, y_2 = 2$$

Fassen wir zusammen: Die LAGRANGE-Funktion $L(x,y,\lambda)$ hat zwei stationäre Stellen, sie befinden sich bei $P_1(x_1=-1,\ y_1=-2,\ \lambda_1=1/2)$ und $P_2(x_2=1,\ y_2=2,\ \lambda_2=-1/2)$.

Damit sind zwei Lösungen der Aufgabe (12.01a)-(12.01b) gefunden: In $P_1^*(-1,-2)$ und $P_2^*(1,2)$ befinden sich tatsächlich lokale Extremwerte von $f(x,y)=x+2y$ über dem Kreis $x^2+y^2=5$.

Es gilt $f(x=1,y=2)=5$ und $f(x=-1,y=-2)=-5$.

Beispiel 12.2: Ein Unternehmen stellt aus zwei Produktionsfaktoren r_1 und r_2 ein Produkt her, wobei die Produktionsfunktion

(12.06) $$x = x(r_1, r_2) = 10 \cdot r_1^{0,25} \cdot r_2^{0,75}$$

gelten soll.

Die Preise der Produktionsfaktoren betragen

- 2 Geldeinheiten [GE] für eine Mengeneinheit [ME] von r_1
- 6 Geldeinheiten [GE] für eine Mengeneinheit [ME] von r_2

Es sollen 80 ME mit *minimalen Kosten* produziert werden. Welche Einsatzmengen der beiden Produktionsfaktoren werden benötigt?

Lösung: Aus den Faktorpreisen lässt sich die Kostenfunktion mit

(12.07a) $$K(r_1, r_2) = 2r_1 + 6r_2$$

bestimmen. Damit entsteht die folgende Extremwertaufgabe mit einer Nebenbedingung in Gleichungsform

(12.07b) $$\begin{aligned} &K(r_1,r_2) = 2r_1 + 6r_2 \to \min! \\ &x(r_1,r_2) = 10 \cdot r_1^{0,25} \cdot r_2^{0,75} = 80 \end{aligned}$$

Zur Lösung ist zuerst die Nebenbedingung so umzuformen, dass auf einer Seite eine Null erscheint:

(12.07c) $$10 \cdot r_1^{0,25} \cdot r_2^{0,75} - 80 = 0$$

Aus der Zielfunktion und der umgeformten Nebenbedingung kann die *LAGRANGE-Funktion* $L(r_1,r_2,\lambda)$ zusammengestellt werden. Ihre drei *ersten partiellen Ableitungsfunktionen* werden gebildet:

(12.08a) $$L(r_1, r_2, \lambda) = 2r_1 + 6r_2 + \lambda[10 \cdot r_1^{0,25} \cdot r_2^{0,75} - 80]$$

(12.08b) $$\begin{aligned} &\frac{\partial L}{\partial r_1} = 2 + 2{,}5\lambda \cdot r_1^{-0,75} \cdot r_2^{0,75} \\ &\frac{\partial L}{\partial r_2} = 6 + 7{,}5\lambda \cdot r_1^{0,25} \cdot r_2^{-0,25} \\ &\frac{\partial L}{\partial \lambda} = 10 \cdot r_1^{0,25} \cdot r_2^{0,75} - 80 \end{aligned}$$

Zur Bestimmung der stationären Stellen der LAGRANGE-Funktion sind die drei ersten partiellen Ableitungsfunktionen gleich Null zu setzen.

Damit entsteht ein *nichtlineares Gleichungssystem* für r_1, r_2 und λ:

(12.08c)
$$\begin{aligned} 2+2{,}5\lambda\cdot r_1^{-0{,}75}\cdot r_2^{0{,}75} &= 0\\ 6+7{,}5\lambda\cdot r_1^{0{,}25}\cdot r_2^{-0{,}25} &= 0\\ 10\cdot r_1^{0{,}25}\cdot r_2^{0{,}75}-80 &= 0 \end{aligned}$$

Diesmal erweist sich folgende Vorgehensweise als zweckmäßig: Die erste Gleichung wird nach λ aufgelöst wird, und dieser Ausdruck für λ wird in die zweite Gleichung eingesetzt.

Dann ergibt sich hier eine Gleichheit von r_1 und r_2:

(12.08d)
$$2+2{,}5\lambda\cdot r_1^{-0{,}75}\cdot r_2^{0{,}75}=0\rightarrow\lambda=-\frac{4}{5}r_1^{0{,}75}\cdot r_2^{-0{,}75}$$
$$\downarrow$$
$$6+7{,}5\lambda\cdot r_1^{0{,}25}\cdot r_2^{-0{,}25}=0\rightarrow\rightarrow\rightarrow\rightarrow\rightarrow 6+7{,}5(-\frac{4}{5}r_1^{0{,}75}\cdot r_2^{-0{,}75})\cdot r_1^{0{,}25}\cdot r_2^{-0{,}25}=0$$
$$r_1=r_2$$

Damit kann in der dritten Gleichung r_2 durch r_1 ersetzt werden:

(12.08e)
$$\begin{aligned} r_2=r_1\rightarrow 10\cdot r_1^{0{,}25}\cdot r_1^{0{,}75}-80 &= 0\\ 10\cdot r_1^{0{,}25+0{,}75}-80 &= 0\\ 10\cdot r_1-80 &= 0\\ r_1=\frac{80}{10} &= 8 \end{aligned}$$

Man erhält $r_1=8$, also auch $r_2=8$. Folglich besitzt die LAGRANGE-Funktion (12.08a) nur *eine stationäre Stelle* $P(r_1=8,\ r_2=8,\ \lambda=-4/5)$.

Antwortsatz: Es müssen von jedem Produktionsfaktor 8 Mengeneinheiten eingesetzt werden, um die geforderten 80 Mengeneinheiten mit minimalen Kosten herzustellen.

Die Kosten liegen dann bei

(12.09) $$K_{\min}(r_1=8,r_2=8)=2\cdot 8+6\cdot 8=64\,[\text{GE}]$$

Die Lösungen finden Sie ab Seite 185

Übungsaufgaben

Aufgabe 12.1: Man bestimme die Extremwerte der Funktionen unter der jeweils angegebenen Nebenbedingung:

(12.10a) $f(x,y) = x^2 + y^2 - xy + x + y - 4$

(12.10b) $x + y + 3 = 0$

(12.11a) $f(x,y) = xy^2$

(12.11b) $x + 2y = 1$

(12.12a) $f(x,y) = \frac{1}{x} + \frac{1}{y}$

(12.12b) $x + y = 2$

(12.13a) $f(x,y) = 2x + y$

(12.13b) $x^2 + y^2 = 1$

Aufgabe 12.2: Gesucht ist das Maximum der *Produktionsfunktion*

(12.14) $x(r_1, r_2) = 2 \cdot r_1 \cdot r_2$

unter der Bedingung, dass für den Einkauf der beiden Produktionsfaktoren genau 400 Geldeinheiten [GE] zur Verfügung stehen.

Die *Faktorpreise* liegen dabei bei

- 10 Geldeinheiten [GE] für eine Mengeneinheit [ME] von r_1
- 20 Geldeinheiten [GE] für eine Mengeneinheit [ME] von r_2

Aufgabe 12.3: Ein Unternehmen arbeitet bei der Herstellung zweier Güter mit der *Gewinnfunktion*

(12.15a) $G(x,y) = 16x + 10y + 2xy - 4x^2 - 2y^2 - 20$.

Dabei ist eine *Kapazitätsrestriktion* der Form

(12.15b) $x + y = 4$

zu beachten.

Man bestimme das Gewinnmaximum.

Aufgabe 12.4: Eine Molkerei produziert Frischmilch in zwei Geschmacksrichtungen. Dabei gilt die *Preis-Absatz-Funktion*

(12.16a) $p(x) = 15000 - 3000x$

für die *Geschmacksrichtung 1*, und

(12.16b) $p(y) = 4000 - 200y$

für die *Geschmacksrichtung 2*.

Insgesamt kann die Molkerei am Tag 10 Hektoliter Fruchtmilch herstellen und absetzen.

Welche Mengen müssen von jeder Geschmacksrichtung hergestellt und abgesetzt werden, um den *Tagesumsatz zu maximieren*?

A13 Matrizen und ihre Anwendungen: Beispiele und Aufgaben

Grundsätzliches

Die Matrizen stellen ein wichtiges Hilfsmittel dar, um Strukturen sauber beschreiben und Zusammenhänge herstellen zu können.

Dazu ist es erforderlich, die *Besonderheiten beim Umgang mit Matrizen* zu kennen und die *Regeln zum Rechnen mit Matrizen* (wie sie zum Beispiel im Buch „Mathematik für BWL-Bachelor" im Abschnitt 16 ausführlich beschrieben sind) richtig anzuwenden.

Beispiele dafür, wie es richtig gemacht wird

Beispiel 13.1: Gegeben sind die Matrizen

$$(13.01) \qquad A = \begin{pmatrix} 3 & 2 & 1 \\ 4 & 1 & 2 \end{pmatrix} \qquad B = \begin{pmatrix} 3 & 2 \\ 1 & 3 \\ 2 & 4 \end{pmatrix} \qquad C = \begin{pmatrix} 6 & 2 \\ 3 & 1 \end{pmatrix}$$

Man gebe zuerst die *Formate der Matrizen* an: Die Matrix A besitzt *zwei Zeilen* und *drei Spalten*, dieser Sachverhalt wird abkürzend durch die Schreibweise $A_{(2,3)}$ mitgeteilt. Folglich gilt $B_{(3,2)}$ und $C_{(2,2)}$.

Kann der Matrixausdruck $A \cdot A^T + 3C$ gebildet werden? Um diese Frage beantworten zu können, müssen *vier wichtige Gesetze* wiederholt werden:

Hat eine Matrix A das Format $A_{(m,n)}$, so besitzt ihre *Transponierte* A^T das Format $A^T_{(n,m)}$.

Das Format einer Matrix ändert sich nicht, wenn sie *mit einer Zahl multipliziert* wird.

Zwei Matrizen A und B mit den Formaten $A_{(m,n)}$ und $B_{(r,s)}$ dürfen *in der Reihenfolge* $A \cdot B$ nur dann multipliziert werden, wenn die *Spaltenzahl von* A gleich der *Zeilenzahl von* B ist, d. h. wenn $n=r$ gilt. Das resultierende Produkt $P=A \cdot B$ ist dann eine *Matrix* mit dem Format $P_{(m,s)}$ – sie erhält aus dem ersten (linken) Matrixfaktor die Zeilenzahl und aus dem zweiten (rechten) Matrixfaktor die Spaltenzahl.

Nur *Matrizen gleichen Formats* dürfen *addiert* und voneinander *subtrahiert* werden.

Durch Anwendung dieser Gesetze ergibt sich, dass der Matrixausdruck $A \cdot A^T + 3C$ gebildet werden darf:

Wegen $A_{(2,3)}$ wird $A^T_{(3,2)}$, folglich kann $A \cdot A^T$ gebildet werden. Das Produkt $A \cdot A^T$ bekommt das Format (2,2). Da das Format des Produkts $A \cdot A^T$ mit dem Format von $3C_{(2,2)}$ übereinstimmt, ist auch die nachfolgende Addition möglich.

Da der Matrixausdruck $A \cdot A^T + 3C$ gebildet werden darf, ist er nun zu berechnen. Für die Matrizenmultiplikation wird dabei das FALKsche Schema verwendet, das in [22] ab Seite 267 ausführlich vorgestellt wurde:

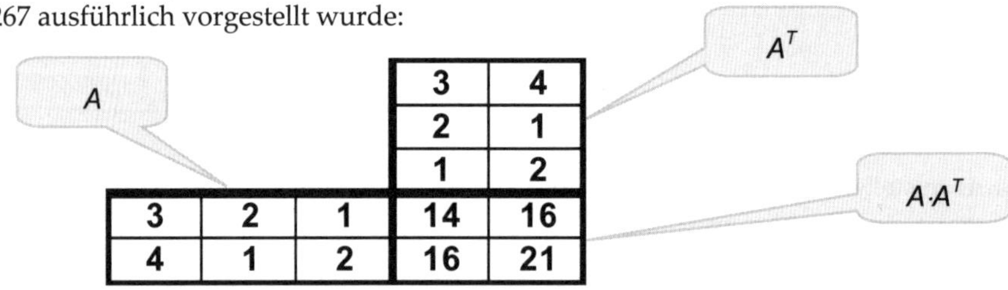

Bild 13.1: FALKsches Schema zur Berechnung von $A \cdot A^T$

Die weitere Rechnung folgt den Regeln der Matrizenaddition:

$$(13.02)\qquad \begin{pmatrix} 14 & 16 \\ 16 & 21 \end{pmatrix} + 3 \cdot \begin{pmatrix} 6 & 2 \\ 3 & 1 \end{pmatrix} = \begin{pmatrix} 14 & 16 \\ 16 & 21 \end{pmatrix} + \begin{pmatrix} 18 & 6 \\ 9 & 3 \end{pmatrix} = \begin{pmatrix} 32 & 22 \\ 25 & 24 \end{pmatrix}$$

Betrachten wir noch einmal die Matrizen A, B und C aus (13.01) mit ihren festgestellten Formaten $A_{(2,3)}$, $B_{(3,2)}$ und $C_{(2,2)}$ und untersuchen wir nun, ob auch der Matrixausdruck $B \cdot A - A^T \cdot B^T$ berechnet werden kann:

Das Produkt $P = B \cdot A$ existiert und bekommt das Format $P_{(3,3)}$. Mit den Formaten $A^T_{(3,2)}$ und $B^T_{(2,3)}$ ist auch das andere Produkt $Q = A^T \cdot B^T$ berechenbar und es bekommt ebenfalls das Format $Q_{(3,3)}$.

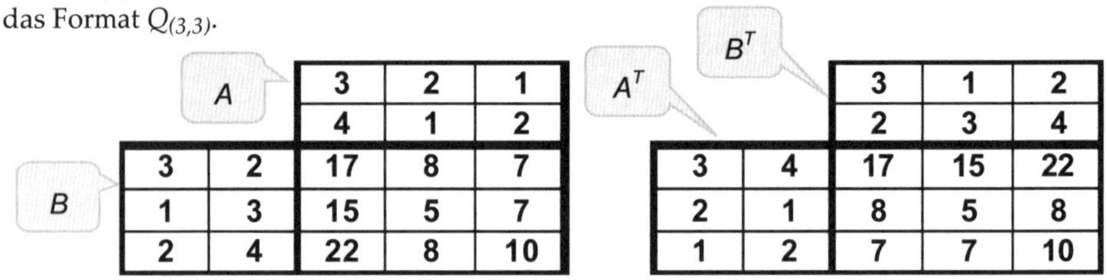

Bild 13.2: FALKsches Schema für die beiden Produkte

Folglich darf auch die Differenz der beiden Produkte gebildet werden.

$$(13.03)\qquad B \cdot A - A^T \cdot B^T = \begin{pmatrix} 0 & -7 & -15 \\ 7 & 0 & -1 \\ 15 & 1 & 0 \end{pmatrix}$$

Vergleicht man das links stehende Produkt $B \cdot A$ mit dem rechts stehenden Produkt $A^T \cdot B^T$, so erkennt man ein weiteres allgemein gültiges Gesetz aus der Welt der Matrizen:

$$(13.04)\qquad (B \cdot A)^T = A^T \cdot B^T$$

Schließlich soll noch geprüft werden, ob auch der Matrixausdruck $4C \cdot C^T A$ möglich ist:

Wegen $4C_{(2,2)}$ und $C^T_{(2,2)}$ ist das Produkt $R = 4C \cdot C^T$ möglich und erhält das Format $R_{(2,2)}$.

Mit $R_{(2,2)}$ lässt sich wegen $A_{(2,3)}$ das Produkt $R \cdot A$ bilden, dabei entsteht eine *(2,3)*-Matrix. Solche *Mehrfachmultiplikationen* lassen sich im FALKschen Schema gut durchführen:

C		C^T		A		
		6	3	3	2	1
		2	1	4	1	2
6	2	40	20	200	100	80
3	1	20	10	100	50	40

Bild 13.3: Mehrfachmultiplikation mit dem FALKschen Schema

Es fehlt noch die abschließende Multiplikation mit der Zahl vier:

(13.05) $$4 \cdot C \cdot C^T \cdot A = 4\begin{pmatrix} 200 & 100 & 80 \\ 100 & 50 & 40 \end{pmatrix} = \begin{pmatrix} 800 & 400 & 320 \\ 400 & 200 & 160 \end{pmatrix}$$

Beispiel 13.2: In einem Unternehmen werden vier verschiedene Einzelteile zunächst zu drei Baugruppen und diese dann zu drei Fertigprodukten verarbeitet.

Die Matrix A beschreibt mit den Elementen a_{ik}, wie viele Einzelteile E_i zur Herstellung einer Baugruppe B_k nötig sind.

Die Elemente der Matrix B beschreiben, wie viele Baugruppen B_i zur Herstellung eines Fertigprodukts F_k benötigt werden.

(13.06) $$A = \begin{pmatrix} 5 & 2 & 3 \\ 3 & 4 & 0 \\ 2 & 3 & 5 \\ 0 & 1 & 2 \end{pmatrix} \qquad B = \begin{pmatrix} 2 & 1 & 0 \\ 3 & 2 & 3 \\ 0 & 4 & 4 \end{pmatrix}$$

Es sind folgende Fragen zu beantworten:

a) Wie viele Einzelteile werden benötigt, um 10 Stück vom Fertigprodukt F_1, 20 Stück von F_2 und 5 Stück von F_3 herzustellen?

b) Wie hoch ist der Materialpreis, wenn 2€ für ein Einzelteil E_1 zu entrichten sind, 3€ für ein Einzelteil E_2, 1€ für ein Einzelteil E_3 und 5€ für ein Einzelteil E_3?

Lösung zu a): Mit dem Produkt $A \cdot B$ wird eine Matrix C bestimmt, deren Elemente C_{ik} beschreiben, wie viele Einzelteile E_i für ein Fertigprodukt F_k benötigt werden (Bild 13.4).

Multipliziert man C anschließend mit einem Spaltenvektor (d. h. einer Matrix mit einer Spalte), dessen Koordinaten die *gewünschten Stückzahlen* der Fertigprodukte F_i sind (Bild 13.5), dann erhält man einen Vektor, dessen Koordinaten die *benötigte Anzahl von Einzelteilen* sind.

Antwortsatz zu Aufgabe a): Es werden 670 Stück vom Einzelteil E_1, 460 Stück vom Einzelteil E_2, 835 Stück vom Einzelteil E_3 und 285 Stück von E_4 benötigt.

A B C

			2	1	0
			3	2	3
			0	4	4
5	2	3	16	21	18
3	4	0	18	11	12
2	3	5	13	28	29
0	1	2	3	10	11

Bild 13.4: Berechnung der Matrix C

Stückzahlen der Fertigprodukte

C

			10
			20
			5
16	21	18	670
18	11	12	460
13	28	29	835
3	10	11	285

Bild 13.5: Multiplikation mit den gewünschten Stückzahlen

Zu b): Mit dem *Spaltenvektor der Stückzahlen*

(13.07) $$\vec{v} = \begin{pmatrix} 670 \\ 460 \\ 835 \\ 285 \end{pmatrix}$$

und dem *Spaltenvektor der Preise* für jedes Einzelteil

(13.08) $$\vec{p} = \begin{pmatrix} 2 \\ 3 \\ 1 \\ 5 \end{pmatrix}$$

kann der Materialpreis über das so genannte *Skalarprodukt* $\vec{v}^T \cdot \vec{p}$ bestimmt werden:

				2
				3
				1
				5
670	460	835	285	4980

Bild 13.6: Berechnung des Materialpreises

Antwortsatz zu b): Für das geforderte Produktionsprogramm von 10 Stück vom Fertigprodukt F_1, 20 Stück von F_2 und 5 Stück von F_3 ergibt sich ein Materialpreis von 4980 €.

Beispiel 13.3: Beginnen wir dieses letzte Beispiel mit einer der wichtigsten Definitionen aus der Welt der Matrizen (siehe auch Abschnitt 16.6.2 von [22]):

> Eine Matrix *B*, für die gilt
>
> (13.09) $A \cdot B = B \cdot A = E$
>
> heißt inverse Matrix A^{-1} zur Matrix *A*.

Aufgabe: Man zeige, dass die Matrix *B* mit

$$(13.10a) \quad B = \begin{pmatrix} 3 & -8 & 3 & 6 \\ -3 & 3 & 0 & -2 \\ -1 & -1 & 1 & 1 \\ 1 & -1 & 0 & 1 \end{pmatrix}$$

die Inverse zu der Matrix *A* aus (13.10b) ist

$$(13.10b) \quad A = \begin{pmatrix} 1 & 2 & -3 & 1 \\ 1 & 3 & -3 & 3 \\ 2 & 4 & -5 & 1 \\ 0 & 1 & 0 & 3 \end{pmatrix} \quad .$$

Lösung: Es ist durch Anwendung des FALKschen Schemas zu prüfen, ob beide Produkte $A{\cdot}B$ und $B{\cdot}A$ die (4,4)-Einheitsmatrix liefern.

A B A·B=E

				3	-8	3	6
				-3	3	0	-2
				-1	-1	1	1
				1	-1	0	1
1	2	-3	1	1	0	0	0
1	3	-3	3	0	1	0	0
2	4	-5	1	0	0	1	0
0	1	0	3	0	0	0	1

Bild 13.7a: Das Produkt A·B liefert die Einheitsmatrix

B A B·A=E

				1	2	-3	1
				1	3	-3	3
				2	4	-5	1
				0	1	0	3
3	-8	3	6	1	0	0	0
-3	3	0	-2	0	1	0	0
-1	-1	1	1	0	0	1	0
1	-1	0	1	0	0	0	1

Bild 13.7b: Auch das Produkt B·A liefert die Einheitsmatrix

Die Lösungen finden Sie ab Seite 193

Übungsaufgaben

Aufgabe 13.1: Bilden Sie mit den Matrizen

(13.11) $A = \begin{pmatrix} 5 & 3 \\ 7 & 5 \end{pmatrix} \quad B = \begin{pmatrix} 1 & 0 & 1 & 1 \\ 0 & 1 & 1 & 1 \end{pmatrix} \quad C = \begin{pmatrix} 1 & 2 \\ 1 & 3 \\ 2 & 4 \\ 2 & 1 \end{pmatrix}$

die Produkte $A \cdot B$, $B \cdot C$, $C \cdot A$ und $B \cdot C \cdot A$, falls diese Produkte existieren.

Aufgabe 13.2: Man bestimme die Matrix X aus der Gleichung

(13.12a) $3X - 2A = 2C + 5X$

mit

(13.12b) $A = \begin{pmatrix} 0 & 1 & 0 \\ 1 & 0 & 1 \end{pmatrix} \quad C = \begin{pmatrix} 2 & 2 & -1 \\ 3 & 0 & 2 \end{pmatrix}$

Aufgabe 13.3: Man bestimme die Matrix X aus der Gleichung

(13.13a) $A + X \cdot B = X \cdot C$

mit

(13.13b) $A = \begin{pmatrix} 1 & 3 & 2 \\ 4 & -2 & 3 \end{pmatrix} \quad B = \begin{pmatrix} 3 & 1 & 2 \\ 2 & 1 & -1 \\ 6 & 2 & 8 \end{pmatrix} \quad C = \begin{pmatrix} 5 & 1 & 2 \\ 2 & 3 & -1 \\ 6 & 2 & 10 \end{pmatrix}$

Aufgabe 13.4: Überzeugen Sie sich am Beispiel der Matrizen A und B mit

(13.14) $A = \begin{pmatrix} 2 & -1 \\ 3 & 2 \end{pmatrix}$ und $B = \begin{pmatrix} 1 & 3 \\ 4 & 1 \end{pmatrix}$

davon, dass im allgemeinen $A \cdot B$ ungleich $B \cdot A$ ist.

Aufgabe 13.5: Ein Unternehmen stellt aus vier Rohstoffen vier Zwischenprodukte her, aus denen drei Baugruppen gefertigt werden. Diese drei Baugruppen werden dann in der Endmontage zu drei Endprodukten zusammengesetzt.

Für die einzelnen Fertigungsstufen sind die Verbrauchsnormen für je ein herzustellendes Produkt in den Matrizen

$$(13.15)\quad A=\begin{pmatrix}1&3&2&1\\2&1&0&2\\1&1&3&1\\2&0&1&2\end{pmatrix}\qquad B=\begin{pmatrix}2&1&2\\3&2&1\\1&2&2\\3&3&1\end{pmatrix}\qquad C=\begin{pmatrix}2&1&1\\1&3&1\\2&2&3\end{pmatrix}$$

enthalten. Das heißt,

- jedes Element a_{ik} beschreibt, wie viele Einheiten vom *Rohstoff* R_i zur Herstellung einer Einheit des *Zwischenproduktes* Z_k benötigt werden
- jedes Element b_{ik} beschreibt, wie viele Einheiten vom *Zwischenprodukt* Z_i zur Herstellung einer Einheit der *Baugruppe* B_k benötigt werden
- jedes Element c_{ik} beschreibt, wie viele Einheiten der *Baugruppe* B_i zur Herstellung einer Einheit des *Endproduktes* E_k benötigt werden

a) Es sollen von jedem Endprodukt 200 Einheiten hergestellt werden sowie als Ersatzteile jeweils 50 Einheiten von jedem Zwischenprodukt. Welche *Rohstoffmengen* werden dafür benötigt?

b) Welche *Materialkosten* entstehen, wenn die Rohstoffpreise pro Einheit für R_1 15€, für R_2 20€, für R_3 10€ und für R_4 10€ betragen?

Aufgabe 13.6: Ein Betrieb der chemischen Industrie stellt in vier Abteilungen A_1, A_2, A_3 und A_4 jeweils ein Erzeugnis her.

Mit p_i werde die insgesamt vom Erzeugnis E_i hergestellte Menge, der Durchsatz oder die Gesamterzeugung bezeichnet. Ein Teil davon wird im Betrieb zur Herstellung anderer Erzeugnisse verwendet.

Die Matrix V, die so genannte *Eigenverbrauchsmatrix*, gibt in (13.16a) an, wie viele Einheiten des Erzeugnisses E_i zur Herstellung einer Einheit des Erzeugnisses E_k benötigt werden.

Der Betrieb wendet zur Herstellung der vier Erzeugnisse drei *Rohstoffe* R_1, R_2 und R_3, dazu *Energie* E und *Lohn* L auf. Die Aufwendungen sind dem Durchsatz proportional. Die *Matrix der Aufwendungen* A in (13.16a) enthält den *Aufwand je Einheit der Erzeugnisse.*

$$(13.16a)\quad V=\begin{pmatrix}0&0{,}2&0{,}1&0{,}3\\0&0&0{,}2&0{,}5\\0&0&0&0\\0&0{,}4&0&0\end{pmatrix}\qquad A=\begin{pmatrix}2&0&0&0\\2&3&1&4\\0&2&0&5\\10&30&20&50\\2&2&3&2\end{pmatrix}$$

a) Berechnen Sie die *benötigten Aufwendungen* bei einer Gesamterzeugung von

(13.16b) $\vec{p} = (400 \quad 300 \quad 200 \quad 200)^T$

Erzeugniseinheiten. Wie groß ist die *mögliche abzusetzende Produktion* $\vec{y}$ bei dieser Gesamterzeugung?

Hinweis: Die *abzusetzende Produktion* ist gleich der Differenz zwischen Gesamterzeugung und Eigenverbrauch:

(13.16c) $\vec{y} = \vec{p} - V \cdot \vec{p}$

b) Wie groß ist die Gesamterzeugung bei einer geplanten abzusetzenden Produktion

(13.16d) $\vec{x} = (100 \quad 200 \quad 300 \quad 300)^T$?

Wie groß sind die benötigten Aufwendungen?

Hinweis: Die abzusetzende Produktion ist jetzt vorgegeben, also ergibt sich aus (13.16c) die Beziehung

(13.16e) $\vec{x} = \vec{p} - V \cdot \vec{p}$

Gemäß den *Regeln der Matrizenrechnung* kann der *gemeinsame Rechtsfaktor* in Minuend und Subtrahend nach rechts ausgeklammert werden:

(13.16f)
$$\begin{aligned} \vec{x} &= \vec{p} - V \cdot \vec{p} = E \cdot \vec{p} - V \cdot \vec{p} \\ \vec{x} &= (E - V) \cdot \vec{p} \end{aligned}$$

Wenn die quadratische Differenz-Matrix $E\text{-}V$ eine Inverse $(E\text{-}V)^{-1}$ besitzt, dann können beide Seiten der unteren Gleichung in (13.16f) von links mit dieser Inversen multipliziert werden:

(13.16g)
$$\begin{aligned} (E - V)^{-1} \cdot | \quad \vec{x} &= (E - V) \cdot \vec{p} \\ (E - V)^{-1} \cdot \vec{x} &= (E - V)^{-1} (E - V) \cdot \vec{p} \\ (E - V)^{-1} \cdot \vec{x} &= \vec{p} \end{aligned}$$

Damit würde sich der gesuchte *Vektor der Gesamterzeugung* $\vec{p}$ über eine einfache Matrizenmultiplikation ergeben.

Behauptung: Die Matrix

(13.16h)
$$B = \begin{pmatrix} 1 & 0{,}4 & 0{,}18 & 0{,}5 \\ 0 & 1{,}25 & 0{,}25 & 0{,}625 \\ 0 & 0 & 1 & 0 \\ 0 & 0{,}5 & 0{,}1 & 1{,}25 \end{pmatrix}$$

ist invers zu $(E\text{-}V)$. Beweisen Sie zuerst diese Behauptung und nutzen Sie danach die Matrix B gemäß Formel (13.16g) zur Lösung der Teilaufgabe b).

A14 Determinanten: Beispiele und Aufgaben

Grundsätzliches

Determinanten sind Kennzahlen quadratischer Matrizen. Jede quadratische Matrix besitzt eine Determinante, nichtquadratische Matrizen haben keine Determinante.

Mit Hilfe der Determinante kann z. B. festgestellt werden, ob eine quadratische Matrix eine *Inverse* besitzt.

Ebenfalls ist es möglich, die Lösung von *kleinen, eindeutig lösbaren linearen quadratischen Gleichungssystemen* mit Hilfe von Determinanten zu ermitteln.

Dazu wird die CRAMERsche Regel benutzt.

Beispiele dafür, wie es richtig gemacht wird

Beispiel 14.1: Man berechne die Determinante

$$(14.01) \qquad D = \begin{vmatrix} 2 & -5 & 1 & 2 \\ -3 & 7 & -1 & 4 \\ 5 & -9 & 2 & 7 \\ 4 & -6 & 1 & 2 \end{vmatrix}$$

Lösung: Für Determinanten mit zwei oder drei Zeilen und Spalten (man spricht von *zweireihigen* bzw. *dreireihigen* Determinanten) gibt es spezielle Berechnungsverfahren (siehe [22], Seite 278 und 279). Für größere Determinanten, wie schon für die *vierreihige Determinante* dieses Beispiels, bleibt nur die Anwendung des *Entwicklungssatzes*, wie er ausführlich z. B. in [22] ab Seite 280 beschrieben wird.

Würde auf die Determinante (14.01) sofort der Entwicklungssatz angewandt, dann wären – ganz gleich, welche Zeile oder Spalte für die Entwicklung ausgewählt wird – vier dreireihige Unterdeterminanten zu berechnen.

Vor der Anwendung des Entwicklungssatzes empfiehlt sich deshalb, mit Hilfe *erlaubter Umformungen* in der Determinante *möglichst viele Nullen* zu schaffen.

Als wichtigste erlaubte Umformung gilt dabei der folgende Satz:

Der Wert einer Determinante ändert sich nicht, wenn zu einer Zeile das Vielfache einer anderen Zeile oder zu einer Spalte das Vielfache einer anderen Spalte addiert wird.

Dabei ist unter „Vielfaches“ auch des „minus-eins-fache“ oder „minus-drei-fache“ usw. zu verstehen.

Wenden wir diesen Satz an, um in der dritten Spalte drei Nullen zu erzeugen. Dazu addieren wir zur zweiten Zeile das „eins-fache" der ersten Zeile, zur dritten Zeile das „minus-zwei-fache" der ersten Zeile und zur vierten Zeile das „minus-eins-fache" der ersten Zeile:

(14.02) $$D = \begin{vmatrix} 2 & -5 & 1 & 2 \\ -1 & 2 & 0 & 6 \\ 1 & 1 & 0 & 3 \\ 2 & -1 & 0 & 0 \end{vmatrix}$$

neue 2. Zeile=alte 2. Zeile + (+1)-mal 1. Zeile

neue 3. Zeile=alte 3. Zeile + (-2)-mal 1. Zeile

neue 4. Zeile=alte 4. Zeile + (-1)-mal 1. Zeile

Nun kann der *Entwicklungssatz* angewandt werden, entwickelt wird natürlich nach der dritten Spalte. Es ergeben sich zuerst *vier Dreierprodukte*, bestehend aus dem *Vorzeichen gemäß Schachbrettmuster*, dem *Spaltenelement* und der dreireihigen *Unterdeterminante*, die durch Streichung von Zeile und Spalte des jeweiligen Entwicklungselements entsteht:

(14.03) $$D = (+1)\cdot 1\cdot \begin{vmatrix} -1 & 2 & 6 \\ 1 & 1 & 3 \\ 2 & -1 & 0 \end{vmatrix} + (-1)\cdot 0\cdot \begin{vmatrix} 2 & -5 & 2 \\ 1 & 1 & 3 \\ 2 & -1 & 0 \end{vmatrix} + (+1)\cdot 0\cdot \begin{vmatrix} 2 & -5 & 2 \\ -1 & 2 & 6 \\ 2 & -1 & 0 \end{vmatrix} + (-1)\cdot 0\cdot \begin{vmatrix} 2 & -5 & 2 \\ -1 & 2 & 6 \\ 1 & 1 & 3 \end{vmatrix}$$

Nun zeigt sich der Nutzen der *zielgerichteten Vorbehandlung der Determinante* zur Erzeugung von Nullen, denn nur die erste der dreireihigen Determinanten braucht berechnet zu werden:

(14.04) $$D = \begin{vmatrix} -1 & 2 & 6 \\ 1 & 1 & 3 \\ 2 & -1 & 0 \end{vmatrix}$$

Für die Berechnung dieser dreireihige Determinante gibt es nun zwei Möglichkeiten:

Möglichkeit 1: Erneute Anwendung des *Entwicklungssatzes* nach *geeigneter Vorbehandlung*. Dazu werden z. B. in der *ersten Spalte* in *zweiter und dritter Zeile* Nullen erzeugt:

(14.05) $$D = \begin{vmatrix} -1 & 2 & 6 \\ 0 & 3 & 9 \\ 0 & 3 & 12 \end{vmatrix}$$

neue 2. Zeile=alte 2. Zeile + (+1)-mal 1. Zeile

neue 3. Zeile=alte 3. Zeile + (+2)-mal 1. Zeile

Nun kann *nach der ersten Spalte entwickelt* werden, zur Demonstration werden aber alle drei entstehenden Dreierprodukte angegeben:

(14.06) $$D = (+1)\cdot(-1)\cdot \begin{vmatrix} 3 & 9 \\ 3 & 12 \end{vmatrix} + (-1)\cdot 0\cdot \begin{vmatrix} 2 & 6 \\ 3 & 12 \end{vmatrix} + (+1)\cdot 0\cdot \begin{vmatrix} 2 & 6 \\ 3 & 9 \end{vmatrix}$$

Es bleibt eine zweireihige Determinante übrig, die sofort berechnet werden kann:

$$(14.07)\qquad D = -\begin{vmatrix} 3 & 9 \\ 3 & 12 \end{vmatrix} = -[3 \cdot 12 - 9 \cdot 3] = -9$$

Möglichkeit 2: Anwendung der SARRUSschen Regel (siehe [22], Seite 278): Diese Regel, die allerdings *nur für dreireihige Determinanten* gilt, verlangt als Erstes, dass die ersten beiden Spalten rechts neben die Determinante geschrieben werden:

$$(14.08)\qquad D = \left|\begin{array}{ccc|cc} -1 & 2 & 6 & -1 & 2 \\ 1 & 1 & 3 & 1 & 1 \\ 2 & -1 & 0 & 2 & -1 \end{array}\right.$$

Dann werden sechs Dreierprodukte gebildet, wobei die drei Dreierprodukte von *links oben nach rechts unten* positiv in die Bilanz eingehen, die drei Dreierprodukte von *rechts oben nach links* unten dagegen negativ:

$$(14.09)\qquad D = \left|\begin{array}{ccc|cc} -1 & 2 & 6 & -1 & 2 \\ 1 & 1 & 3 & 1 & 1 \\ 2 & -1 & 0 & 2 & -1 \end{array}\right.$$

- - - + + +

$$(14.10)\qquad D = +[(-1) \cdot 1 \cdot 0 + 2 \cdot 3 \cdot 2 + 6 \cdot 1 \cdot (-1)] - [6 \cdot 1 \cdot 2 + (-1) \cdot 3 \cdot (-1) + 2 \cdot 1 \cdot 0] = -9$$

Beispiel 14.2: Für welche Werte des Parameters *k* besitzt die Matrix

$$(14.11)\qquad A = \begin{pmatrix} 1 & 2 & 2 \\ 2 & k & -2 \\ 2 & -2 & k \end{pmatrix}$$

keine Inverse?

Lösung: A besitzt keine Inverse, wenn *det(A)=0* ist (mit anderen Worten – wenn sie eine *verschwindende Determinante* besitzt).

Berechnen wir die Determinante, wieder mit dem Entwicklungssatz, nachdem durch sinnvolle Vorbehandlung in der ersten Spalte zwei Nullen erzeugt wurden:

$$(14.12)\qquad \det(A) = \begin{vmatrix} 1 & 2 & 2 \\ 2 & k & -2 \\ 2 & -2 & k \end{vmatrix} = \begin{vmatrix} 1 & 2 & 2 \\ 0 & k-4 & -6 \\ 0 & -6 & k-4 \end{vmatrix} = \begin{vmatrix} k-4 & -6 \\ -6 & k-4 \end{vmatrix} = (k-4)^2 - 36$$

Wenn die quadratische Gleichung

(14.13) $(k-4)^2-36=0$

reelle Lösungen hat, dann sind das diejenigen Parameterwerte, für die die Matrix keine Inverse hat:

$$(k-4)^2-36=0$$
$$k^2-8k+16-36=0$$
(14.14) $$k^2-8k-20=0$$
$$k_{1,2}=4\pm\sqrt{16+20}$$
$$k_1=10 \qquad k_2=-2$$

Lösung der Aufgabe: Für *k=-2* und für *k=10* hat die Matrix (14.11) keine Inverse.

Beispiel 14.3: Zu lösen ist die Gleichung

(14.15) $$D=\begin{vmatrix} 3 & x & -x \\ 2 & -1 & 3 \\ x+10 & 1 & 1 \end{vmatrix}=0$$

Lösung: Zuerst muss der Wert der Determinante berechnet werden – als Vorbehandlung für den Entwicklungssatz empfiehlt sich hier die Schaffung von Nullen in der zweiten Zeile, in der ersten und dritten Spalte.

(14.16)
$$D=\begin{vmatrix} 3 & x & -x \\ 2 & -1 & 3 \\ x+10 & 1 & 1 \end{vmatrix}=\begin{vmatrix} 2x+3 & x & 2x \\ 0 & -1 & 0 \\ x+12 & 1 & 4 \end{vmatrix}=(-1)\begin{vmatrix} 2x+3 & 2x \\ x+12 & 4 \end{vmatrix}=2x^2+16x-12$$

Nun ist die entstandene *quadratische Gleichung* zu lösen:

$$2x^2+16x-12=0$$
$$x^2+8x-6=0$$
(14.17) $$x_{1,2}=-4\pm\sqrt{16+6}$$
$$x_1=-4+\sqrt{22} \qquad x_2=-4-\sqrt{22}$$

Damit sind die beiden Lösungen der Aufgabe (14.15) gefunden.

Beispiel 14.4: Mit der CRAMERschen Regel löse man das lineare Gleichungssystem mit quadratischer Koeffizientenmatrix

$$\begin{aligned} x_1 + x_2 - 2x_3 &= 6 \\ 2x_1 + 3x_2 - 7x_3 &= 16 \\ 5x_1 + 2x_2 + x_3 &= 16 \end{aligned} \quad . \tag{14.18}$$

Zunächst muss geprüft werden, ob die *Determinante der Koeffizientenmatrix von Null verschieden* ist – mit anderen Worten, ob die Koeffizientenmatrix eine *nichtverschwindende Determinante* besitzt:

$$D = \begin{vmatrix} 1 & 1 & -2 \\ 2 & 3 & -7 \\ 5 & 2 & 1 \end{vmatrix} = \begin{vmatrix} 1 & 1 & -2 \\ 0 & 1 & -3 \\ 0 & -3 & 11 \end{vmatrix} = \begin{vmatrix} 1 & -3 \\ -3 & 11 \end{vmatrix} = 2 \tag{14.19}$$

Das ist der Fall, also besitzt das lineare Gleichungssystem (14.18) genau eine Lösung (siehe [22], Seite 295). Die CRAMERsche Regel (siehe Seite 285 in [22]) schreibt nun vor, wie die Werte der drei Unbekannten zu ermitteln sind:

Während in den drei Nennern jeweils die *Determinante der Koeffizientenmatrix* erscheint, ist in den *Zählerdeterminanten* die *entsprechende Spalte* durch die *rechte Seite* zu ersetzen:

$$x_1 = \frac{\begin{vmatrix} 6 & 1 & -2 \\ 16 & 3 & -7 \\ 16 & 2 & 1 \end{vmatrix}}{\begin{vmatrix} 1 & 1 & -2 \\ 2 & 3 & -7 \\ 5 & 2 & 1 \end{vmatrix}} \qquad x_2 = \frac{\begin{vmatrix} 1 & 6 & -2 \\ 2 & 16 & -7 \\ 5 & 16 & 1 \end{vmatrix}}{\begin{vmatrix} 1 & 1 & -2 \\ 2 & 3 & -7 \\ 5 & 2 & 1 \end{vmatrix}} \qquad x_3 = \frac{\begin{vmatrix} 1 & 1 & 6 \\ 2 & 3 & 16 \\ 5 & 2 & 16 \end{vmatrix}}{\begin{vmatrix} 1 & 1 & -2 \\ 2 & 3 & -7 \\ 5 & 2 & 1 \end{vmatrix}} \tag{14.20}$$

Nach Berechnung der Determinantenwerte (im Nenner ist es ja immer die Determinante D) erhält man sofort die Lösung des linearen quadratischen Gleichungssystems:

$$x_1 = \frac{6}{2} = 3 \qquad x_2 = \frac{2}{2} = 1 \qquad x_3 = \frac{-2}{2} = -1 \tag{14.21}$$

Beispiel 14.5: Gelöst werden soll die Matrixgleichung

$$AX + 2B = C - X \tag{14.22}$$

mit den Matrizen

$$A = \begin{pmatrix} 2 & 1 \\ 0 & 1 \end{pmatrix} \quad B = \begin{pmatrix} 3 & 1 \\ 4 & 2 \end{pmatrix} \quad C = \begin{pmatrix} 2 & -2 \\ -1 & 1 \end{pmatrix} \quad . \tag{14.23}$$

Lösung: Zunächst wird die Matrixgleichung mit Hilfe von Rechenregeln für Matrizen umgestellt:

$$\begin{aligned} AX+2B &= C-X \quad |+X-2B \\ AX+X &= C-2B \\ (A+E)X &= C-2B \end{aligned} \tag{14.24}$$

Wenn eine Inverse vom Linksfaktor von *X*, d. h. von *(A+E)* existieren würde, dann könnten beide Seiten der letzten Gleichung in (14.24) von links mit dieser Inversen multipliziert werden, die unbekannte Matrix steht dann allein und kann berechnet werden. Andernfalls ist die Aufgabe auf diesem Weg nicht lösbar.

Prüfen wir also mit Hilfe der Determinante von (A+E) die Existenz der Inversen:

$$\det(A+E) = \left| \begin{pmatrix} 2 & 1 \\ 0 & 1 \end{pmatrix} + \begin{pmatrix} 1 & 0 \\ 0 & 1 \end{pmatrix} \right| = \begin{vmatrix} 3 & 1 \\ 0 & 2 \end{vmatrix} = 6 \tag{14.25}$$

Die Inverse existiert, also kann die in (14.24) begonnene Rechnung zu Ende gebracht werden:

$$\begin{aligned} (A+E)^{-1}\cdot \;| \quad (A+E)X &= C-2B \\ (A+E)^{-1}(A+E)X &= (A+E)^{-1}(C-2B) \\ X &= (A+E)^{-1}(C-2B) \end{aligned} \tag{14.26}$$

Die Matrix *(C-2B)* kann sofort aufgeschrieben werden:

$$C-2B = \begin{pmatrix} 2 & -2 \\ -1 & 1 \end{pmatrix} - 2\begin{pmatrix} 3 & 1 \\ 4 & 2 \end{pmatrix} = \begin{pmatrix} -4 & -4 \\ -9 & -3 \end{pmatrix} \tag{14.27}$$

Für die *Berechnung der Inversen* einer (2,2)-Matrix ist in [22] auf Seite 287 die Vorschrift angegeben worden:

> Die *Elemente der Hauptdiagonale* werden *vertauscht*, die *Elemente der Nebendiagonale* wechseln das *Vorzeichen*, dann wird mit dem *Reziprokwert der Determinante* multipliziert:

$$\left.\begin{aligned} (A+E) &= \begin{pmatrix} 3 & 1 \\ 0 & 2 \end{pmatrix} \\ \det(A+E) &= 6 \end{aligned}\right\} \Rightarrow (A+E)^{-1} = \frac{1}{6}\begin{pmatrix} 2 & -1 \\ 0 & 3 \end{pmatrix} \tag{14.28}$$

Das endgültige Aussehen der gesuchten Matrix *X* ergibt sich schließlich durch *Matrizenmultiplikation in der richtigen Reihenfolge*, auszuführen mit dem Schema von FALK:

$$X = (A+E)^{-1}(C-2B) = \frac{1}{6}\begin{pmatrix} 2 & -1 \\ 0 & 3 \end{pmatrix}\begin{pmatrix} -4 & -4 \\ -9 & -3 \end{pmatrix} = \frac{1}{6}\begin{pmatrix} 1 & -5 \\ -27 & -9 \end{pmatrix} \tag{14.29}$$

Die Lösungen finden Sie ab Seite 199

Übungsaufgaben

Aufgabe 14.1: Berechnen Sie den Wert folgender Determinanten:

(14.30) $$\begin{vmatrix} 1 & -2 \\ 3 & 4 \end{vmatrix}$$

(14.31) $$\begin{vmatrix} 1 & 3 & 2 \\ -1 & 0 & 1 \\ 2 & 1 & 2 \end{vmatrix}$$

(14.32) $$\begin{vmatrix} 3 & 4 & 1 \\ 2 & 1 & -1 \\ 1 & 3 & 2 \end{vmatrix}$$

(14.33) $$\begin{vmatrix} 1 & 2 & 3 & 1 \\ 3 & 5 & 4 & 2 \\ -2 & -3 & 1 & 4 \\ 2 & 4 & 0 & 7 \end{vmatrix}$$

Aufgabe 14.2: Für welche Werte der Parameter *k* bzw. *t* besitzen die folgenden Matrizen keine Inverse?

(14.34) $$A = \begin{pmatrix} 2 & 1 \\ k & 3 \end{pmatrix}$$

(14.35) $$B = \begin{pmatrix} 3 & 1 & 2 \\ t & 1 & 3 \\ 2 & 0 & 1 \end{pmatrix}$$

(14.36) $$C = \begin{pmatrix} 2 & 1 & 4 \\ t & 2 & 1 \\ 1 & 1 & -3 \end{pmatrix}$$

(14.37) $$D = \begin{pmatrix} 2 & 1 & 3 & 1 \\ -4 & -3 & 1 & 0 \\ 6 & 1 & 2 & 1 \\ -2 & -1 & 2 & k \end{pmatrix}$$

Aufgabe 14.3: Lösen Sie die Gleichungen:

(14.38) $$\begin{vmatrix} 1 & 2 & -1 \\ 2 & 1 & 3 \\ 3 & 2 & 0 \end{vmatrix} = \begin{vmatrix} x & -1 & 2 \\ 3 & 1 & 1 \\ 4 & 2 & -1 \end{vmatrix}$$

(14.39) $$\begin{vmatrix} 2 & 1 & 1 \\ -2 & 0 & \ln x \\ 4 & 3 & 3 \end{vmatrix} = 4$$

Aufgabe 14.4: Lösen Sie das folgende lineare Gleichungssystem mit der CRAMERschen Regel:

(14.40) $$\begin{aligned} 2x_1 - 3x_2 + x_3 &= -7 \\ x_1 + 4x_2 + 2x_3 &= -1 \\ x_1 - 4x_2 &= -5 \end{aligned}$$

Aufgabe 14.5: Lösen Sie folgende Matrixgleichungen, geben Sie die Matrix X an:

(14.41) $$\begin{pmatrix} 1 & 2 \\ 3 & 4 \end{pmatrix} \cdot X = \begin{pmatrix} 3 & 5 \\ 5 & 9 \end{pmatrix}$$

(14.42) $$X \cdot \begin{pmatrix} 3 & -2 \\ 5 & -4 \end{pmatrix} = \begin{pmatrix} -1 & 2 \\ -5 & 6 \end{pmatrix}$$

(14.43) $$\begin{pmatrix} 2 & -3 \\ 4 & -5 \end{pmatrix} \cdot X \cdot \begin{pmatrix} 2 & 3 \\ 4 & 5 \end{pmatrix} = \begin{pmatrix} 1 & 1 \\ 1 & 1 \end{pmatrix}$$

A15 Lineare Gleichungssysteme: Beispiele und Aufgaben

Grundsätzliches

Das Lösen linearer Gleichungssysteme gehört zu den Grundtechniken bei der Betrachtung ökonomischer Fragestellungen.

> Rohstoffbilanzen, Teilebedarfsprobleme oder Fragen der innerbetrieblichen Leistungsverrechnung führen auf lineare Gleichungssysteme.

Deren Lösungen werden benötigt, um richtige Entscheidungen treffen zu können.

Das *GAUSSsche Eliminationsverfahren* (auch als *GAUSSscher Algorithmus* bezeichnet) in seinen beiden Grundformen, wie sie z. B. in der 3. Auflage des Buches „Mathematik für BWL-Bachelor" im Kapitel 18 ab Seite 296 beschrieben sind, liefert eine sichere Methode, die *Lösbarkeit linearer Gleichungssysteme* festzustellen, bei *eindeutiger Lösung* diese zu ermitteln bzw. beim *Vorhandensein unendlich vieler Lösungen* diese Lösungsmanniggfaltigkeit beschreiben zu können.

Beispiele dafür, wie es richtig gemacht wird

Beispiel 15.1: Zu untersuchen ist das lineare Gleichungssystem mit *vier Gleichungen* für *vier Unbekannte*

(15.01)
$$\begin{aligned} x_1 + 2x_2 - 2x_3 + 3x_4 &= 5 \\ x_1 + 3x_2 + 2x_3 + 5x_4 &= 11 \\ x_1 + 2x_2 - x_3 + x_4 &= 6 \\ x_2 + 4x_3 + 3x_4 &= 6 \end{aligned} \quad .$$

Grundsätzliche Überlegung: Dieses Gleichungssystem besitzt die *quadratische Koeffizientenmatrix*

(15.02)
$$A = \begin{pmatrix} 1 & 2 & -2 & 3 \\ 1 & 3 & 2 & 5 \\ 1 & 2 & -1 & 1 \\ 0 & 1 & 4 & 3 \end{pmatrix} ,$$

es wird deshalb auch oft als *quadratisches lineares Gleichungssystem* bezeichnet.

> Lineare Gleichungssysteme mit quadratischer Koeffizientenmatrix können *keine, genau eine* oder *unendlich viele Lösungen* besitzen.

Zur *Feststellung der Lösungssituation*, zur *Ermittlung der einen Lösung* oder zur *Beschreibung der unendlich vielen Lösungen* wird nun der GAUSSsche Algorithmus in seiner *Basisversion* verwendet.

Dieses Verfahren beginnt damit, dass das lineare Gleichungssystem in ein Tableau eingetragen wird (siehe [22], Abschnitt 18 ab Seite 297):

x_1	x_2	x_3	x_4	=
1	2	-2	3	5
1	3	2	5	11
1	2	-1	1	6
0	1	4	3	6

Bild 15.1: Tableau-Form des linearen Gleichungssystems (15.01)

Jetzt wird dieses Tableau so umgeformt, dass schrittweise Variable eliminiert werden (man sagt auch umgangssprachlich, dass „Nullen erzeugt werden"), um ein gestaffeltes lineares Gleichungssystem zu erhalten. Im ersten Eliminationsschritt wird durch geeignete, systematische Kombination der ersten Zeile mit den anderen Zeilen dafür gesorgt, dass in der ersten Spalte Nullen entstehen:

x_1	x_2	x_3	x_4	=	
1	2	-2	3	5	(-1) (-1) (0)
1	3	2	5	11	+
1	2	-1	1	6	+
0	1	4	3	6	+
0	1	4	2	6	
0	0	1	-2	1	
0	1	4	3	6	

Bild 15.2: Erster GAUSSscher Eliminationsschritt: Nullen erzeugen unter x1

Da keine *Widerspruchszeile* entstanden ist (nur Nullen unter den Unbekannten, aber keine Null unter dem Gleichheitszeichen), kann das Verfahren fortgesetzt werden.

Im zweiten GAUSSschen Eliminationsschritt wird die erste der drei neu entstandenen Zeilen so mit den beiden anderen Zeilen kombiniert, dass unter x_2 Nullen entstehen:

x_1	x_2	x_3	x_4	=	
1	2	-2	3	5	(-1) (-1) (0)
1	3	2	5	11	+
1	2	-1	1	6	+
0	1	4	3	6	+
0	1	4	2	6	(0) (-1)
0	0	1	-2	1	+
0	1	4	3	6	+
0	0	1	-2	1	
0	0	0	1	0	

Bild 15.3: Zweiter GAUSSscher Eliminationsschritt

Wiederum ist *keine Widerspruchszeile* entstanden, das Verfahren *kann fortgesetzt* werden: Die obere Zeile im untersten Teil des Schemas muss so mit der unteren Zeile kombiniert werden, dass auch unter x_3 eine Null entsteht. Da diese Null schon vorhanden ist, muss der Eliminationskoeffizient Null verwendet werden:

x_1	x_2	x_3	x_4	=	
1	2	-2	3	5	(-1) (-1) (0)
1	3	2	5	11	+
1	2	-1	1	6	+
0	1	4	3	6	+
0	1	4	2	6	(0) (-1)
0	0	1	-2	1	+
0	1	4	3	6	+
0	0	1	-2	1	(0)
0	0	0	1	0	+
0	0	0	1	0	

Bild 15.4: Dritter und letzter GAUSSscher Eliminationsschritt

Damit ist die GAUSS-Elimination beendet, es gab keinen *Abbruch* infolge des Auftretens einer *Widerspruchszeile* (das wird im Beispiel 15.3 auf Seite 105 erfolgen), auch sind keine *vollständigen Nullzeilen* (siehe Beispiel 15.2 ab Seite 104) entstanden. Aus den *ersten Zeilen* der Teil-Schemata in Bild 15.4 wird nun die *GAUSS-Zusammenstellung* erzeugt:

x_1	x_2	x_3	x_4	=
1	2	-2	3	5
0	1	4	2	6
0	0	1	-2	1
0	0	0	1	0

Bild 15.4: GAUSS-Zusammenstellung: Obere Dreiecksmatrix

Diagnose: Da die GAUSS-Zusammenstellung *ebenso viele Zeilen wie Unbekannte* besitzt, hat das lineare Gleichungssystem (15.01) *genau eine Lösung*.

Man kann die Diagnose auch so formulieren:

Befindet sich unter den Unbekannten eine *obere Dreiecksmatrix*, dann hat das lineare Gleichungssystem (15.01) *genau eine Lösung*.

Man sagt dann auch: Das lineare Gleichungssystem ist *eindeutig lösbar*. Die Lösung erhält man schließlich durch *Rückrechnung von unten nach oben*:

$$x_4 = 0$$

$$x_3 - 2x_4 = 1 \Rightarrow x_3 = 1$$

(15.03) $$x_2 + 4x_3 + 2x_4 = 6 \Rightarrow x_2 = 2$$

$$x_1 + 2x_2 - 2x_3 + 3x_4 = 5 \Rightarrow x_1 = 3$$

Zusammenfassung: Das lineare Gleichungssystem (15.01) ist eindeutig lösbar und besitzt die einzige Lösung $x_1=3$, $x_2=2$, $x_3=1$ und $x_4=0$.

Beispiel 15.2: Zu untersuchen ist das lineare Gleichungssystem mit *fünf Gleichungen* für *vier Unbekannte*

$$
\begin{aligned}
2x_1 - 4x_2 + 2x_3 - \ x_4 &= 2 \\
3x_1 \qquad - 3x_3 + 2x_4 &= 3 \\
7x_1 - 8x_2 + \ x_3 \qquad &= 7 \qquad (15.04) \\
x_1 + 4x_2 - 5x_3 + 3x_4 &= 1 \\
4x_1 + 4x_2 - 8x_3 + 5x_4 &= 4
\end{aligned}
$$

Dieses Gleichungssystem hat mehr Gleichungen als Unbekannte – es ist überbestimmt.

Überbestimmte lineare Gleichungssysteme haben entweder *keine, genau eine* oder *unendlich viele* Lösungen.

Welcher Fall hier vorliegt, das werden wir mit dem GAUSSschen Algorithmus konstruktiv klären:

x_1	x_2	x_3	x_4	=	
1	4	-5	3	1	(-2) (-3) (-7) (-4)
2	-4	2	-1	2	+
3	0	-3	2	3	+
7	-8	1	0	7	+
4	4	-8	5	4	+
0	-12	12	-7	0	(-1) (-3) (-1)
0	-12	12	-7	0	+
0	-36	36	-21	0	+
0	-12	12	-7	0	+
0	0	0	0	0	
0	0	0	0	0	
0	0	0	0	0	

Bild 15.5: GAUSS-Elimination führt auf drei vollständige Nullzeilen

Zuerst können wir feststellen, dass auch in diesem Beispiel keine Widerspruchszeile entstanden ist, das lineare Gleichungssystem (15.04) ist also lösbar. Betrachten wir nun die GAUSS-Zusammenstellung, die sich aus den ersten Zeilen der Schemata in Bild 15.5 ohne die vollständigen Nullzeilen ergibt:

x_1	x_2	x_3	x_4	=
1	4	-5	3	1
0	-12	12	-7	0

Bild 15.6: GAUSS-Zusammenstellung

Diagnose: Die GAUSS-Zusammenstellung enthält *weniger Zeilen als Unbekannte*, also besitzt das lineare Gleichungssystem (15.04) *unendlich viele Lösungen*.

Jetzt ist nur unter den ersten beiden Unbekannten x_1 und x_2 eine obere (2,2)-Dreiecksmatrix erkennbar.

Für die *Beschreibung der unendlichen Lösungsmenge* geht man jetzt so vor, dass die Unbekannten, die *nicht* über der oberen Dreiecksmatrix stehen, als *frei wählbar* festgelegt werden. Dafür benutzt man meist die griechischen Buchstaben λ und μ:

(15.05)
$$x_3 = \lambda \qquad x_4 = \mu$$

λ und μ sind dabei beliebig. Sie sind *frei wählbar*. Durch Rückrechnung von unten nach oben ergeben sich x_2 und x_1:

(15.06)
$$-12x_2 + 12x_3 - 7x_4 = 0 \Rightarrow x_2 = x_3 - \frac{7}{12}x_4 = \lambda - \frac{7}{12}\mu$$
$$x_1 + 4x_2 - 5x_3 + 3x_4 = 0 \Rightarrow x_1 = 1 + x_3 - \frac{2}{3}x_4 = 1 + \lambda - \frac{2}{3}\mu$$

Damit sind alle Unbekannten berechnet. Für die endgültige *Beschreibung der unendlich vielen Lösungen des linearen Gleichungssystems (15.04)* benutzt man schließlich die *vektorielle Form*:

(15.07)
$$\begin{pmatrix} x_1 \\ x_2 \\ x_3 \\ x_4 \end{pmatrix} = \begin{pmatrix} 1 \\ 0 \\ 0 \\ 0 \end{pmatrix} + \lambda \begin{pmatrix} 1 \\ 1 \\ 1 \\ 0 \end{pmatrix} + \mu \begin{pmatrix} -2/3 \\ -7/12 \\ 0 \\ 1 \end{pmatrix} \qquad \lambda, \mu \in \Re$$

Beispiel 15.3: Zu untersuchen ist das lineare Gleichungssystem mit *drei Gleichungen* für *vier Unbekannte*

(15.08)
$$\begin{aligned} x_1 + 2x_2 \qquad\quad - x_4 &= 3 \\ 2x_1 \qquad + 3x_3 + 2x_4 &= -1 \\ 4x_1 + 4x_2 + 3x_3 \qquad &= 7 \end{aligned}$$

Dieses Gleichungssystem hat weniger Gleichungen als Unbekannte – es ist *unterbestimmt*.

Unterbestimmte lineare Gleichungssysteme haben entweder *keine* oder *unendlich viele* Lösungen.

Welcher Fall hier vorliegt, das werden wir wieder mit dem GAUSSschen Algorithmus konstruktiv klären:

x_1	x_2	x_3	x_4	=		
1	2	0	-1	3	(-2) (-4)	
2	0	3	2	-1	+	
4	4	3	0	7	+	
0	-4	3	4	-7		(-1)
0	-4	3	4	-5		+
0	0	0	0	2		

Bild 15.7: Die GAUSS-Elimination bricht wegen einer Widerspruchszeile ab

In der Bildunterschrift ist es schon vermerkt – im zweiten GAUSS-Eliminationsschritt entsteht eine *Widerspruchszeile*: Unter den Unbekannten stehen nur Nullen, aber rechts unter dem Gleichheitszeichen eine von Null verschiedene Zahl (hier 2).

Diagnose: Wegen einer aufgetretenen *Widerspruchszeile* bricht der GAUSSsche Algorithmus ab. Das lineare Gleichungssystem (15.08) hat keine Lösung. Es ist *unlösbar*.

Beispiel 15.4: Fünf Filialen einer Autoreparaturkette bestellen während einer Woche jeweils fünf Ersatzteile im Zentrallager in unterschiedlichen Mengen.

Die bestellten Mengen sowie die entstehenden Gesamtkosten (in Euro) sind in der Tabelle 15.1 enthalten.

	bestellte Mengen in Stück vom Erzeugnis					Gesamtkosten
	E_1	E_2	E_3	E_4	E_5	
Filiale 1	**1**	**1**	**1**	**1**	**1**	**15**
Filiale 2	**1**	**2**	**3**	**4**	**5**	**35**
Filiale 3	**1**	**3**	**6**	**10**	**15**	**70**
Filiale 4	**1**	**4**	**10**	**20**	**35**	**126**
Filiale 5	**1**	**5**	**15**	**35**	**70**	**210**

Tabelle 15.1: Bestellmengen und Kosten

Gesucht sind die zugrunde liegenden Preise der einzelnen Ersatzteile.

Lösung: Bezeichnet man mit p_i den Preis für das Ersatzteil E_i $(i=1,\ldots,5)$ so ergibt sich aus der Aufgabenstellung das folgende lineare Gleichungssystem:

$$\begin{aligned} p_1 + p_2 + p_3 + p_4 + p_5 &= 15 \\ p_1 + 2p_2 + 3p_3 + 4p_4 + 5p_5 &= 35 \\ p_1 + 3p_2 + 6p_3 + 10p_4 + 15p_5 &= 70 \\ p_1 + 4p_2 + 10p_3 + 20p_4 + 35p_5 &= 126 \\ p_1 + 5p_2 + 15p_3 + 35p_4 + 70p_5 &= 210 \end{aligned} \tag{15.09}$$

Es handelt sich hier um ein *quadratisches lineares Gleichungssystem,* das entweder *keine* oder *genau eine* oder *unendlich viele Lösungen* besitzen kann.

p_1	p_2	p_3	p_4	p_5	=
1	1	1	1	1	15
0	1	2	3	4	20
0	0	1	3	6	15
0	0	0	1	4	6
0	0	0	0	1	1

Bild 15.8: GAUSS-Zusammenstellung

p_1	p_2	p_3	p_4	p_5	=	
1	1	1	1	1	15	(-1) (-1) (-1) (-1)
1	2	3	4	5	35	+
1	3	6	10	15	70	+
1	4	10	20	35	126	+
1	5	15	35	70	210	+
0	1	2	3	4	20	(-2) (-3) (-4)
0	2	5	9	14	55	+
0	3	9	19	34	111	+
0	4	14	34	69	195	+
0	0	1	3	6	15	(-3) (-6)
0	0	3	10	22	51	+
0	0	6	22	53	115	+
0	0	0	1	4	6	(-4)
0	0	0	4	17	25	+
0	0	0	0	1	1	

Bild 15.9: GAUSS-Elimination ohne Widerspruch und ohne vollständige Nullzeile

Bild 15.9 lässt erkennen, dass während der GAUSS-Elimination weder Widerspruchszeilen noch vollständige Nullzeilen auftreten.

Diagnose: Die GAUSS-Zusammenstellung (Bild 15.8), bestehend aus den jeweils obersten Zeilen des GAUSS-Eliminationsschemas sowie der Endzeile enthält *fünf Zeilen* für die *fünf Unbekannten*. Das lineare Gleichungssystem (15.09) besitzt *genau eine Lösung*.

Oder mit den Vokabeln aus der Welt der Matrizen: Unter allen Unbekannten befindet sich eine *obere Dreiecksmatrix*: Das lineare Gleichungssystem (15.09) besitzt *genau eine Lösung*.

Wie schon im Beispiel 15.1 auf Seite 103 vorgeführt, werden nun die Werte der Unbekannten aus der GAUSS-Zusammenstellung durch *Rückrechnung von unten nach oben* ermittelt:

(15.10) $$p_5 = 1 \Rightarrow p_4 = 2 \Rightarrow p_3 = 3 \Rightarrow p_2 = 4 \Rightarrow p_1 = 5$$

Antwortsatz: Das Ersatzteil E_1 wurde zum Preis von 5 € pro Stück, Ersatzteil E_2 wurde zum Preis von 4 € pro Stück, Ersatzteil E_3 wurde zum Preis von 3 € pro Stück, Ersatzteil E_4 wurde zum Preis von 2 € pro Stück und Ersatzteil E_1 wurde zum Preis von 1 € pro Stück bestellt.

Beispiel 15.5: Eine Sozialeinrichtung möchte eine Spende von 600€ zum Kauf von Büchern verwenden. Dabei sollen genau 30 Bücher gekauft werden, die zu Preisen von 30 €, 24 € und 18 € angeboten werden.

Welche Möglichkeiten für den Kauf dieser 30 Bücher gibt es, wenn von jedem Buch mindestens ein Exemplar gekauft werden soll?

Lösung: Mit x_1 wird die Anzahl der gekauften Bücher zum Preis von 30 € bezeichnet, mit x_2 die Anzahl der Bücher zum Preis von 24 € und mit x_3 die Anzahl der Bücher zum Preis von 18 €.

Damit ergibt sich das lineare Gleichungssystem

(15.11)
$$\begin{aligned} x_1 + \quad x_2 + \quad x_3 &= \ 30 \\ 30x_1 + 24x_2 + 18x_3 &= 600 \end{aligned}$$

Bereits jetzt ist ersichtlich: Dieses Gleichungssystem besteht aus zwei Gleichungen für drei Unbekannte – es kann also nur *keine oder unendlich viele Lösungen* besitzen.

Eine eindeutige Lösung der Aufgabe kann es folglich nicht geben.

Betrachten wir die GAUSS-Elimination:

x_1	x_2	x_3	=	
1	1	1	30	(-30)
30	24	18	600	+
0	-6	-12	-300	

Bild 15.10: GAUSS-Elimination ohne Widerspruchszeile

Es ergab sich keine Widerspruchszeile, also besitzt das Gleichungssystem (15.11) unendlich viele Lösungen. Sie sind nun zu beschreiben:

Die erste Zeile des oberen Schemas und die Schlußzeile werden zur GAUSS-Zusammenstellung:

x_1	x_2	x_3	=
1	1	1	30
0	-6	-12	-300

Bild 15.11: GAUSS-Zusammenstellung

Da sich unter x_1 und x_2 eine obere (2,2)-Dreiecksmatrix befindet, wird x_3 als frei wählbar festgelegt:

(15.12) $x_3 = \lambda$

Die Rückrechnung von unten nach oben liefert dann:

(15.13)
$$\begin{aligned} x_2 &= 50 - 2\lambda \\ x_1 &= -20 + \lambda \end{aligned}$$

Nun lassen sich die (vorerst) unendlich vielen Lösungen des linearen Gleichungssystem (15.11) in Vektorschreibweise angeben:

(15.14)
$$\begin{pmatrix} x_1 \\ x_2 \\ x_3 \end{pmatrix} = \begin{pmatrix} -20 \\ 50 \\ 0 \end{pmatrix} + \lambda \begin{pmatrix} 1 \\ -2 \\ 1 \end{pmatrix} \qquad \lambda \in \Re$$

Man beachte jedoch, dass damit die gestellte Aufgabe nicht gelöst ist: Denn die verbal gestellte Aufgabe enthielt noch den wichtigen Nebensatz

..., wenn von jedem Buch mindestens ein Exemplar gekauft werden soll.

Das bedeutet aber, als dass *sowohl x_1 als auch x_2 als auch x_3 größer als Null werden müssen.*

x_1 wird offenbar größer als Null, wenn λ (gleichbedeutend mit x_3) *größer als 21* ist. Dagegen wird x_2 größer als Null, wenn λ *kleiner als 24* ist.

Folglich gilt für λ die Ungleichung

(15.15) $$21 \leq \lambda \leq 24$$

Natürlich kommen nur *ganzzahlige Werte* infrage. Damit wird die (theoretisch) unendliche Menge von Lösungen des linearen Gleichungssystems sehr stark eingeschränkt auf die verbleibenden möglichen *vier Lösungen*:

(15.16) $$\begin{aligned} \lambda &= 21 \rightarrow x_1 = 1,\ x_2 = 8, x_3 = 21 \\ \lambda &= 22 \rightarrow x_1 = 2, x_2 = 6, x_3 = 22 \\ \lambda &= 23 \rightarrow x_1 = 3,\ x_2 = 4, x_3 = 23 \\ \lambda &= 24 \rightarrow x_1 = 4, x_2 = 2, x_3 = 24 \end{aligned}$$

Anwortsatz: Es können von den verfügbaren 600 € entweder 1/8/21 oder 2/6/22 oder 3/4/23 oder 4/2/24 Bücher der Preiskategorien 1, 2 und 3 gekauft werden.

Die Lösungen finden Sie ab Seite 203

Übungsaufgaben

Aufgabe 15.1: Untersuchen Sie die folgenden linearen Gleichungssysteme *konstruktiv mit Hilfe des GAUSSschen Algorithmus* auf Lösbarkeit.

Geben Sie *im Falle der Lösbarkeit* entweder *die einzige Lösung* an oder beschreiben Sie in Vektorform die *unendlich vielen Lösungen*.

x_1	x_2	x_3	=
1	2	3	4
2	3	-2	1
3	-4	-5	8

Bild 15.12: Aufgabe 15.1a

x_1	x_2	x_3	x_4	=
1	0	-3	-1	0
1	2	-2	4	-8
2	-2	-1	0	7
0	1	1	1	-2

Bild 15.13: Aufgabe 15.1b

x_1	x_2	x_3	x_4	=
1	1	1	1	1
2	4	8	16	5
3	9	27	81	15
4	16	64	256	35

Bild 15.14: Aufgabe 15.1c

x_1	x_2	x_3	x_4	=
1	2	2	0	-1
2	4	3	-1	1
-1	-2	1	2	-8
-3	-6	2	3	-21

Bild 15.15: Aufgabe 15.1d

x_1	x_2	x_3	=
-1	-3	-12	-5
-1	2	5	2
3	-1	2	1
7	-4	-1	0
0	5	17	7

Bild 15.16: Aufgabe 15.1e

x_1	x_2	x_3	x_4	x_5	=
1	2	3	1	1	3
1	3	3	2	1	6
1	4	3	2	2	5
1	1	2	1	1	1
1	5	4	2	2	7
1	5	3	2	3	4

Bild 15.17: Aufgabe 15.1f

x_1	x_2	x_3	x_4	x_5	=
1	1	3	-2	3	1
2	2	4	-1	3	2
3	3	5	-2	3	1
2	2	8	-3	9	2

Bild 15.18: Aufgabe 15.1g

x_1	x_2	x_3	x_4	x_5	=
2	-1	1	2	3	2
6	-3	2	4	5	3
6	-3	4	8	13	9
4	-2	1	1	2	1
4	-2	3	6	10	7

Bild 15.19: Aufgabe 15.1h

x_1	x_2	x_3	x_4	=
1	2	3	3	10
1	3	2	4	8
1	1	5	3	15
2	5	4	7	18
2	5	6	8	21

Bild 15.20: Aufgabe 15.1i

Aufgabe 15.2: In einem Unternehmen mit einem *Hauptbetrieb* und vier *Hilfsbetrieben* K_1, K_2, K_3 und K_4 bestehen gewisse *Leistungsströme* unter den Hilfsbetrieben, die in Tabelle 15.2 dargestellt sind.

Daneben sei bekannt, dass

- K_1, K_2, K_3 und K_4 primäre Kosten von 9, 117, 28 und 51 GE aufweisen

und

- Gesamtleistungen von 20, 40, 20 und 10 LE (Leistungseinheiten) erbringen.

Wie hoch sind die Verrechnungspreise der Hilfsbetriebe?

	Empfang durch K_1	Empfang durch K_2	Empfang durch K_3	Empfang durch K_4
Lieferung durch K_1	0	1	0	1
Lieferung durch K_2	1	0	0	0
Lieferung durch K_3	1	1	0	4
Lieferung durch K_4	1	0	2	0

Tabelle 15.2: Leistungsströme

Hinweis: Bezeichnet man mit p_1, p_2, p_3 und p_4 die gesuchten Verrechnungspreise und stützt sich auf die Beziehung

primäre Kosten + sekundäre Kosten = Wert der produzierten Leistung,

so erhält man das *lineare Gleichungssystem* (15.17) zur Bestimmung der Verrechnungspreise:

$$\begin{aligned} &\text{für } K_1: 9 + p_2 + p_3 + p_4 = 20p_1 \\ &\text{für } K_2: 117 + p_1 + p_3 = 40p_2 \\ &\text{für } K_3: 28 + 2p_4 = 20p_3 \\ &\text{für } K_4: 51 + p_1 + 4p_3 = 10p_4 \end{aligned} \tag{15.17}$$

Untersuchen Sie dieses Gleichungssystem hinsichtlich seiner Lösbarkeit und geben Sie im Falle eindeutiger Lösbarkeit die Lösung an.

Formulieren Sie einen der Problemstellung angemessenen Antwortsatz.

Aufgabe 15.3: Ein Betrieb stellt die Erzeugnisse E_1, E_2 und E_3 her, die auf den Maschinen M_1, M_2 und M_3 bearbeitet werden müssen. Der Tabelle 15.3 ist zu entnehmen, wie viele Stunden auf jeder Maschine benötigt werden, um eine Einheit des Erzeugnisses E_i $(i=1,2,3)$ herzustellen:

	E_1	E_2	E_3
M_1	3	2	3
M_2	2	0	5
M_3	1	2	4

Tabelle 15.3: Maschinenstunden

Wie viele Einheiten eines jeden Erzeugnisses können produziert werden, wenn auf jeder Maschine genau 120 Stunden gearbeitet wird?

Aufgabe 15.4: Für die Herstellung von drei Erzeugnissen benötigt ein Betrieb zwei verschiedene Materialarten.

Der *Materialverbrauch je Einheit* und die zur Verfügung stehenden *Materialfonds* sind der Tabelle 15.4 zu entnehmen:

	Materialverbrauch je Einheit			
	E_1	E_2	E_3	Materialfonds (in ME)
Material M_1	3	6	8	640
Material M_2	7	5	4	490

Tabelle 15.4: Materialverbrauch und Materialfonds

a) Wie viele Einheiten sind von den einzelnen Erzeugnissen herzustellen, damit das gesamte Material verbraucht wird?

b) Erzeugnis E_2 ist derzeit schlecht absetzbar. Geben Sie eine konkrete Lösung des Problems an, bei der die herzustellende Menge des Erzeugnisses E_2 Null ist.

	benötigte Menge je Einheit				
	E_1	E_2	E_3	E_4	zur Verfügung stehende Menge
Rohstoff 1	2	5	4	1	20
Rohstoff 2	1	3	2	1	11
Rohstoff 3	2	10	9	7	40
Rohstoff 4	3	8	9	2	37

Tabelle 15.5: Rohstoffbedarf und Rohstoffmengen

Aufgabe 15.5: Aus *vier Rohstoffen* werden in einem Unternehmen *vier Erzeugnisse* hergestellt. Dabei stehen die benötigten Rohstoffe nur begrenzt zur Verfügung und müssen auch vollständig verbraucht werden.

Die benötigten Einheiten an den einzelnen Rohstoffen zur Herstellung von jeweils einer Einheit der Erzeugnisse sowie die zur Verfügung stehenden Rohstoffmengen sind der Tabelle 15.5 zu entnehmen.

Wie viele Einheiten der Erzeugnisse können produziert werden?

A16 Lineare Optimierung: Beispiele und Aufgaben

Grundsätzliches

Die lineare Optimierungs ist eine der wichtigen mathematischen Disziplinen, die bei der Lösung ökonomischer Probleme zur Anwendung kommen.

Da sich diese Aufgabensammlung im Wesentlichen am Inhalt des Buches „Mathematik für BWL-Bachelor" orientiert, erfolgt bei Beispielen und Aufgaben eine Einschränkung auf *Probleme mit zwei Variablen*, die stets *grafisch* gelöst werden können. Zur Anwendung von Rechenmethoden, insbesondere von *Simplex-* und *revidierter Simplexmethode*, wird auf die umfangreiche Literatur verwiesen.

Eine leicht verständliche Einführung dazu ist in [23] enthalten.

Beispiele dafür, wie es richtig gemacht wird

Beispiel 16.1: Zwei Betriebe B_1 und B_2 stellen das gleiche Produkt P auf zwei verschiedene Arten her. Der *Rohstoffbedarf* beider Betriebe und die *verfügbare Rohstoffmenge*, die insgesamt für beide Betriebe zur Verfügung steht, sind der Tabelle 16.1 zu entnehmen. Der Betrieb B_1 soll *wenigstens zwei Einheiten* des Produktes anfertigen.

Wie viele Einheiten müssen beide Betriebe herstellen, damit die *Gesamtproduktion maximal* wird?

	Rohstoffmenge für eine Einheit P		
	die B_1 braucht	die B_2 braucht	insgesamt verfügbare Rohstoffmenge
Rohstoff 1	0,2	1	13
Rohstoff 2	1	0,1	16
Rohstoff 3	0	1	12

Tabelle 16.1: Rohstoffbedarf und Rohstoffmenge

Lösung: Mit x_i wird die Anzahl der Einheiten von Produkt P bezeichnet, die in Betrieb B_i hergestellt werden ($i=1,2$). Dann ergibt sich eine Zielfunktion der Gestalt

(16.01) $$z = x_1 + x_2 \quad ,$$

die zum Maximum geführt werden soll. Der Tabelle lassen sich dazu drei *Ungleichungen* entnehmen, die aus dem *Rohstoffbedarf* und den *verfügbaren Rohstoffmengen* entstehen:

(16.02) $$\begin{aligned} 0{,}2x_1 + \quad x_2 &\le 13 \\ x_1 + 0{,}1x_2 &\le 16 \\ x_2 &\le 12 \end{aligned}$$

Hinzu kommt noch die Umsetzung der Forderung, dass der Betrieb B_1 *mindestens zwei Einheiten des Produkts P* herstellen soll, sowie die selbstverständliche Festlegung, dass für die Produktionsmenge vom Betrieb B_2 keine negativen Werte sinnvoll sind:

(16.03)
$$x_1 \geq 2$$
$$x_2 \geq 0$$

Fassen wir alles zusammen, so erhalten wir das *mathematische Modell* der Aufgabe:

(16.04)
$$\begin{aligned} &\text{Zielfunktion:} && z = x_1 + x_2 \rightarrow \max! \\ &\text{Nebenbedingungen:} && 0{,}2x_1 + x_2 \leq 13 \\ &&& x_1 + 0{,}1x_2 \leq 16 \\ &&& x_2 \leq 12 \\ &&& x_1 \geq 2 \\ &&& x_2 \geq 0 \end{aligned}$$

Dieses Problem besitzt nur *zwei Problemvariable* und kann deshalb *grafisch* gelöst werden.

Zunächst wird in einem x_1-x_2-Koordinatensystem der zulässige Bereich skizziert, indem die *Grenzgerade* jeder Nebenbedingung gezeichnet wird.

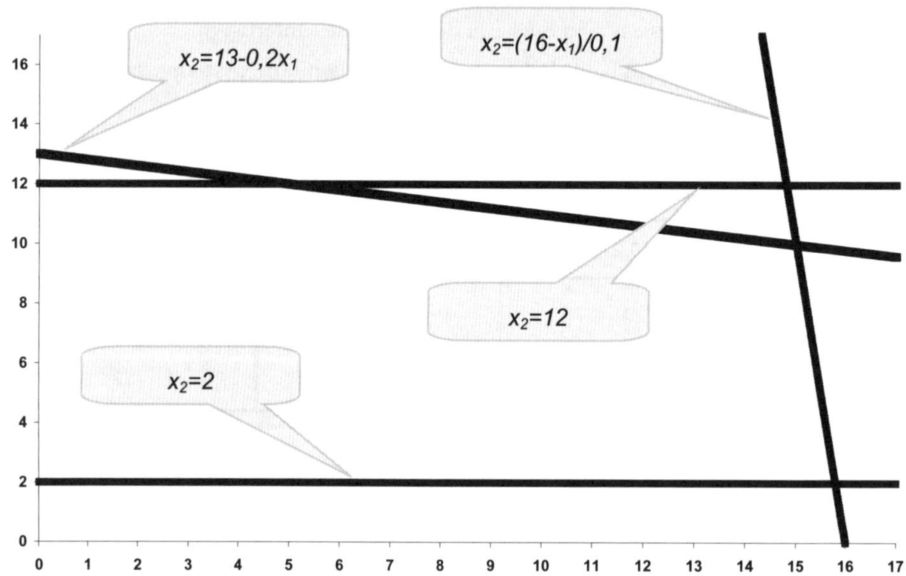

Bild 16.1: Grenzgeraden der Nebenbedingungen

Die *Formel* für die jeweilige *Grenzgerade* ergibt sich durch Umstellung der *als Gleichung gelesenen Nebenbedingung* nach x_2.

Anschließend wird an jeder Grenzgeraden durch einen kleinen Pfeil sichtbar gemacht, welche Halbebene diejenigen x_1-x_2-Werte enthält, die die jeweilige Nebenbedingung erfüllen.

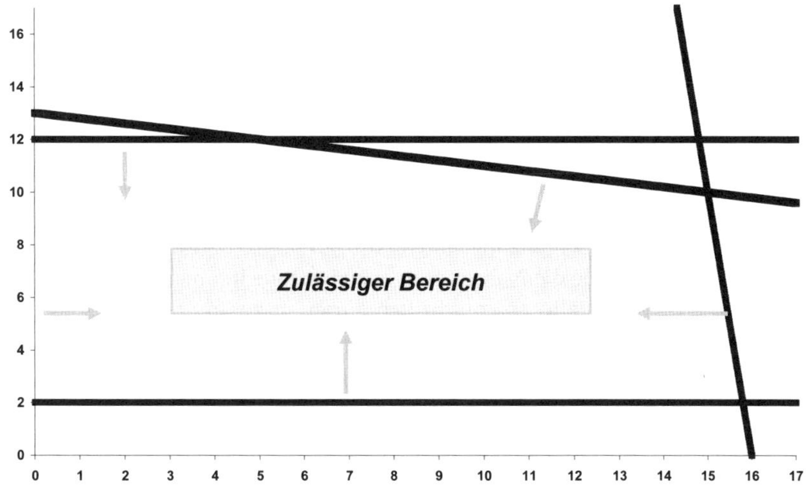

Bild 16.2: Zulässige Halbebenen, zulässiger Bereich

Der *Durchschnitt aller zulässigen Halbebenen* bildet dann den *zulässigen Bereich.*

Nun müssen noch *zwei Linien der Zielfunktion* eingetragen werden, um die *Wachstumsrichtung der Zielfunktion* festzustellen: Dafür gibt man sich zwei verschiedene z-Werte vor (hier $z=8$ und $z=16$) und stellt die Gleichung der Zielfunktion nach x_2 um:

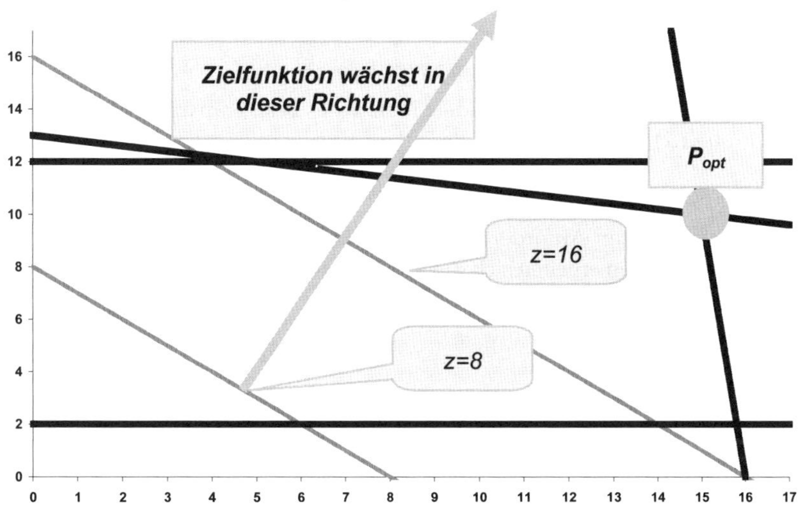

Bild 16.3: Zwei Linien der Zielfunktion, Wachstumsrichtung und optimale Ecke

Nachdem auf diese Weise die *Wachstumsrichtung der Zielfunktion* festgestellt ist, wird eine *Linie der Zielfunktion* parallel bis zum *Rand des zulässigen Bereiches* verschoben.

So findet man die *Ecke*, die die optimale Lösung des Problems trägt. Im Ausnahmefall kann es auch *Kante des zulässigen Bereiches* sein.

Aus Bild 16.3 kann abgelesen werden: Die optimale Lösung liegt bei $P_{opt}(x_1=15,\ x_2=10)$.

Antwortsatz: Im Betrieb B_1 müssen 15 Einheiten des Produktes P hergestellt werden, im Betrieb B_2 10 Einheiten. Die damit erreichte maximale Gesamtproduktion liegt dann bei 25 Einheiten des Produkts P.

Beispiel 16.2: Der Hersteller des Sportgetränks „Superfit" will die Rezeptur verbessern, indem er zwei Nahrungsergänzungsmittel NES1 und NES2 zusetzt. Er kann auf zwei Basispräparate zugreifen, die die Nahrungsergänzungsstoffe in unterschiedlicher Konzentration enthalten. Wegen gesetzlicher Vorschriften dürfen insgesamt höchstens 9 Gramm der beiden Basispräparate einem Liter des Sportgetränks zugesetzt werden.

Der Gehalt der beiden Basispräparate an den Nahrungsergänzungsstoffen sowie die beabsichtigte Mindestmenge in Milligramm sind der Tabelle 16.2 zu entnehmen.

Ein Gramm des Basispräparats BP1 kostet 1 €, der Preis des Basispräparates BP2 liegt bei 2 € pro Gramm.

Wie müssen die Basispräparate gemischt werden, um mit minimalen Kosten zu arbeiten?

	BP1 in mg/g	BP2 in mg/g	Mindestmengen in mg
NES1	3	2	16
NES2	2	8	48

Tabelle 16.2: Nahrungsergänzungsstoffe

Lösung: Wenn mit x_i die verwendete Menge des Basispräparates BPi in Gramm bezeichnet wird $(i=1,2)$, dann ergibt sich als *Zielfunktion*

(16.05) $$z = x_1 + 2x_2 \rightarrow \min!$$

Aus den vorgelegten Anforderungen (siehe Tabelle) sowie aus den genannten gesetzlichen Bestimmungen ergeben sich die drei *Nebenbedingungen*

(16.06) $$\begin{aligned} 3x_1 + 2x_2 &\geq 16 \\ 2x_1 + 8x_2 &\geq 48 \\ x_1 + x_2 &\leq 9 \end{aligned}$$

Da keine der zugesetzten Mengen negativ sein kann, entstehen weiter die beiden *Nichtnegativitätsbedingungen*

(16.07) $$\begin{aligned} x_1 &\geq 0 \\ x_2 &\geq 0 \end{aligned}$$

Mit der Zielfunktion (16.05) und den Ungleichungs-Nebenbedingungen (16.06) und (16.07) ist das *mathematische Modell des Problems* gefunden. Es handelt sich hier um ein Minimumproblem der linearen Optimierung, das aber nur zwei Problemvariablen besitzt und deshalb wiederum grafisch gelöst werden kann.

Bild 16.4 enthält die Grenzgeraden der drei Nebenbedingungen (16.06), die Grenzgeraden der Nichtnegativitätsforderungen (16.07) sind die Koordinatenachsen.

Weiter sind die *zulässigen Halbebenen* durch Pfeile gekennzeichnet, daraus ergibt sich der hervorgehobene *zulässige Bereich.*

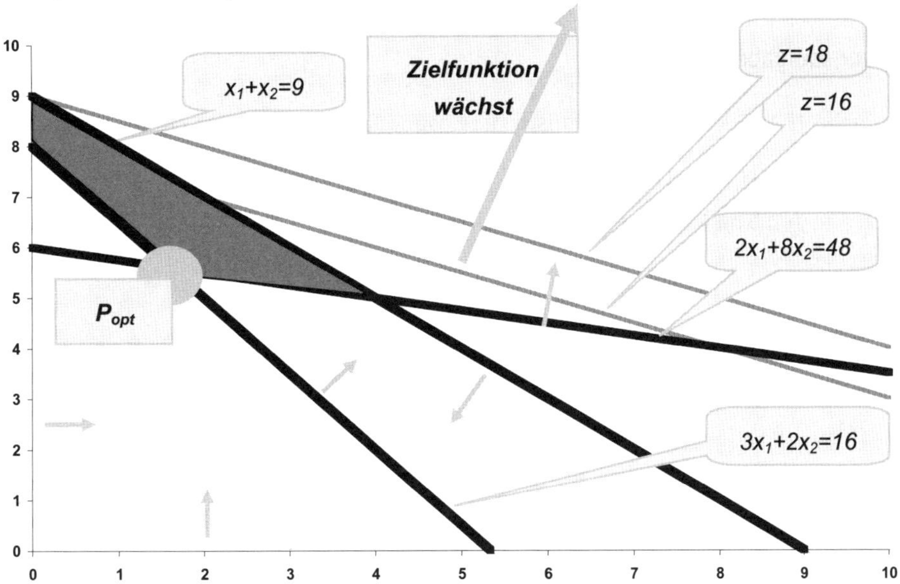

Bild 16.4: Grafische Lösung des Problems (16.05) bis (16.07)

Mit zwei Linien der Zielfunktion, hier für die Werte 16 und 18, kann die *Wachstumsrichtung der Zielfunktion* festgestellt werden.

Da ein *Minimumproblem* vorliegt, muss eine *Linie der Zielfunktion* diesmal *entgegen der Wachstumsrichtung* bis an den *Rand des zulässigen Bereiches* verschoben werden.

Aus der Skizze kann das Optimum diesmal nicht genau abgelesen werden. Da man aber erkennt, dass die *optimale Lösung* sich im *Schnittpunkt der beiden Grenzgeraden*

(16.08)
$$\begin{aligned} 3x_1 + 2x_2 &= 16 \\ 2x_1 + 8x_2 &= 48 \end{aligned}$$

befindet, lassen sich x_1 und x_2 als Lösung dieses kleinen linearen Gleichungssystems schnell ausrechnen:

(16.09) $$x_1 = 1{,}6 \qquad x_2 = 5{,}6$$

Antwortsatz: Der Hersteller sollte pro Liter Getränk 1,6 Gramm des Basispräparates BP1 und 5,6 Gramm des Basispräparates BP2 zusetzen, um mit minimalen Kosten von z=12,8 € zu arbeiten. Die gewünschten Mindestmengen der Nahrungsergänzungsstoffe NES1 und NES2 werden dabei genau getroffen, die gesetzliche Höchstgrenze wird um 1,8 Gramm unterschritten.

Die Lösungen finden Sie ab Seite 211

Übungsaufgaben

Aufgabe 16.1: Bestimmen Sie grafisch die Lösung folgender linearer Optimierungsprobleme:

$$\begin{array}{ll} \text{Zielfunktion:} & z = 2x_1 + 3x_2 \rightarrow \max! \\ \text{Nebenbedingungen:} & x_1 + 2x_2 \leq 8 \\ & 2x_1 + x_2 \leq 10 \\ & x_2 \leq 3 \\ & x_1 \geq 0 \\ & x_2 \geq 0 \end{array} \qquad (16.10)$$

$$\begin{array}{ll} \text{Zielfunktion:} & z = 20x_1 + 10x_2 \rightarrow \max! \\ \text{Nebenbedingungen:} & 10x_1 + 30x_2 \leq 1800 \\ & 40x_1 + 10x_2 \leq 2800 \\ & x_1 \geq 0 \\ & x_2 \geq 0 \end{array} \qquad (16.11)$$

$$\begin{array}{ll} \text{Zielfunktion:} & z = 10x_1 + 20x_2 \rightarrow \min! \\ \text{Nebenbedingungen:} & 6x_1 + x_2 \geq 18 \\ & x_1 + 4x_2 \geq 12 \\ & 2x_1 + x_2 \geq 10 \\ & x_1 \geq 0 \\ & x_2 \geq 0 \end{array} \qquad (16.12)$$

(16.13)

$$\begin{aligned} &\text{Zielfunktion:} && z = 5x_1 + x_2 \rightarrow \min! \\ &\text{Nebenbedingungen:} && 9x_1 + 3x_2 \geq 3 \\ & && 3x_1 + 4x_2 \geq 2 \\ & && x_1 \geq 0 \\ & && x_2 \geq 0 \end{aligned}$$

Aufgabe 16.2: Zur Herstellung zweier Erzeugnisse E1 und E2 werden drei verschiedene Materialien benötigt.

Der Materialbedarf je Einheit vom Erzeugnis und die zur Verfügung stehenden Materialfonds sind der Tabelle 16.3 zu entnehmen.

Eine Einheit des Erzeugnisses E1 liefert einen Gewinn von 10 GE, für eine Einheit des Erzeugnisses E2 kann dagegen ein Gewinn von 20 GE erzielt werden.

	benötigte Mengen des Materials pro Einheit von		
	Erzeugnis E1	Erzeugnis E2	zur Verfügung stehender Materialfonds
Material 1	3	6	240
Material 2	6	4	360
Material 3	0	5	150

Tabelle 16.3: Materialbedarf und Materialfonds

Gesucht ist der Produktionsplan, der den *maximalen Gewinn* garantiert.

Aufgabe 16.3: Der Betreiber zweier Kiesgruben hat als einzigen Abnehmer seiner Produkte eine große Baustoff-Fabrik zu beliefern.

Laut Liefervertrasg müssen *wöchentlich* mindestens 120 Tonnen Kies, 240 Tonnen mittelfeiner Sand und 80 Tonnen Quarzsand geliefert werden.

Die *täglichen Förderleistungen* der beiden Gruben sind:

- Grube 1: 60 t Kies, 40 t mittelfeiner Sand, 20 t Quarzsand
- Grube 2: 20 t Kies, 120 t mittelfeiner Sand, 20 t Quarzsand

Pro Fördertag entstehen für die Grube 1 Kosten von 2000 €, die Kosten für einen Fördertag liegen bei Grube 2 bei 1600 €.

Gesucht ist die Anzahl der Fördertage in jeder der beiden Gruben, die zu *minimalen wöchentlichen Förderkosten* führen.

A17 Finanzmathematik: Beispiele und Aufgaben

Grundsätzliches

Wie im Abschnitt 15 von [22] ab Seite 227 ausgeführt, machen Fragestellungen der Finanzmathematik nur Sinn, wenn man annimmt, dass das eingezahlte oder ausgeliehene Kapital *verzinst* wird.

Betrachten wir dazu einige typische Probleme, wobei einstweilen davon ausgegangen wird, dass die *Einzahlungen am Jahresanfang*, die *Auszahlungen am Jahresende* erfolgen.

Zinseszinsformel - Beispiele dafür, wie sie richtig angewandt wird

Beispiel 17.1: Ein Kapital K_0=5000 € wird zu einem Zinssatz von i=7% p.a. angelegt.

a) Welcher Betrag steht nach 15 Jahren zur Verfügung?

b) b) Wie viele Jahre hätte man das Kapital K_0 anlegen müssen, damit bei gleichem Zinssatz ein Endkapital von 20000 € zur Verfügung steht?

Lösung von a): Gegeben sind K_0=*5000*, i=*0,07* und n=*15*. Mit der Zinseszinsformel (15.01d) von Seite 229 aus [22] ergibt sich durch Einsetzen dieser Werte:

(17.01) $$K_{15} = 5000 \cdot 1{,}07^{15} = 13795{,}16$$

Antwortsatz: Am Ende des 15-ten Jahres stehen 13795,16€ zur Verfügung.

Lösung von b): Gegeben sind jetzt K_0=*5000*, K_n=*20000* und i=*0,07*. Diese Werte werden in die Zinseszinsformel eingesetzt

(17.02a) $$20000 = 5000 \cdot 1{,}07^n$$

und anschließend wird unter Verwendung der Logarithmengesetze nach n umgestellt:

$$4 = 1{,}07^n$$

(17.02b) $$\ln 4 = \ln 1{,}07^n = n \cdot \ln 1{,}07$$

$$n = \frac{\ln 4}{\ln 1{,}07} = 20{,}489$$

Antwortsatz: Nach 20 Jahren und 6 Monaten befinden sich auf dem Konto die erwünschten 20000€ - sie stehen also bei der Abhebung am Ende des 21. Jahres zur Verfügung.

Beispiel 17.2: Eine Spareinlage von 1500€ ist nach 8 Jahren auf 2675€ angewachsen.

a) Mit welchem Zinssatz wurde das Kapital verzinst?

b) Welchen Betrag hätte man einzahlen müssen, um bei einem Zinssatz von i=4% p.a. das gleiche Endkapital nach 8 Jahren ausgezahlt zu bekommen?

Lösung von a): Gegeben sind $K_0=1500$, $K_8=2675$ und $n=8$. Aus der Zinseszinsformel erhält man

(17.03a) $$2675=1500\cdot(1+i)^8$$

und mit Hilfe der Potenzgesetze ergibt sich daraus

(17.03b) $$\frac{2675}{1500}=(1+i)^8 \Rightarrow (1+i)=\sqrt[8]{\frac{2675}{1500}} \Rightarrow i=\sqrt[8]{\frac{2675}{1500}}-1=1{,}07499-1=0{,}07499$$

Antwortsatz: Das Kapital war zu einem Zinssatz von $i=7.5\%$ p.a. angelegt.

Lösung von b): Gegeben sind nun $K_8=2675$, $n=8$ und $i=0{,}04$. Eingesetzt in die Zinseszinsformel ergibt sich

(17.04a) $$2675=K_0\cdot(1+0{,}04)^8 \quad .$$

Die Umstellung nach K_0 (gleichbedeutend mit einer *Diskontierung* des Endbetrages) liefert dann

(17.04b) $$K_0=\frac{2675}{(1{,}04)^8}=1954{,}596$$

Antwortsatz: Man hätte 1 954,60 € einzahlen müssen, um den gleichen Endbetrag zu erhalten.

Beispiel 17.3: Ein Kapital der Höhe $K_0=10000€$ wird 2 Jahre lang mit 6% p.a. verzinst, danach weitere 5 Jahre mit 7% p.a. und anschließend wird es noch 3 Jahre mit 4% p.a. verzinst.

a) Auf welchen Betrag ist es angewachsen?

b) Zu welchem durchschnittlichen jährlichen Zinssatz war das Kapital angelegt?

Lösung von a): Wir setzen $K_0=10000$, $i_1=0{,}06$, $n_1=2$, $i_2=0{,}07$, $n_2=5$, $i_3=0{,}04$, $n_3=3$

Benötigt wird auch hier wieder die *Zinseszinsformel*. Zunächst aber sollten die gegebenen Daten an einem *Zeitstrahl* grafisch veranschaulicht werden:

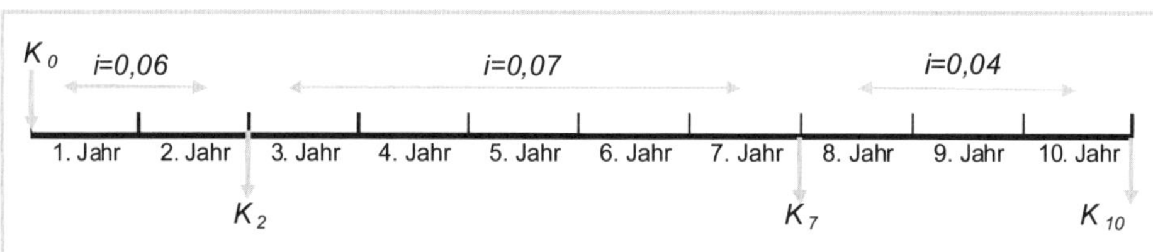

Bild 17.1: Zeitstrahl

Zunächst wird K_0 zwei Jahre lang mit $i=6\%$ p.a. verzinst, dadurch entsteht am Ende des zweiten Jahres das erste Endkapital

(17.05a) $$K_2=10000\cdot1{,}06^2=11236 \cdot$$

Dieses Endkapital K_2 ist dann das Startkapital für die nachfolgende fünfjährige Verzinsung:

(17.05b) $$K_7=11236\cdot1{,}07^5=15759{,}07$$

Anschließend erfolgt drei Jahre lang eine Verzinsung von K_7 mit 4% p.a.:

(17.05c) $K_{10} = 15759{,}07 \cdot 1{,}04^3 = 17726{,}81$.

Antwortsatz: Am Ende des zehnten Jahres befinden sich 17726,81€ auf dem Konto.

Bemerkung: Anstelle der drei einzelnen Rechenschritte hätte man das Endkapital nach zehn Jahren auch durch *eine einzige Formel* erhalten können:

(17.05d) $K_{10} = 10000 \cdot 1{,}06^2 \cdot 1{,}07^5 \cdot 1{,}04^3 = 17726{,}81$

Lösung von b): Gegeben sind nun $K_0 = 10\,000$, $K_{10} = 17\,726{,}81$ und $n = 10$. Diese Werte werden in die Zinseszinsformel eingesetzt:

(17.06a) $17726{,}81 = 10000 \cdot (1+i)^{10}$

Die Auflösung nach i liefert den gesuchten Zinssatz:

(17.06b) $(1+i) = \sqrt[10]{\frac{17726{,}81}{10\,000}} \Rightarrow i = \sqrt[10]{\frac{17726{,}81}{10\,000}} - 1 = 0{,}0589$

Antwortsatz: Das Kapital wurde mit einem *durchschnittlichen Zinssatz* von $i = 5{,}89\%$ p.a. zehn Jahre lang verzinst.

Ergänzung: Aus

(17.06c) $10\,000 \cdot 1{,}06^2 \cdot 1{,}07^5 \cdot 1{,}04^3 = 10000 \cdot (1+i)^{10}$

lässt sich folgende Beziehung ableiten:

(17.06d) $i = \sqrt[10]{1{,}06^2 \cdot 1{,}07^5 \cdot 1{,}04^3} - 1$

Das bedeutet: Der gesuchte *durchschnittlichen Zinssatz* ergibt sich aus dem *geometrischen Mittel der Aufzinsungsfaktoren.*

Falsch wäre es jedoch, das *arithmetische Mittel* der Aufzinsungsfaktoren zu bilden und damit zu arbeiten. Denn das arithmetische Mittel (der Durchschnitt) der einzelnen Aufzinsungsfaktoren ergibt sich zu (2·0,06+5·0,07+3·0,04)/10=0,059: Wird mit diesem (falschen!) durchschnittlichen Zinssatz gerechnet, so ergibt sich offensichtlich ein beachtlicher Fehler:

(17.06e) $10\,000 \cdot 1{,}059^{10} - 17\,726{,}81 = 13{,}43$

Die Lösungen finden Sie ab Seite 215

Zinseszinsformel - Übungsaufgaben

Aufgabe 17.1: Ein Betrag von 100000€ soll durch eine Einmalzahlung von 25000€ zum jetzigen Zeitpunkt nach n Jahren zur Verfügung stehen. Wie lange muss bei einem Zinssatz von $i = 7{,}5\%$ p.a. auf das Geld gewartet werden?

Aufgabe 17.2: Welcher Betrag müsste heute eingezahlt werden, damit bei einem konstanten Zinssatz von $i = 2{,}5$ % p.a. nach 20 Jahren ein Betrag von 50 000 € zur Verfügung steht?

Aufgabe 17.3: Max Großmaul behauptet, dass sich seine ersten ehrlich verdienten 1 000€ bereits nach 10 Jahren vervierfacht haben werden. Seine Bank hätte ihm als guten Kunden einen Zinssatz von $i=4{,}5\,\%$ p.a. für diese zehn Jahre zugesichert. Was halten Sie von dieser Behauptung?

Vergleich von Angeboten - Beispiele dafür, wie es richtig gemacht wird

Eine Vielzahl von Aufgabenstellungen der Finanzmathematik beschäftigt sich mit dem *Vergleich von Angeboten*. Dabei ist das *Äquivalenzprinzip der Finanzmathematik*, wie es in [22] auf Seite 231 formuliert wurde, die Grundlage für Entscheidungen.

Es empfiehlt sich, die Zahlungsverläufe immer auf einem *Zeitstrahl* grafisch darzustellen, um z. B. einen *Barwertvergleich* (oder auch einen *Endwertvergleich*) korrekt durchführen zu können.

Beispiel 17.4: Der Verkäufer eines Hauses erhielt drei Angebote:

Angebot 1: 220 000€ sofort

Angebot 2: 240 000€ in 2 Jahren

Angebot 3: jeweils am Jahresende 60 000€ über vier Jahre.

Für welches Angebot wird sich der Verkäufer bei einem Zinssatz von $i=4{,}5\,\%$ p.a. entscheiden?

Lösung: Zunächst werden die drei Angebote grafisch dargestellt.

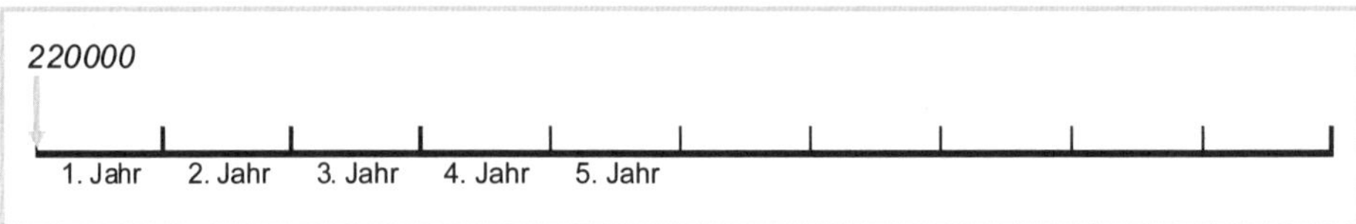

Bild 17.2a: Angebot 1

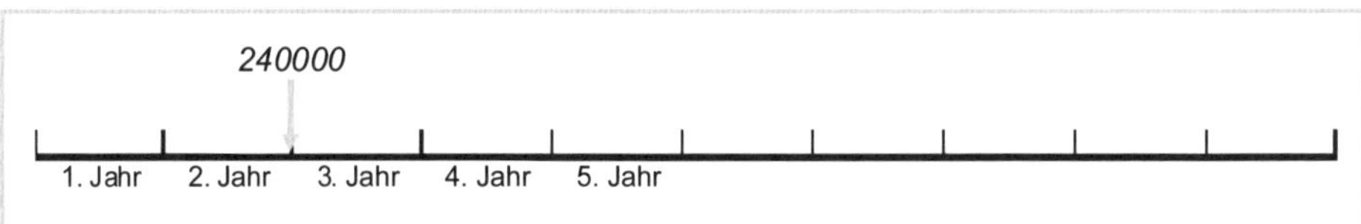

Bild 17.2b: Angebot 2

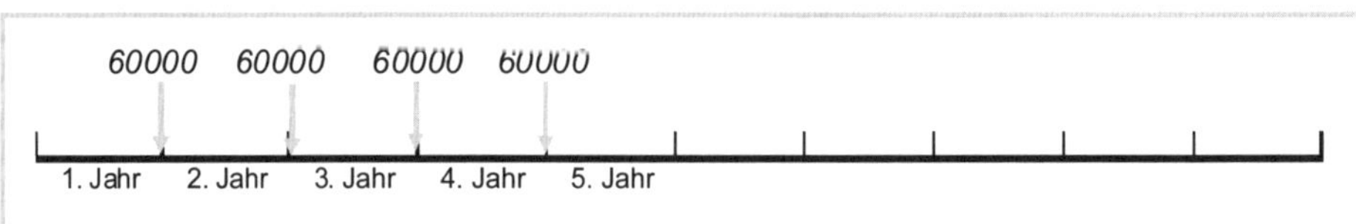

Bild 17.2c: Angebot 3

Da für das Angebot 1 bereits der *Barwert* bekannt ist, wird ein *Barwertvergleich* durchgeführt, das heißt, die beiden anderen Angebote werden auf den Zeitpunkt $t=0$ („sofort") abgezinst. Man erhält dabei für das Angebot 2 einen *Barwert* von

$$K_0 = \frac{240000}{(1{,}045)^2} = 219775{,}19 \quad . \tag{17.07a}$$

Der Barwert für das Angebot 3 liegt dagegen bei

$$K_0 = \frac{60000}{(1{,}045)} + \frac{60000}{(1{,}045)^2} + \frac{60000}{(1{,}045)^3} + \frac{60000}{(1{,}045)^4} = 215251{,}54 \quad . \tag{17.07b}$$

Antwortsatz: Obwohl das Angebot 1 das nominal schlechteste ist, sollte sich der Verkäufer für dieses Angebot entscheiden, da es den größten Barwert garantiert.

Bemerkung: Die Entscheidung des Verkäufers ändert sich auch nicht, wenn der *Tag der letzten Zahlung* als *Stichtag für den Vergleich* gewählt wird:

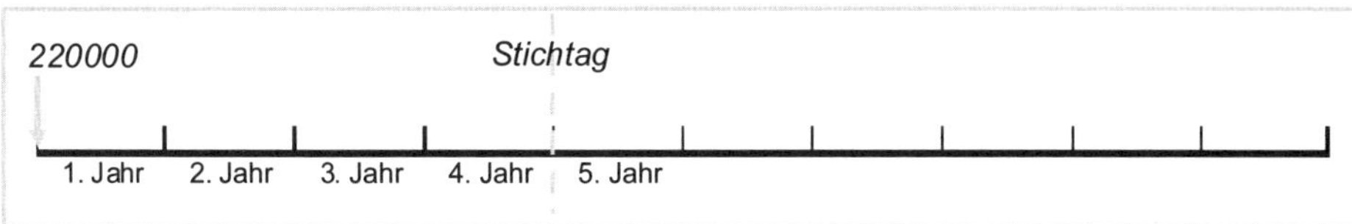

Bild 17.3a: Angebot 1

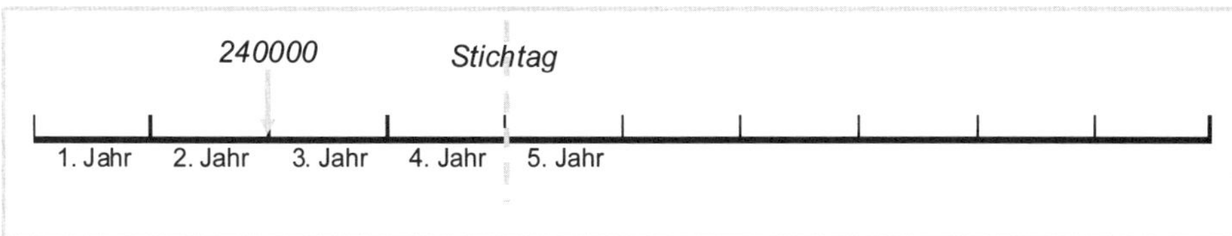

Bild 17.3b: Angebot 2

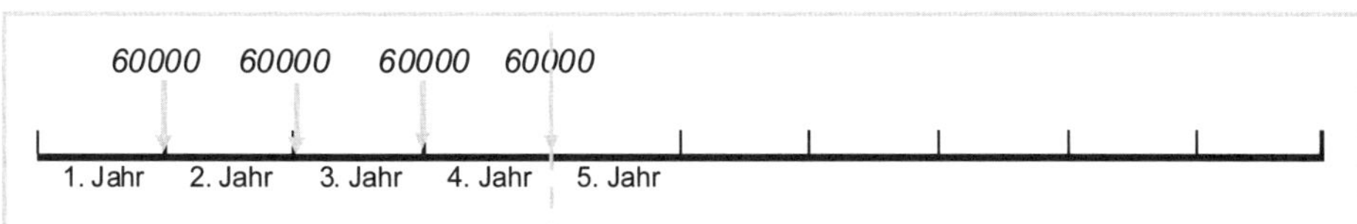

Bild 17.3c: Angebot 3

Nun muss das Angebot 1 für den Endwertvergleich *vier Jahre aufgezinst* werden:

$$K_4 = 220000 \cdot 1{,}045^4 = 262354{,}09 \tag{17.07c}$$

Das Angebot 2 wird nur zwei Jahre aufgezinst:

$$K_4 = 240000 \cdot 1{,}045^2 = 262086{,}00 \tag{17.07d}$$

Für das Angebot 3 schließlich erhält man einen Endwert von

$$(17.07e)\quad K_4 = 60\,000 \cdot 1{,}045^3 + 60\,000 \cdot 1{,}045^2 + 60\,000 \cdot 1{,}045 + 60\,000 = 256\,691{,}47$$

Fazit: Auch beim *Endwertvergleich* erweist sich das erste Angebot als das beste für den Verkäufer des Hauses.

Die Lösungen finden Sie ab Seite 216

Vergleich von Angeboten - Übungsaufgaben

Aufgabe 17.4: Beim Verkauf eines Grundstückes geht folgendes Angebot vom Interessenten M. ein: 20000€ sofort, 20000€ nach zwei Jahren, 30000€ nach weiteren drei Jahren.

Welche Einmalzahlung müsste M. sofort leisten, damit der Verkäufer am Tag der letzten Zahlung über die gleiche Summe verfügen kann? Der Zinssatz sei $i=4{,}5\,\%$ p.a. über die gesamte Laufzeit.

Aufgabe 17.5: Für den Verkauf eines Grundstücks erhielt ein Verkäufer die folgenden Angebote:

Angebot 1: 200000€ bei sofortiger Bezahlung

Angebot 2: 220000€ in zwei Jahren

Angebot 3: 50000€ in einem Jahr und 177500€ nach weiteren zwei Jahren.

a) Welches Angebot ist bei einem Zinssatz von $i=5\%$ p.a. das beste?

b) Der Zinssatz hat sich auf $i=8\%$ p.a. erhöht., Welches Angebot ist jetzt das beste?

Aufgabe 17.6: Beim Anbieter eines Oldtimers gingen für den angebotenen Wagen folgende Angebote ein:

Angebot 1: 25000€ sofort, 20000€ nach einem Jahr, 35000€ nach weiteren zwei Jahren

Angebot 2: 35000€ nach einem Jahr, 45000€ nach weiteren vier Jahren

Angebot 3: 30000€ nach zwei Jahren, 50000€ nach weiteren zwei Jahren.

Welches der Angebote ist bei einem Zinssatz von $i=7\,\%$ p.a. *für den Anbieter* das beste Angebot? Verwenden Sie als Stichtag für Ihre Rechnung den *Tag der letzten Zahlung*.

Aufgabe 17.7: Eine Zahlungsverpflichtung besteht aus zwei Zahlungen: 150000€, fällig in 5 Jahren, und 100000€, fällig in 7 Jahren. Die Zahlungsverpflichtung soll durch

a) eine sofortige Zahlung

b) eine einzige Zahlung in vier Jahren

c) zwei gleichgroße Zahlungen in zwei und vier Jahren

abgelöst werden.

Welcher Betrag ist zu zahlen, wenn mit einem Zinssatz von $i=6\,\%$ p.a. gerechnet wird? Stellen Sie in jedem Fall die Zahlungsverläufe grafisch dar.

Einfache Verzinsung - Beispiele dafür, wie sie richtig angewandt wird

Bei dieser Form der Verzinsung werden Ein- und Auszahlung *innerhalb des Kalenderjahres* betrachtet, wobei für jeden Tag der Verweilzeit die *Tageszinsen* bestimmt werden und diese dann bei der Rückzahlung dem Kapital zugeschlagen werden.

Hierbei tritt kein Zinseszinseffekt auf, deshalb spricht man auch von *einfacher Verzinsung*.

Gerechnet wird hier nach der so genannten *deutschen Methode*, bei der das Jahr mit 12 Monaten zu je 30 Tagen betrachtet wird. Das Bankjahr hat also nur 360 Zinstage.

Beachtet werden muss außerdem, dass der Einzahlungstag nicht verzinst wird, für den Tag der Rückzahlung werden dagegen Zinsen gezahlt.

Beispiel 17.5: Am 12. Februar eines Jahres war eine Rechnung fällig, die jedoch erst am 18. August mit einer Überweisung in Höhe von 12775€ einschließlich 12,5% p.a. Verzugszinsen bezahlt wurde. Wie hoch war der Rechnungsbetrag?

Lösung: Zunächst wird die Laufzeit (in Tagen) bestimmt:

(17.08a) $n = 18 + 150 + 18 = 186 \text{ Tage}$

Damit entsteht

(17.08b) $12\,775 = K_0 (1 + \frac{0{,}125}{360} \cdot 186)$

Wird diese Formel nach K_0 umgestellt, so ergibt sich $K_0 = 12\,000$€.

Antwortsatz: Der Rechnungsbetrag hatte die Höhe von 12000€.

Beispiel 17.6: Regelmäßig am Monatsende kann Herr K. die in diesem Monat gesparten 125€ auf ein mit $i=2{,}5\%$ p.a. verzinstes Konto einzahlen. Welcher Betrag ist am Jahresende auf diesem Konto?

Lösung: Zunächst stellen wir die Zahlungsverläufe grafisch dar:

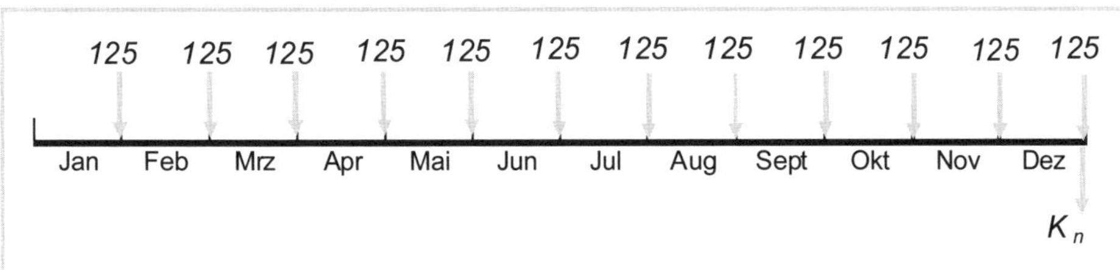

Bild 17.4: Einzahlungen an den Monatsenden

Jetzt kann man erkennen, dass die Januar-Einzahlung elf Monate verzinst wird, die Februar-Einzahlung wird um zehn Monatszinsen aufgestockt und so weiter, während die letzte, die Dezember-Einzahlung, gar nicht verzinst wird.

Somit ergibt sich:

$$K_n = 125\cdot(1+\frac{0{,}025}{12}\cdot 11)+125\cdot(1+\frac{0{,}025}{12}\cdot 10)+...+125\cdot(1+\frac{0{,}025}{12}\cdot 1)+125$$

(17.09)
$$= 125\cdot 12 + 125\cdot\frac{0{,}025}{12}\cdot(11+10+9+...+2+1)$$

$$= 125\cdot 12 + 125\cdot\frac{0{,}025}{12}\cdot 66 = 1517{,}19$$

Antwortsatz: Am Jahresende beträgt der Kontostand 1517,19€.

Beispiel 17.7: Eine Schuld sollte durch *drei gleich hohe* Raten von je 10000€, die am 1.4., am 1.7. und am 1.10. fällig waren, getilgt werden. Der Schuldner bittet darum, stattdessen *fünf gleichgroße Raten*, die am 1.4., 1.6., 1.8., 1.10 und 1.12. gezahlt werden, zur Tilgung dieser Schuld zahlen zu dürfen. Wie hoch müssten diese Raten bei einem Zinssatz von $i = 8{,}5\,\%$ p.a. sein?

Lösung: Zunächst werden beide Zahlungen grafisch dargestellt.

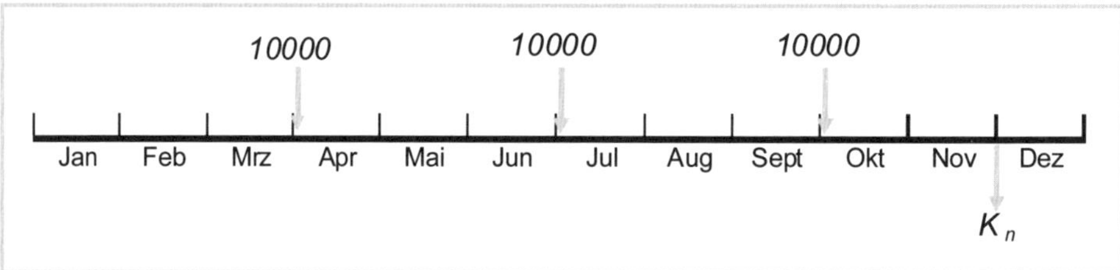

Bild 17.5a: Vereinbart - drei gleichgroße Raten

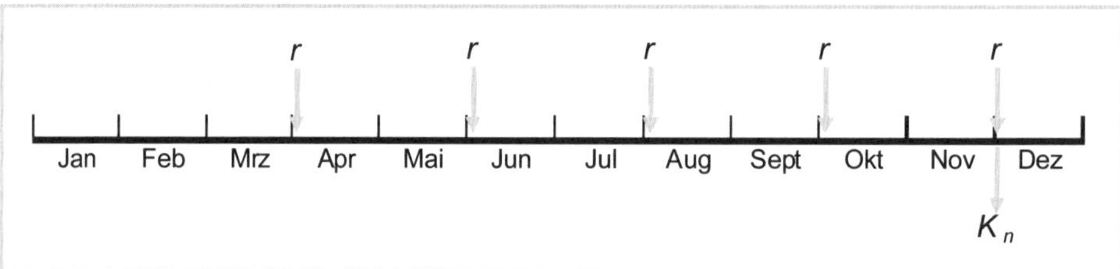

Bild 17.5b: Gewünscht - fünf gleich große Raten

Nach dem Äquivalenzprinzip der Finanzmathematik müssten beide Zahlungsreihen am 1.12. des Jahres den gleichen Betrag darstellen.

Das bedeutet für den *vereinbarten* Zahlungsverlauf nach Bild 17.5a:

(17.10a)
$$K_n = 10000\cdot(1+\frac{0{,}085}{12}\cdot 8)+10000\cdot(1+\frac{0{,}085}{12}\cdot 5)+10000\cdot(1+\frac{0{,}085}{12}\cdot 2)$$
$$= 31062{,}50$$

Für den gewünschten Zahlungsablauf nach den Vorstellungen des Schuldners mit fünf Raten ergibt sich dagegen zum Stichtag 1.12.:

$$K_n = r\cdot(1+\frac{0{,}085}{12}\cdot 8)+r\cdot(1+\frac{0{,}085}{12}\cdot 6)+r\cdot(1+\frac{0{,}085}{12}\cdot 4)+r\cdot(1+\frac{0{,}085}{12}\cdot 2)+r$$

(17.10b)

$$= r\cdot(5+\frac{0{,}085}{12}\cdot 20)$$

Aus der dem Äquivalenzprinzip folgenden Gleichheit ergibt sich schließlich der Wert für r:

(17.10c) $$31\,062{,}50 = r\cdot(5+\frac{0{,}085}{12}\cdot 20) \Rightarrow r = 6\,041{,}33$$

Antwortsatz: Der Schuldner müsste fünf Raten in Höhe von je 6041,33€ zu den gewünschten Zeitpunkten zahlen.

Die Lösungen finden Sie ab Seite 217

Einfache Verzinsung - Übungsaufgaben

Aufgabe 17.8: Ein Schuldner überweist seinem Gläubiger am 5.12. nur die Verzugszinsen in Höhe von 821,37€ für einen seit dem 18.4. desselben Jahres ausstehenden Rechnungsbetrag in Höhe von 10600€. Welchem Zinssatz entspricht diese Zahlung?

Aufgabe 17.9: Eine am 18. Mai fällige Rechnung wurde erst am 2. Dezember mit einer Überweisung in Höhe von 4768€ einschließlich 8% p.a. Verzugszinsen bezahlt. Wie hoch war der Rechnungsbetrag?

Aufgabe 17.10: Regelmäßig am Monatsanfang zahlt ein Hausverwalter die eingegangenen Mieten des von ihm verwalteten Hauses in Höhe von 18500€ auf ein mit i=4,5% p.a. verzinstes Konto ein. Welcher Betrag ist am Jahresende auf dem Konto?

Aufgabe 17.11: Am Jahresende soll ein Betrag von 12000€ für eine Anschaffung zur Verfügung stehen. Dieser Betrag soll durch sechs gleichgroße Einzahlungen am 1.2., 1.4., 1.6., 1.8., 1.10. und 1.12. auf ein mit i=3% p.a. verzinstes Konto angespart werden. Wie hoch müssen die Einzahlungen sein?

Regelmäßige Ein- und Auszahlungen, Ratenverträge und Renten - Beispiele

Bei ökonomischen Fragestellungen geht es häufig nicht nur um eine einzelne Ein- und Auszahlung. Vielmehr werden z. B. regelmäßige Einzahlungen gleicher Höhe (hier nur jeweils am Jahresbeginn betrachtet) auf ein Konto vorgenommen, um nach n Jahren über einen gewissen Betrag verfügen zu können.

Oder aber – andererseits – soll ein angesparter Betrag durch regelmäßige Auszahlungen gleicher Höhe in n Jahren vollständig verbraucht werden.

In den Abschnitten 15.6 ab Seite 241 bzw. 15.7 ab Seite 244 des Buches [22] wurden dazu die benötigten Formeln entwickelt.

Beispiel 17.8: In eine Lebensversicherung werden 30 Jahre lang jeweils am Jahresende 1 500€ eingezahlt. Welcher Betrag steht bei einer Verzinsung mit dem Zinssatz i=4 % p.a. nach diesen 30 Jahren zur Verfügung?

Lösung: Da die Einzahlungen am *Jahresende* erfolgen, muss mit der Beziehung

(17.11a) $$K_n = r \cdot \frac{1-(1+i)^n}{1-(1+i)}$$

gearbeitet werden, die sich mit der auf den Seiten 242 und 243 von [22] beschriebenen Methodik herleiten lässt. Denn man muss berücksichtigen, dass nur *n-1* Einzahlungen verzinst werden - durch die Einzahlungen *am Jahresende* geht ein Zinsjahr „verloren".

Setzen wir in (17.11a) ein: $r=1500$, $n=30$, $i=0{,}04$:

(17.11b) $$K_{30} = 1500 \cdot \frac{1-(1+0{,}04)^{30}}{1-(1+0{,}04)} = 841274{,}07$$

Antwortsatz: Es steht am Ende des dreißigsten Jahres ein Betrag von 841 274,07€ zur Verfügung.

Beispiel 17.9: Wie lange hätte man am Ende eines jeden Jahres einen Beitrag von 400€ einzahlen müssen, damit bei einem Zinssatz von i=8 % p.a. nach diesen n Jahren ein Kapital von 20 000€ zur Verfügung steht?

Lösung: Da wiederum Einzahlungen am Jahresende betrachtet werden, muss die Formel (17.11a) verwendet werden. Sie ist nach n aufzulösen, dazu werden wieder die Gesetze der Logarithmenrechnung verwendet:

(17.12a)
$$\begin{aligned} K_n &= r \cdot \frac{1-(1+i)^n}{1-(1+i)} = r \cdot \frac{(1+i)^n - 1}{i} \\ &\Rightarrow (1+i)^n = \frac{K_n}{r} i + 1 \\ &\Rightarrow n \cdot \ln(1+i) = \ln(\frac{K_n}{r} i + 1) \\ &\Rightarrow n = \frac{\ln(\frac{K_n}{r} i + 1)}{\ln(1+i)} \end{aligned}$$

Nun wird eingesetzt: $K_n=20000$, $r=400$, $i=0{,}08$:

(17.12b) $$n = \frac{\ln(\frac{K_n}{r} i + 1)}{\ln(1+i)} = \frac{\ln(\frac{20\,000}{400} 0{,}08 + 1)}{\ln(1+0{,}08)} = 20{,}9$$

Antwortsatz: Bei dem gegebenen Jahreszinssatz müssen über einen Zeitraum von 21 Jahren jeweils am Jahresende 400€ eingezahlt werden.

Beispiel 17.10: Von einem mit i=*3,5%* p.a. verzinsten Konto sollen über 20 Jahre regelmäßig am Jahresanfang 12000€ ausgezahlt werden.

a) Welcher Betrag muss dafür angespart worden sein?

b) Als Rentenbarwert könnte ein Lottogewinn von 100000€, der 15 Jahre lang mit i=*4%* p.a. verzinst wurde, zur Verfügung stehen. Wäre der damit angesparte Betrag ausreichend für diese Rentenzahlungen?

Lösung von a): Gefragt ist hier nach dem *Barwert* B_0 *einer vorschüssigen Rente*. Dafür ist in [22] auf Seite 248 die Formel (15.18c) hergeleitet worden:

$$(17.13a) \quad B_0 = r \cdot \frac{(\frac{1}{1+i})^n - 1}{\frac{1}{1+i} - 1}$$

Mit den Zahlenwerten r=*12000*, n=*20* und i=*0,035* erhält man

$$(17.13b) \quad B_0 = 12000 \cdot \frac{(\frac{1}{1+0{,}035})^{20} - 1}{\frac{1}{1+0{,}035} - 1} = 176518{,}05$$

Antwortsatz: Wenn das Rentenkonto mit 176518,05€ eröffnet wird, kann die gewünschte vorschüssige Jahresrente 20 Jahre lang gezahlt werden.

Lösung von b): Jetzt wird nur die *Zinseszinsformel* benötigt, da lediglich geprüft werden muss, ob sich K_0=*100000* durch das Verzinsen ausreichend bis zum benötigten Rentenbarwert erhöht:

$$(17.13c) \quad K_{15} = 100000 \cdot (1+0{,}04)^{15} = 180094{,}35$$

Antwortsatz: Zur Finanzierung der vorschüssigen Rente werden 176518,05€ benötigt, da der Lottogewinn durch die Verzinsung auf den noch größeren Betrag von 180049,35€ anwächst, reicht er zur Finanzierung der Rente sicher aus.

Beispiel 17.11: Ein Unternehmer setzte sich am 1.1.1968 mit 250000DM, zu 8% p.a. angelegt, zur Ruhe.

a) Welche gleichbleibende nachschüssige Rente konnte er ab 1970 jährlich davon 16 Jahre lang abheben, so dass dann das Kapital aufgebraucht ist?

b) Welchen Betrag hat er am 1.1.1974 noch auf seinem Konto, wenn er ab 1968 jährlich vorschüssig 30000DM abgehoben hat?

Lösung zu a): Stellen wir zunächst in Bild 17.6a die Zahlungsverläufe grafisch dar. Zunächst werden die 250000DM zwei Jahre lang aufgezinst – dieser Zeitraum ist in der Bildunterschrift als *Ansparphase* bezeichnet worden.

Im Ergebnis dieser Ansparphase entsteht der Rentenbarwert B_0, der als Ausgangspunkt für die 16 nachschüssig zu zahlenden Renten gilt.

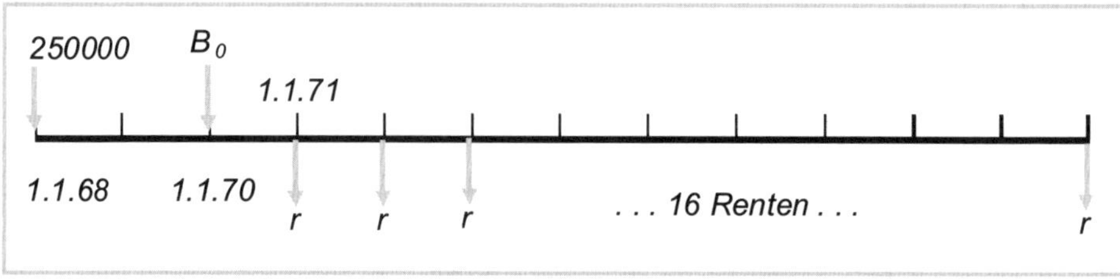

Bild 17.6a: Ansparphase und danach 16 nachschüssige Renten

Nach der Zinseszinsformel erhält man zuerst den Rentenbarwert:

(17.14a) $B_0 = 250000 \cdot (1+0{,}08)^2 = 291600$

Anschließend ist die Barwertformel einer nachschüssigen Rente (siehe Seite 246 in [22])

(17.14b) $$B_0 = r \cdot \frac{1}{1+i} \cdot \frac{(\frac{1}{1+i})^n - 1}{\frac{1}{1+i} - 1}$$

nach r umzustellen:

(17.14c) $$r = \frac{B_0(1+i)(\frac{1}{1+i} - 1)}{(\frac{1}{1+i})^n - 1} = \frac{B_0 \cdot i}{1 - (\frac{1}{1+i})^n}$$

Nun können die Zahlenwerte B_0=*291 600*, i=*0,08* und n=*16* eingesetzt werden:

(17.14d) $$r = \frac{B_0 \cdot i}{1 - (\frac{1}{1+i})^n} = \frac{291600 \cdot 0{,}08}{1 - (\frac{1}{1+0{,}08})^{16}} = 32944{,}06$$

Antwortsatz: Es könnten nachschüssig 16 Renten zu je 32 944,06 DM gezahlt werden.

Lösung zu b): Wieder dient der Zeitstrahl zur Veranschaulichung der Zahlungsverläufe.

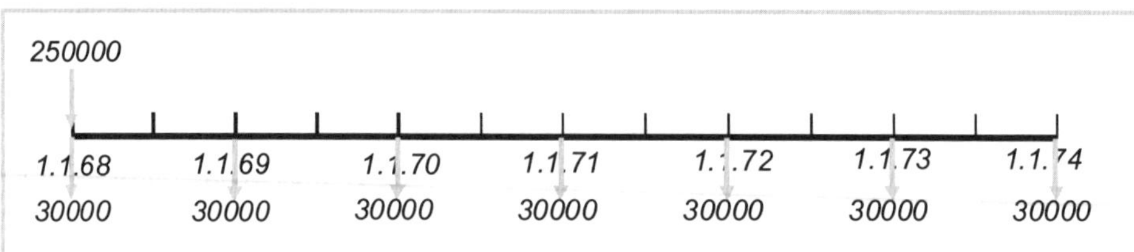

Bild 17.6b: Einige Renten, nicht geleertes Rentenkonto

Da aus dem Text nicht klar hervorgeht, ob der Kontostand vor oder nach der Rentenzahlung gesucht ist, wird hier der Kontostand *nach der Rentenzahlung* bestimmt.

Zur Zahlung der sieben vorschüssigen Renten müsste am 1. 1. 1968 lediglich ein Betrag von

(17.15a) $$B_0 = 30\,000 \cdot \frac{1-(\frac{1}{1+0{,}8})^7}{1-\frac{1}{1+0{,}8}} = 168686{,}39$$

auf dem Rentenkonto bereitgestellt werden. Demzufolge wird von den zur Verfügung gestellten 250000 DM der Differenzbetrag in Höhe von 81313,61 DM zur Rentenzahlung nicht benötigt. Dieser Betrag wird vielmehr sechs Jahre lang mit 8% p.a. verzinst, er wächst damit an auf den Betrag von 129034,48€:

(17.15b) $$81313{,}61 \cdot (1+0{,}08)^6 = 129034{,}48$$

Antwortsatz: Der Kontostand am 1. 1. 1974 würde nach der Zahlung der sieben Renten bei 129 034,48 DM liegen.

Die Lösungen finden Sie ab Seite 218

Regelmäßige Ein- und Auszahlungen, Ratenverträge und Renten - Übungsaufgaben

Aufgabe 17.12: Lisa Fürsorgend zahlt für ihre Altersvorsorge regelmäßig am Jahresende einen Betrag von 500€ auf ein mit 5% p.a. verzinstes Konto ein. Wie lange muss sie einzahlen, um einen Betrag von 40000€ abheben zu können?

Aufgabe 17.13: Auf einem Konto befinden sich 50000€, die durch regelmäßige Sparraten von 2500€ angespart wurden. Die Sparraten sind jeweils am Jahresanfang eingezahlt worden, das Konto wurde mit $i=8\,\%$ p.a. verzinst. Wie lange ist gespart worden?

Aufgabe 17.14: Ein Vater will seinem Sohn zur Finanzierung seines Studiums einen Betrag von 36000€ zur Verfügung stellen. Wie lange muss der Vater sparen, wenn er jeweils am Jahresende einen Betrag von 4000€ einzahlen kann und dieses Geld mit 4,5% p.a. verzinst wird? Wie lange könnte der Sohn studieren, wenn er am Jahresanfang jeweils einen Betrag von 7200€ gezahlt bekommt, der Zinssatz jetzt aber nur noch bei 4% p.a. liegt?

Aufgabe 17.15: Gegeben ist eine in den Jahren 2005 bis 2018 nachschüssig zahlbare Rente der Höhe $r=24\,000$€. Der Zinssatz ist konstant $i=7\,\%$ p.a.

Wie groß ist der Barwert dieser Rente? Die gegebene Rente soll äquivalent umgewandelt werden in eine zehnmalige Rente, deren erste Jahresrate am 1. 1. 2007 fällig war. Wie hoch ist diese Jahresrente?

Aufgabe 17.16: Beginnend mit dem 1. 1. 2005 soll vorschüssig eine Jahresrente mit $r=6\,000$€ gezahlt werden. Welches Kapital muss dazu am 1. 1. 2005 vorhanden sein, wenn bei einem Zinssatz von i=5% p.a. eine Zahlungsdauer von 10 Jahren vereinbart wurde?

Welches Kapital hätte am 1. 1. 2000 eingezahlt werden müssen, damit eine solche Rentenzahlung möglich ist? Der Zinssatz soll auch hier $i=5\,\%$ p.a. betragen.

Aufgabe 17.17: Welchen Betrag muss man 40 Jahre lang jeweils am Jahresende einzahlen, um anschließend 20 Jahre lang über eine jährliche vorschüssige Rente von 36000€ verfügen zu können? Der Zinssatz beträgt in der Sparphase 5% p.a. und in der anschließenden Rentenphase 4% p.a.

Aufgabe 17.18: Wie lange kann man von einem mit $i=5{,}5\,\%$ p.a. verzinsten Konto jeweils am Jahresanfang 500€ abheben, wenn zu Beginn 40000€ auf diesem Konto vorhanden waren?

Aufgabe 17.19: Franz F. wurde 32 Jahre alt. Er entschloss sich, ab dem 1. 1. 2009 über 20 Jahre jährlich 2400€ mit fest vereinbartem Zinssatz von $i=4\,\%$ p.a. zu sparen.

In den folgenden 8 Jahren (ab 1. 1. 2029) wird der angesparte Betrag mit einem Zinssatz von $i=6\,\%$ p.a. festgelegt. Ab 1. 1. 2037 soll jeweils am 1. Januar eine Jahresrente über 15 Jahre ausgezahlt werden. Für diese Zeit ist ein Zinssatz von $i=5\,\%$ p.a. vereinbart.

Mit welcher Rente kann Franz F. rechnen?

Tilgungen - Beispiele dafür, wie es richtig gemacht wird

Einen breiten Problemkreis von Aufgaben der Finanzmathematik kann man mit der Überschrift „Tilgungen" versehen. Dabei werden solche Fragen betrachtet, wie zum Beispiel die Frage nach der Höhe eines möglichen Kredits, wenn der *Schuldzinssatz*, die *jährliche Belastung* und die *Laufzeit* der Tilgungszahlungen bekannt sind.

Es wird auch hier in *Jahresscheiben* gedacht, d. h., die Kreditaufnahme erfolgt am *Jahresanfang*, die Überweisungen zur Kredittilgung erfolgen am *Jahresende*.

Um einen guten Überblick über die Entwicklung der Restschuld zu bekommen, werden wir für unterschiedliche Zahlungsweisen jeweils den *Tilgungsplan* aufstellen.

Beispiel 17.12: Ein Unternehmen muss einen Kredit in Höhe von 300000€ innerhalb von sechs Jahren zurückzahlen, der Schuldzinssatz sei konstant $i=9\,\%$ p.a. Für folgende Vereinbarungen sind die zugehörigen Tilgungspläne aufzustellen:

a) Rückzahlung inklusive aller Zinsen in einem Betrag am Ende des letzten Jahres

b) Jährliche Zinszahlung (Tilgungsstreckung), aber Tilgung nur in einem Betrag am Ende des letzten Jahres

c) Ratentilgung

d) Annuitätentilgung

e) Tilgungsbeträge: 100000€ nach 2 Jahren, 150000€ nach 4 Jahren, Resttilgung am Ende des 6. Jahres, Zinszahlungen jährlich

Lösung zu a): Dieser Weg der Rückzahlung ist der teuerste Weg, denn die Bank wird natürlich in jedem Jahr die anfallenden Zinsen der Restschuld zuschlagen. Am Ende des 6. Jahres müssen daher $300000 \cdot 1{,}09^6 = 503130{,}03$€ an die Bank überwiesen werden.

Hier verteuert der Zinseszinseffekt den Kredit erheblich.

Jahr	Jahresbeginn	Jahresende		
	Restschuld	Zins	Tilgung	Annuität = Zins + Tilgung
1	300.000,00	27.000,00		
2	327.000,00	29.430,00		
3	356.430,00	32.078,70		
4	388.508,70	34.965,78		
5	423.474,48	38.112,70		
6	461.587,19	41.542,85	461.587,19	503.130,03

Bild 17.7a: Tilgungsplan für Variante a)

Lösung zu b): Bedient man in jedem Jahr wenigstens die Zinsen, wählt also ein *Modell der Tilgungsstreckung*, so entfällt der Zinseszinseffekt, der Kredit kann insgesamt günstiger getilgt werden:

Jahr	Jahresbeginn	Jahresende		
	Restschuld	Zins	Tilgung	Annuität = Zins + Tilgung
1	300.000,00	27.000,00		27.000,00
2	300.000,00	27.000,00		27.000,00
3	300.000,00	27.000,00		27.000,00
4	300.000,00	27.000,00		27.000,00
5	300.000,00	27.000,00		27.000,00
6	300.000,00	27.000,00	300.000,00	327.000,00

Bild 17.7b: Tilgungsplan für Variante b)

Die *Gesamtkosten für den Kredit* liegen damit bei $300\,000 + 6 \cdot 27\,000 = 462\,000$€.

Lösung zu c): Beim Modell der *Ratentilgung* wird die Kredithöhe (hier 300000€) in n gleichgroße Tilgungsbeiträge geteilt (hier sind es 6 Raten zu je 50000€). Damit entsteht folgender Tilgungsplan:

Jahr	Jahresbeginn	Jahresende		
	Restschuld	Zins	Tilgung	Annuität = Zins + Tilgung
1	300.000,00	27.000,00	50.000,00	77.000,00
2	250.000,00	22.500,00	50.000,00	72.500,00
3	200.000,00	18.000,00	50.000,00	68.000,00
4	150.000,00	13.500,00	50.000,00	63.500,00
5	100.000,00	9.000,00	50.000,00	59.000,00
6	50.000,00	4.500,00	50.000,00	54.500,00

Bild 17.7c: Tilgungsplan für Variante c)

Die *Gesamtkosten des Kredits* (d. h. die Summe aller Annuitäten) betragen bei dieser Zahlungsweise 394500€.

Wie in Bild 17.7c zu erkennen ist, ist bei der Ratentilgung die jährliche Belastung in den ersten Jahren sehr hoch. Um dieses zu vermeiden, wählt man besser die Annuitätentilgung – ein Tilgungsmodell mit konstanter jährlicher Belastung.

Lösung zu d): Für das betrachtete Modell mit K0=300000, n=6 und i=0,09 muss zuerst die *konstante Annuität* bestimmt werden.

Dazu wird die Annuitätenformel in der Form (15.19f) von Seite 251 aus [22] verwendet:

$$(17.16) \quad a = K_0(1+i)^n \cdot \frac{1-(1+i)}{1-(1+i)^n}$$

Nach Einsetzen der Zahlenwerte ergibt sich eine *Annuität* (d. h. die *konstante jährliche Belastung*) von 66875,93€:

Jahr	Jahresbeginn	Jahresende		
	Restschuld	Zins	Tilgung	Annuität
1	300.000,00	27.000,00	39.875,93	66.875,93
2	260.124,07	23.411,17	43.464,76	66.875,93
3	216.659,31	19.499,34	47.376,59	66.875,93
4	169.282,71	15.235,44	51.640,49	66.875,93
5	117.642,23	10.587,80	56.288,13	66.875,93
6	61.354,10	5.521,87	61.354,10	66.875,97

Bild 17.7d: Tilgung mit konstanter jährlicher Belastung

Aufgrund von Rundungsfehlern ergibt sich bei der letzten Annuität eine geringfügige Abweichung von dem nach (17.16) ermittelten Wert. Die *Kosten des Kredits* liegen bei diesem Tilgungsmodell bei insgesamt 401255,62€. Durch die Tilgungszahlungen, auch wenn sie in den ersten Jahren nicht sehr hoch sind, sinkt die Restschuld. Man nennt die Annuitätentilgung deshalb auch „Tilgung inklusive ersparter Zinsen“.

Lösung von e): Bei dem letztgenannten Tilgungsmodell werden durch unregelmäßige Tilgungszahlungen und unregelmäßige Überweisungen der Zinsen die jährlichen Belastungen sehr unregelmäßig sein.

Jahr	Jahresbeginn	Jahresende		
	Restschuld	Zins	Tilgung	Annuität = Zins + Tilgung
1	300.000,00	27.000,00		27.000,00
2	300.000,00	27.000,00	100.000,00	127.000,00
3	200.000,00	18.000,00		18.000,00
4	200.000,00	18.000,00	150.000,00	168.000,00
5	50.000,00	4.500,00		4.500,00
6	50.000,00	4.500,00	50.000,00	54.500,00

Bild 17.7e: Tilgungsplan nach Tilgungsmodell e)

Der Kredit kostet bei dem letztgenannten Tilgungsmodell insgesamt 399 000€.

Beispiel 17.13: Schlaubi hat ausgerechnet, dass er bei größter Sparsamkeit eine jährliche Belastung von $a=12\,000€$ zur Tilgung eines Kredits tragen kann. Als Kreditsumme denkt er bei einer Laufzeit von $n=20$ Jahren und einem Schuldzins von $i=8{,}5\,\%$ p.a. an einen betrag von $K_0=200\,000€$.

a) Wird seine Hausbank ernsthaft über eine Kreditgewährung in dieser Höhe nachdenken?

b) Welchen Kredit könnte er stattdessen bekommen?

Lösung zu a): Bei einem Kreditbetrag von $K_0=200\,000€$ sind im ersten Jahr bereits 17 500€ an Zinsen fällig – Schlaubi könnte nicht einmal die Zinsen bedienen, an eine Tilgung wäre erst recht nicht zu denken. Eine seriöse Bank würde ihm einen solchen Kredit niemals gewähren!

Lösung zu b): Mit $K_{20}=0$ erhält man mit der Formel (15.19e) von Seite 251 aus [22]:

$$0 = K_0 \cdot (1+0{,}085)^{20} - 12000 \cdot \frac{1-(1+0{,}085)^{20}}{1-(1+0{,}085)} \tag{17.17a}$$

Nach Umstellung und Auflösung nach K_0 ergibt sich schließlich

$$K_0 = \frac{12\,000}{1{,}085^{20}} \cdot \frac{1{,}085^{20}-1}{0{,}085} = 113560{,}04 \tag{17.17b}$$

Antwortsatz zu b): Die Bank kann ihm bei der von ihm vorgeschlagenen Annuität höchstens einen Kredit in Höhe von 113 560,04€ gewähren.

Beispiel 17.14: Eine Anleihe soll in gleichen Annuitäten mit 8,5 % p.a. verzinst und mit 2 % (zuzüglich ersparter Zinsen) getilgt werden.

a) Welche Laufzeit hat die Anleihe bis zur vollständigen Tilgung?

b) Nach welcher Zeit sind 51 % der Schuld getilgt?

Losung zu a): Die Annuität im ersten Tilgungsjahr erhält man über die Summe aus dem Zins (also $0{,}085 \cdot K_0$) und Tilgung (also $0{,}02 \cdot K_0$):

$$a = 0{,}085 \cdot K_0 + 0{,}02 \cdot K_0 = 0{,}105 \cdot K_0 \tag{17.18a}$$

Diese Annuität $a=0{,}105 \cdot K_0$ soll konstant über die gesamt Laufzeit sein. Da mit dieser Annuität nach n Jahren der Kredit getilgt sein soll, folgt aus (15.19e) von Seite 251 in [22] eine Beziehung, die nur von K_0 und n abhängt:

$$0 = K_0 \cdot (1+0{,}085)^n - 0{,}105 \cdot K_0 \cdot \frac{1-(1+0{,}085)^n}{1-(1+0{,}085)} \tag{17.18b}$$

Beide Seiten dieser Gleichung können nun durch K_0 dividiert werden und enthalten danach nur noch die Unbekannte n:

(17.18c) $$0=(1+0{,}085)^n-0{,}105\cdot\frac{1-(1+0{,}085)^n}{1-(1+0{,}085)}$$

Anschließend wird der Ausdruck $(1+0{,}085)^n$ einfacher geschrieben als $1{,}085^n$, und die Gleichung wird nach $1{,}085^n$ aufgelöst:

$$0=1{,}085^n-0{,}105\cdot\frac{1-1{,}085^n}{-0{,}085}$$

$$=1{,}085^n-\frac{0{,}105}{0{,}085}1{,}085^n+\frac{0{,}105}{0{,}085}$$

(17.18d) $$=1{,}085^n(1-\frac{0{,}105}{0{,}085})+\frac{0{,}105}{0{,}085}$$

$$\Rightarrow 1{,}085^n=-\frac{\frac{0{,}105}{0{,}085}}{(1-\frac{0{,}105}{0{,}085})}=5{,}25$$

Durch Anwendung der Logarithmengesetze lässt sich dann n bestimmen:

(17.18e)
$$1{,}085^n=5{,}25$$
$$\Rightarrow n\cdot\ln 1{,}085=\ln 5{,}25$$
$$\Rightarrow n=\frac{\ln 5{,}25}{\ln 1{,}085}=20{,}33$$

Antwortsatz zu a): Die Laufzeit der Anleihe bis zur vollständigen Tilgung liegt bei 20,33 Jahren.

Lösung von b): Wenn 51 % der Schuld getilgt sind, liegt die Restschuld noch bei 49 %. Die Formel (15.19e) von Seite 251 aus [22] liefert damit:

$$0{,}49\cdot K_0=K_0\cdot(1+0{,}085)^n-0{,}105\cdot K_0\frac{1-(1+0{,}085)^n}{1-(1+0{,}085)}$$

(17.19a) $$0{,}49\cdot K_0=K_0\cdot 1{,}085^n-0{,}105\cdot K_0\frac{1-1{,}085^n}{1-1{,}085}$$

$$0{,}49\cdot K_0=K_0\cdot 1{,}085^n-0{,}105\cdot K_0\frac{1{,}085^n-1}{0{,}085}$$

Nun können beide Seiten dieser Gleichung durch K_0 dividiert werden – dann ergibt sich eine Gleichung, die nur noch von n abhängt. Diese Gleichung wird anschließend wieder nach $1{,}085^n$ aufgelöst:

$$0{,}49 = 1{,}085^n - 0{,}105\frac{1{,}085^n - 1}{0{,}085}$$

$$= 1{,}085^n - \frac{0{,}105}{0{,}085}1{,}085^n + \frac{0{,}105}{0{,}085}$$

(17.19b)
$$= 1{,}085^n\left(1 - \frac{0{,}105}{0{,}085}\right) + \frac{0{,}105}{0{,}085}$$

$$\Rightarrow 1{,}085^n = \frac{0{,}49 - \frac{0{,}105}{0{,}085}}{1 - \frac{0{,}105}{0{,}085}} = 3{,}1675$$

Schließlich kann mit Hilfe des natürlichen Logarithmus der Zahlenwert für n bestimmt werden:

(17.19c)
$$1{,}085^n = 3{,}1675$$
$$\Rightarrow n \cdot \ln 1{,}085 = \ln 3{,}1675$$
$$\Rightarrow n = \frac{\ln 3{,}1675}{\ln 1{,}085} = 14{,}13$$

Antwortsatz zu b): Nach etwas mehr als 14 Jahren sind 51 % der Schuld getilgt.

Die Lösungen finden Sie ab Seite 222

Tilgungen - Übungsaufgaben

Aufgabe 17.20: Eine Hypothek zu 7 % p.a. über 120000€ soll nach 30 Jahren getilgt sein. Wie hoch sind die Annuität a und die Anfangstilgung?

Aufgabe 17.21: Ein Kreditnehmer kann Annuitäten von 24 000 € zahlen.

Welche Kreditsumme kann bei einem Zinssatz von $i=7\%$ p.a. und einer vereinbarten Laufzeit von 20 Jahren höchstens beantragt werden ?

Aufgabe 17.22: Für den Bau eines Mietshauses wurde am 1. 1. 2002 ein Kredit in Höhe von 2,5 Millionen € zu einem Zinssatz von $i=8\%$ p.a. aufgenommen.

Der jährliche Gewinn aus diesem Haus liegt bei 400 000€, die zur Tilgung des Darlehens und zur Bedienung der Zinsen aufgenommen werden können, also gilt $a = 400\,000$€.

a) Wann ist die Restschuld Null, d.h., wann hat sich der Bau amortisiert?

b) Wie hoch ist die Restschuld nach 5 Jahren der Tilgung?

L1 Elementares mathematisches Handwerkszeug: Lösungen

Ergebnisse und Lösungen zu Aufgabe 1.1 von Seite 14

(L1.07) $(3x)(-2y)-(-5x)(-4y)+(-y)(6x)-(4x)(-9y)=4xy$

(L1.08) $(5n-7p-8m)-(2p-m-3n)+(9m-8n+7p)=2(m-p)$

(L1.09) $6x-[2y-\{4z+(3x-2y)+2x\}-5z]=11x-4y+9z$

(L1.10)
$$\begin{aligned}&18a^2-\{24a^2+[-36b^2-(-18a^2+4b^2)+48b^2]-20a^2\}\\&=18a^2-\{24a^2-36b^2-(-18a^2+4b^2)+48b^2-20a^2\}\\&=18a^2-\{24a^2-36b^2+18a^2-4b^2+48b^2-20a^2\}\\&=18a^2-\{22a^2+8b^2\}=18a^2-22a^2-8b^2\\&=-4a^2-8b^2=-4(a^2+2b^2)\end{aligned}$$

Für alle diejenigen Aufgaben, bei denen hier nur die Ergebnisse angegeben wurden, kann der ausführliche Rechenweg im Internet auf der Seite

`http://www.w-g-m.de/bwl-loesg.html`

unter „Aufgabe 1.1" eingesehen werden.

Ergebnisse und Lösungen zu Aufgabe 1.2 von Seite 14

(L1.11) $(\frac{3}{4}a+\frac{2}{3}b)(-\frac{4}{5}a-\frac{9}{8}b)=-\frac{3}{5}a^2-\frac{661}{480}ab-\frac{3}{4}b^2$

(L1.12) $(2a+3b+4c)(a-2b-3c)=2a^2-ab-2ac-6b^2-17bc-12c^2$

(L1.13)
$$\begin{aligned}&(k+9)(k+7)-(k+4)^2-(k+1)(k-1)+(k-2)^2\\&=k^2+16k+63-(k^2+8k+16)-(k^2-1)+k^2-4k+4\\&=2k^2+12k+67-k^2-8k-16-k^2+1\\&=4k+52=4(k+13)\end{aligned}$$

(L1.14) $(12uvw-2uvz+6uvwz):(9uv)=\dfrac{12uvw-2uvz+6uvwz}{9uv}=\frac{4}{3}w-\frac{2}{9}z+\frac{2}{3}wz$

Siehe auch:

`http://www.w-g-m.de/bwl-loesg.html`

unter „Aufgabe 1.2".

Ergebnisse und Lösungen zu Aufgabe 1.3 von Seite 14

(L1.15) $$\frac{a^2b-ab^2}{a^2c-ac^2}=\frac{b(a-b)}{c(a-c)}$$

(L1.16) $$\frac{(u-v)^2}{u^2-v^2}=\frac{(u-v)(u-v)}{(u+v)(u-v)}=\frac{u-v}{u+v}$$

(L1.17) $$\frac{u-v}{v-u}=\frac{(-1)(v-u)}{v-u}=-1$$

Siehe auch:

`http://www.w-g-m.de/bwl-loesg.html`

unter „Aufgabe 1.3".

Ergebnisse und Lösungen zu Aufgabe 1.4 von Seite 14

(L1.18) $$\frac{x}{x-y}-1=\frac{x}{x-y}-\frac{x-y}{x-y}=\frac{x-(x-y)}{x-y}=\frac{y}{x-y}$$

(L1.19) $$\frac{u}{v}+\frac{u+v}{u-v}-\frac{v}{u}=\frac{u^3+v^3}{uv(u-v)}$$

(L1.20) $$\frac{x+y}{x-y}+\frac{x-y}{x+y}-2\frac{x^2+y^2}{x^2-y^2}=0$$

(L1.21)
$$\begin{aligned}
&\frac{q+1}{q^2-q}-\frac{q-1}{q^2+q}+\frac{1}{q}-\frac{4}{q^2-1}\\
&=\frac{q+1}{q(q-1)}-\frac{q-1}{q(q+1)}+\frac{1}{q}-\frac{4}{(q-1)(q+1)}\\
&=\frac{(q+1)^2-(q-1)^2+(q-1)(q+1)-4q}{q(q-1)(q+1)}\\
&=\frac{(q^2+2q+1)-(q^2-2q+1)+(q^2-1)-4q}{q(q-1)(q+1)}\\
&=\frac{q^2-1}{q(q-1)(q+1)}=\frac{1}{q}
\end{aligned}$$

Siehe auch:

`http://www.w-g-m.de/bwl-loesg.html`

unter „Aufgabe 1.4".

L2 Potenzen, Wurzeln, Logarithmen: Lösungen

Ergebnisse und Lösungen zu Aufgabe 2.1 von Seite 18

(L2.23) $$\left(\frac{v^{-2}x^{2}}{u^{3}y^{-4}}\right)^{-2} : \left(\frac{y^{-1}u^{2}}{x^{2}v^{0}}\right)^{3} = \frac{x^{2}v^{4}}{y^{5}}$$

(L2.24) $$\sqrt[5]{\sqrt[3]{x^{5}y^{10}z^{15}}} = z\sqrt[3]{x \cdot y^{2}}$$

(L2.25) $$\sqrt{\frac{x}{y}} \cdot \sqrt[12]{\frac{y^{3}}{x}} : \sqrt[4]{\frac{y}{x}} = \frac{\sqrt{\frac{x}{y}} \cdot \sqrt[12]{\frac{y^{3}}{x}}}{\sqrt[4]{\frac{y}{x}}} = \frac{(x^{\frac{1}{2}}y^{-\frac{1}{2}})(y^{\frac{3}{12}}x^{-\frac{1}{12}})}{y^{\frac{1}{4}}x^{-\frac{1}{4}}}$$

$$= \frac{x^{\frac{1}{2}}y^{\frac{1}{4}}x^{\frac{1}{4}}}{y^{\frac{1}{2}}y^{\frac{1}{4}}x^{\frac{1}{12}}} = \frac{x^{\frac{3}{4}-\frac{1}{12}}}{y^{\frac{1}{2}}} = \frac{x^{\frac{2}{3}}}{y^{\frac{1}{2}}} = \frac{\sqrt[3]{x^{2}}}{\sqrt{y}}$$

Für alle diejenigen Aufgaben, bei denen hier nur die Ergebnisse angegeben wurden, kann der ausführliche Rechenweg im Internet auf der Seite

`http://www.w-g-m.de/bwl-loesg.html`

unter „Aufgabe 2.1" eingesehen werden.

Ergebnisse und Lösungen zu Aufgabe 2.2 von Seite 18

(L2.26) $\log_2 x = 5 \rightarrow 2^5 = x \rightarrow x = 32$

(L2.27) $\log_x 0{,}5 = -1 \rightarrow x^{-1} = 0{,}5 \rightarrow \frac{1}{x} = \frac{1}{2} \rightarrow x = 2$

(L2.28) $\log_{0,3} x = 4 \rightarrow x = 0{,}0081$

(L2.29) $x = \log_a \sqrt[n]{a} \rightarrow x = \log_a a^{\frac{1}{n}} \rightarrow x = \frac{1}{n}$

(L2.30) $\log_x 25 = 2 \rightarrow x = 5$

(L2.31) $x = \log_k \sqrt[3]{k^6} = \log_k k^{\frac{6}{3}} = \log_k k^2 = 2\log_k k = 2$

Für alle diejenigen Aufgaben, bei denen hier nur die Ergebnisse angegeben wurden, kann der ausführliche Rechenweg im Internet auf der Seite

`http://www.w-g-m.de/bwl-loesg.html`

unter „Aufgabe 2.2" eingesehen werden.

Ergebnisse und Lösungen zu Aufgabe 2.3 von Seite 18

Wie im Beispiel 2.6 von Seite 17 vorgeführt, ist die Formel

(L2.31a) $$K_n = r\frac{(1+i)^n - 1}{i}$$

nach n aufzulösen:

(L2.31b) $$\frac{K_n i}{r} + 1 = (1+i)^n \rightarrow \ln\left(\frac{K_n i}{r} + 1\right) = \ln((1+i)^n)$$
$$\rightarrow \ln\left(\frac{K_n i}{r} + 1\right) = n\ln(1+i) \rightarrow n = \frac{\ln\left(\frac{K_n i}{r} + 1\right)}{\ln(1+i)}$$

Mit den Werten der Aufgabenstellung $K_n=80000$, $r=8229{,}12$, $i=0{,}055$ ergibt sich

(L2.31c) $$n = \frac{\ln\left(\frac{80000 \cdot 0{,}055}{8229{,}12} + 1\right)}{\ln(1{,}055)} = 8$$

Antwortsatz: Es muss 8 Jahre lang dieser Betrag eingezahlt werden.

L3 Lineare und quadratische Gleichungen: Lösungen

Ergebnisse und Lösungen zu Aufgabe 3.1 von Seite 23

(L3.23) $13-(5x+2)=8x-20-(x-7) \rightarrow x=2$

(L3.24) $3(5x-7a)+5(3b-7x)=7(5b-3a) \rightarrow x=-b$

(L3.25) $(3x-2)(x+7)-(4x-1)(1+x)=(x-2)(5-x) \rightarrow x=\frac{1}{3}$

(L3.26) $\frac{x+1}{15}+\frac{2x-10}{5}=3-\frac{3x-16}{3} \rightarrow x=7$

(L3.27)
$$\frac{5x-1}{2x-1}-\frac{5x+2}{2(2x-1)}-\frac{4x-1}{3(2x-1)}+\frac{7x-2}{4(2x-1)}=1 \,|\cdot 12(2x-1) \quad x\neq\frac{1}{2}$$
$$12(5x-1)-6(5x+2)-4(4x-1)+3(7x-2)=12(2x-1)$$
$$11x=14$$
$$x=\frac{14}{11}$$

(L3.28) $\frac{1}{8-4x}-\frac{1}{8}+\frac{x}{16+8x}=\frac{x+5}{16-4x^2} \rightarrow x=5 \qquad |x|\neq 2$

Für alle diejenigen Aufgaben, bei denen hier nur die Ergebnisse angegeben wurden, kann der ausführliche Rechenweg im Internet auf der Seite

`http://www.w-g-m.de/bwl-loesg.html`

unter „Aufgabe 3.1“ eingesehen werden.

Ergebnisse und Lösungen zu Aufgabe 3.2 von Seite 23

(L3.29) $x^2+22x+112=0 \rightarrow x_1=-8 \quad x_2=-14$

(L3.30) $\frac{3}{8}x^2-\frac{9}{20}x+\frac{2}{15}=0 \rightarrow x_1=\frac{2}{3} \quad x_2=\frac{8}{15}$

(L3.31) $(x-4)^2+(x-7)^2=29 \rightarrow x_1=9 \quad x_2=2$

(L3.32) Vor Beginn der Rechnung müssen die beiden Werte $x=1$ und $x=-1$ ausgeschlossen werden, denn es darf kein Nenner Null werden. Dann wird gerechnet:

$$\frac{2x+1}{x-1}-\frac{3x-4}{x+1}=\frac{3x+3}{x^2-1} \qquad |\cdot(x^2-1)$$

$$(2x+1)(x+1)-(3x-4)(x-1)=3x+3$$

$$x^2-7x+6=0 \rightarrow x_1=6 \qquad x_2=1$$

Das Rechenergebnis liefert nun doch die Zahl $x=1$, die ausgeschlossen werden musste. Also besitzt die Gleichung (3.32) von Seite 23 nur die *eine Lösung* $x=6$.

(L3.33) $$\frac{x-3}{2x+7}=\frac{3x+1}{x-5} \rightarrow x_{1,2}=-\frac{31}{10}\pm\sqrt{\frac{961}{100}+\frac{8}{5}}$$

(L3.34) $$a^2+\frac{a^2-b^2}{x^2-2x}=\frac{b^2(x+2)}{x-2}$$

$$x_1=\frac{a+b}{a-b} \qquad x_2=\frac{a-b}{a+b}$$

Für alle diejenigen Aufgaben, bei denen hier nur die Ergebnisse angegeben wurden, kann der ausführliche Rechenweg im Internet auf der Seite

`http://www.w-g-m.de/bwl-loesg.html`

unter „Aufgabe 3.2“ eingesehen werden.

Ergebnisse und Lösungen zu den Anwendungsaufgaben von Seite 25 und 26

Zu Aufgabe 3.3: *Antwortsatz:* Der Tank fasst 18 Liter Benzin.

Zu Aufgabe 3.4: Pumpe 1 braucht 4,5 Stunden, d.h. in einer Stunde werden durch sie 2/9 des Beckens geleert. Pumpe 2 leert in einer Stunde 4/27 des Beckens.

Gemeinsam brauchen beide Pumpen x Stunden. Es gilt also

(L3.35) $$x\cdot\left(\frac{2}{9}+\frac{4}{27}\right)=1 \rightarrow x=\frac{27}{10}$$

Antwortsatz: Gemeinsam brauchen beide Pumpen 27/10 Stunden, das heißt 2 Stunden und 42 Minuten.

Zu Aufgabe 3.5: *Antwortsatz:* Überschreitet der Preis 300 Geldeinheiten, dann werden keine Produkte mehr verkauft.

Für alle diejenigen Aufgaben, bei denen hier nur die Ergebnisse angegeben wurden, kann der ausführliche Rechenweg im Internet auf der Seite

`http://www.w-g-m.de/bwl-loesg.html`

unter „Aufgaben 3.3/3.5“ eingesehen werden.

L4 Ungleichungen: Lösungen

Ergebnisse und Lösungen zu Aufgabe 4.1 von Seite 32

(L4.29) $$2+\frac{3(x+1)}{8}<3-\frac{x-1}{4} \rightarrow x<\frac{7}{5}$$

(L4.30) Zur Lösung der Ungleichung $\frac{3x-5}{x-1}>2x-5$:

Fall 1: Wir grenzen den Untersuchungsbereich auf alle diejenigen x-Werte ein, für die der Nenner auf der linken Seite *positiv* wird, d.h., wir nehmen an, dass $x-1>0$ ist:

Annahme 1: $\boxed{x>1}$.

Unter dieser Annahme kann mit *(x-1) multipliziert* werden (ohne Änderung des Relationszeichens). Es ergibt sich nach der *Division durch minus zwei* (bei der das Relationszeichen wechselt) eine *quadratische Ungleichung*:

(L4.30a)
$$\begin{aligned} \frac{3x-5}{x-1}&>2x-5 && \mid\cdot(x-1)\\ 3x-5&>(2x-5)(x-1) \\ -2x^2+10x-10&>0 && \mid:(-2)\\ x^2-5x+5&<0 \end{aligned}$$

Die *p-q-Formel* liefert mit

(L4.30b) $$x_1=\frac{5+\sqrt{5}}{2} \qquad x_2=\frac{5-\sqrt{5}}{2}$$

die Grundlage für die Schreibweise der linken Seite der erhaltenen quadratischen Ungleichung als *Produkt von zwei Linearfaktoren*:

(L4.30c) $$\left(x-\frac{5+\sqrt{5}}{2}\right)\left(x-\frac{5-\sqrt{5}}{2}\right)<0$$

Damit das Produkt negativ wird, müssen beide Faktoren unterschiedliche Vorzeichen haben:

Fall 1.1: $$\begin{cases} x-\frac{5+\sqrt{5}}{2}>0 \\ x-\frac{5-\sqrt{5}}{2}<0 \end{cases}$$

Fall 1.2: $$\begin{cases} x-\frac{5+\sqrt{5}}{2}<0 \\ x-\frac{5-\sqrt{5}}{2}>0 \end{cases}$$

Die Schlussfolgerungsmenge für den Fall 1.1 ist leer: $S_{11} = \emptyset$.

Für den zweiten Fall 1.2 erhält man als Schlussfolgerungsmenge

(L4.30d) $$S_{12} = (\frac{5-\sqrt{5}}{2}, \frac{5+\sqrt{5}}{2})$$

Die *Gesamt-Schlussfolgerungsmenge* ergibt sich als *Vereinigung von S_{11} und S_{12}*:

(L4.30e) $$S_1 = S_{11} \cup S_{12} = S_{12} = (\frac{5-\sqrt{5}}{2}, \frac{5+\sqrt{5}}{2}) \approx (1{,}382\ ;\ 3{,}618)$$

Nun müssen wir uns daran erinnern, dass diese Schlussfolgerungsmenge S_1 entstanden ist aus der *Einschränkung des Untersuchungsbereiches auf das Intervall $x>1$.*

Folglich entsteht der *erste Teil der Lösungsmenge* aus der Menge aller x-Werte, die *sowohl in der Annahmemenge* als auch in der *Schlussfolgerungsmenge* liegen.

Unter Berücksichtigung des Zahlenbereiches (L4.30e) der Schlussfolgerungsmenge S_1 ergibt sich somit für den *ersten Teil der Lösungsmenge L_1*:

(L4.30f) $$L_1 = S_{12} = (\frac{5-\sqrt{5}}{2}, \frac{5+\sqrt{5}}{2}) \approx (1{,}382\ ;\ 3{,}618)$$

Fall 2: Wir grenzen jetzt den Untersuchungsbereich auf alle diejenigen x-Werte ein, für die der Nenner auf der linken Seite *negativ* wird, d.h., wir nehmen an, dass $x-1<0$ ist:

Annahme 2: $\boxed{x<1}$.

Unter dieser Annahme muss bei der Multiplikation mit $(x-1)$ auf die *Änderung des Relationszeichens* geachtet werden:

(L4.30g)
$$\begin{aligned} \frac{3x-5}{x-1} &> 2x-5 \qquad && |\cdot(x-1) \\ 3x-5 &< (2x-5)(x-1) && \\ -2x^2+10x-10 &< 0 && |:(-2) \\ x^2-5x+5 &> 0 \,| && \end{aligned}$$

Erneute Anwendung der *p-q-Formel* führt wiederum zur Schreibweise dieser quadratischen Ungleichung als *Produkt von Linearfaktoren*

(L4.30h) $$(x-\frac{5+\sqrt{5}}{2})(x-\frac{5-\sqrt{5}}{2}) > 0 \quad .$$

Damit das Produkt positiv wird, müssen *beide Faktoren gleiche Vorzeichen* haben:

Fall 2.1: $\begin{cases} x - \dfrac{5+\sqrt{5}}{2} > 0 \\ x - \dfrac{5-\sqrt{5}}{2} > 0 \end{cases}$ Fall 2.2: $\begin{cases} x - \dfrac{5+\sqrt{5}}{2} < 0 \\ x - \dfrac{5-\sqrt{5}}{2} < 0 \end{cases}$

Offensichtlich sind für $x > \dfrac{5+\sqrt{5}}{2}$ d.h. $x > 3{,}618$ beide Ungleichungen von Fall 2.1 erfüllt.

Im Fall 2.2 sind beide Ungleichungen erfüllt für $x < \dfrac{5-\sqrt{5}}{2}$ d.h. $x < 1{,}382$.

Folglich besteht die *Schlussfolgerungsmenge* dieses Falles aus allen x-Werten links von 1,382 und rechts von 3,618:

(L4.30i) $S_2 = (-\infty, 1{,}382) \cup (3{,}618, +\infty)$

Erneut müssen wir uns jetzt daran erinnern, dass diese Schlussfolgerungsmenge S_2 entstanden ist aus der *Einschränkung des Untersuchungsbereiches* auf das Intervall $x<1$.

Folglich entsteht der *zweite Teil der Lösungsmenge* aus der Menge aller x-Werte, die *sowohl in der zweiten Annahmemenge* $x<1$ als auch in der *Schlussfolgerungsmenge* S_2 liegen – das sind alle $x<1$:

(L4.30j) $L_2 = (-\infty, 1)$

Fassen wir nun zusammen:

Die Gesamt-Lösungsmenge L der Ungleichung (L4.30) ergibt sich aus der *Vereinigung der beiden Teil-Lösungsmengen* L_1 und L_2:

L4.30k) $L = L_1 \cup L_1 = (-\infty, 1) \cup (\dfrac{5-\sqrt{5}}{2}, \dfrac{5+\sqrt{5}}{2})$

(L4.31) Die Lösungsmenge der Ungleichung $2x^2 - 4x + 3 \leq (x+1)(x-9)$ ist *leer* – es gibt keine reelle Zahl x, die die Ungleichung erfüllt.

Für alle diejenigen Aufgaben, bei denen hier nur die Ergebnisse angegeben wurden, kann der ausführliche Rechenweg im Internet auf der Seite

`http://www.w-g-m.de/bwl-loesg.html`

unter „Aufgabe 4.1" eingesehen werden.

Ergebnisse und Lösungen zu Aufgabe 4.2 von Seite 32

Mit der gegebenen Gewinnfunktion *G(x)* ergibt sich folgende *Ungleichung*: Zu bestimmen sind alle Zahlen *x*, für die gilt

(L4.32a) $10x - x^2 - 21 > 0$

Zuerst muss diese Ungleichung auf die *Normalform einer quadratischen Ungleichung* gebracht werden:

(L4.32b)
$$\begin{aligned} -x^2 + 10x - 21 &> 0 \quad |\cdot(-1) \\ x^2 - 10x + 21 &< 0 \end{aligned}$$

Nachdem mit der *p-q-Formel* die beiden Lösungen der quadratischen Gleichung

(L4.32c) $x^2 - 10x + 21 = 0 \rightarrow x_1 = 7 \ , \ x_2 = 3$

berechnet wurden, kann die Ungleichung (L4.32b) in *Produktform* geschrieben werden:

(L4.32d) $(x-7)(x-3) < 0$

Damit ein Produkt negativ wird, müssen beide Faktoren verschiedene Vorzeichen haben. Das führt zu einer *Fallunterscheidung*:

$$\left.\begin{aligned} &\text{Annahme 1}: (x-7) > 0 \text{ und } (x-3) < 0 \rightarrow L_1 = \phi \\ &\text{Annahme 2}: (x-7) < 0 \text{ und } (x-3) > 0 \rightarrow L_2 = (3{,}7) \end{aligned}\right\} \rightarrow L = L_1 \cup L_2 = (3{,}7)$$

Antwortsatz: Liegt die abgesetzte Menge *x* im Bereich $3<x<7$, so gilt $G(x)>0$.

L5 Ökonomische Funktionen: Lösungen

Ergebnisse und Lösungen zu Aufgabe 5.1 von Seite 41

Nachfragefunktion:

(L5.01)
$$x = x(p) = -1000p + 15000$$
$$p = p(x) = 15 - \frac{1}{1000}x$$

Ergebnisse und Lösungen zu Aufgabe 5.2 von Seite 41

a) Erlösfunktion:

(L5.02a) $$E(x) = x \cdot p(x) = -\frac{1}{5}x^2 + 10x$$

Gewinnfunktion:

(L5.02b) $$G(x) = E(x) - K(x) = -\frac{1}{5}x^2 + 8x - 60$$

b) Grenzen der Gewinnzone:

(L5.02c) $$x_1 = 10, x_2 = 30$$

Das Unternehmen muss in einem Bereich $10<x<30$ produzieren und absetzen, um Gewinn zu erzielen.

c) Maximaler Erlös für $x=25$, Gewinn bei maximalem Umsatz $G(x=25)=15$

d) Gewinnmaximum bei $x=20$, $G(x=20)=20$

e) Preis im Gewinnmaximum $p(x=20)=6$

Für diese Aufgaben, bei denen hier nur die Ergebnisse angegeben wurden, kann der ausführliche Rechenweg im Internet auf der Seite

`http://www.w-g-m.de/bwl-loesg.html`

unter „Aufgaben 5.1 / 5.2“ eingesehen werden.

Ergebnisse und Lösungen zu Aufgabe 5.3 von Seite 41

Gegeben sind

(L5.03a)
$$p(x) = -0{,}25x + 4$$
$$K(x) = a_1 x + a_0$$

Wegen $K_{fix}=7{,}50=a_0$ und $a_1=0{,}75$ ergibt sich daraus die *Kostenfunktion* $K(x)=0{,}75x+7{,}50$.

Damit erhält man die *Erlösfunktion*

(L5.03b) $E(x) = x \cdot p(x) = -0{,}25x^2 + 4x$

Das *Erlösmaximum* liegt in der Mitte zwischen den Lösungen der Gleichung *E(x)=0*, die bei *x=0* und *x=16* liegen: Das Erlösmaximum wird für *x=8* erzielt und liegt bei *E(x=8)=16*. Der erzielte Preis liegt bei *p(x=8)=2*.

Die *Gewinnfunktion* ist die Differenz aus Erlös- und Kostenfunktion:

(L5.03c) $G(x) = E(x) - K(x) = -0{,}25x^2 + 3{,}25x - 7{,}50$

Grenzen der Gewinnzone sind die *Nullstellen der Gewinnfunktion*:

(L5.03d) $-0{,}25x^2 + 3{,}25x - 7{,}50 = 0 \rightarrow x_1 = 3, x_1 = 10$

Der *Gewinn im Erlösmaximum* liegt bei

(L5.03e) $G(x = 8) = 2{,}50$

Bild 5.1 enthält die Bilder der *Nachfragefunktion p(x)*, der *Kostenfunktion K(x)*, der *Erlösfunktion E(x)* sowie der *Gewinnfunktion G(x)*.

Die berechneten Werte können anhand dieses Bildes nachvollzogen werden.

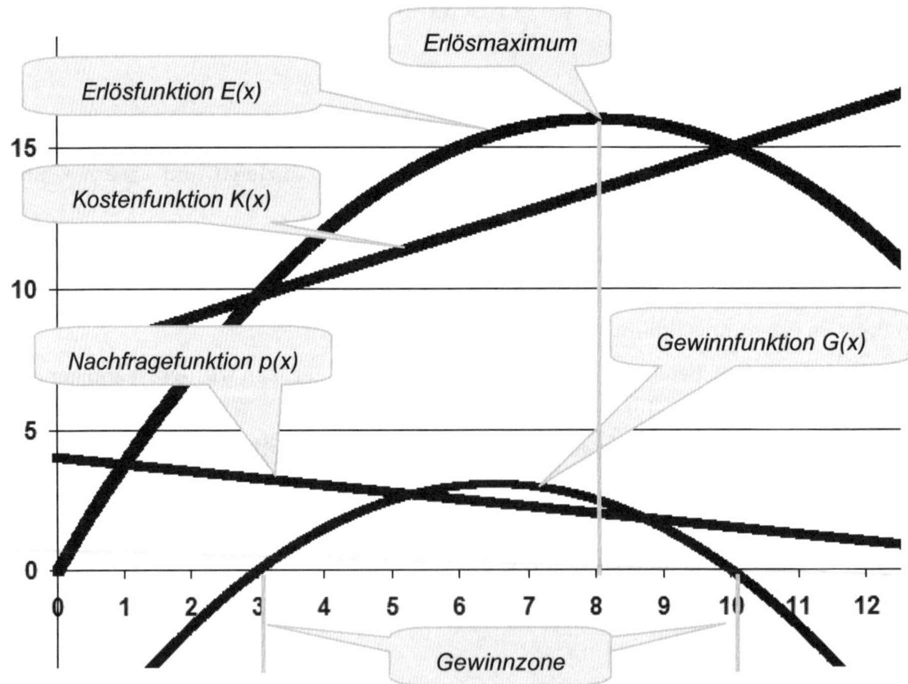

Bild 5.1: Nachfrage-, Kosten-, Erlös- und Gewinnfunktion

Ergebnisse und Lösungen zu Aufgabe 5.4 von Seite 42

Zu a) Die maximal abzusetzende Menge liegt bei $x=60$.

Zu b) Der Erlös wird maximal für $x=30$, damit ergibt sich $E_{max}=E(x=30)=2700$.

Zu c) Der im Erlösmaximum erzielte Preis liegt bei $p(x=30)=90$.

Zu d) Die Gewinnfunktion lautet $G(x)=-3x^2+90x-600$.
Der Gewinn wird maximal für $x=15$, er beträgt $G_{max}=G(x=15)=75$.

Zu e) $G(x=30)=-600$. Im Erlösmaximum wird Verlust gemacht.

Für diese Aufgabe, bei der hier nur die Ergebnisse angegeben wurden, kann der ausführliche Rechenweg im Internet auf der Seite

`http://www.w-g-m.de/bwl-loesg.html`

unter „Aufgabe 5.4" eingesehen werden.

Ergebnisse und Lösungen zu Aufgabe 5.5 von Seite 42

Zu a) Aus

$$\begin{aligned} p(x) &= 2520 - 30x \\ K(x) &= 10x^2 - 2680x + 168000 \end{aligned} \qquad \text{(L5.04a)}$$

ergeben sich folgende Erlös- und Gewinnfunktionen:

$$\begin{aligned} E(x) &= x \cdot p(x) = x(2520 - 30x) = 2520x - 30x^2 \\ G(x) &= E(x) - K(x) = -40x^2 + 5200x - 168000 \end{aligned} \qquad \text{(L5.04b)}$$

Zu b) Die Nullstellen der *Erlösfunktion* liegen bei $x=0$ und $x=84$, der Erlös wird maximal für $x=42$ und liegt bei $E_{max}=E(x=42)=52920$.

Die Nullstellen der *Gewinnfunktion* beschreiben die *Grenzen der Gewinnzone*. Sie liegen bei $x=60$ und $x=70$.
Der Gewinn wird *maximal* für $x=65$ und beträgt dort $G_{max}=G(x=65)=1000$.

Zu c) Die *Gewinnschwellen* – das sind die *Grenzen der Gewinnzone*. Sie liegen bei $x=60$ und bei $x=70$.

Zu d) Der *Deckungsbeitrag* – das ist der *Erlös*, verringert um die *variablen Kosten* $K_{var}(x)$:

$$D(x) = E(x) - K_{\text{var}}(x) = -40x^2 + 5200x \qquad \text{(L5.04c)}$$

Der *Deckungsbeitrag* wird ebenfalls für $x=65$ maximal.

Der Wert des *maximalen Deckungsbeitrags* liegt bei $D_{max}=D(x=65)=169000$.

Zu e) Das *Minimum der Kostenfunktion* kann am einfachsten mit den Mitteln der *Differentialrechnung* gefunden werden (siehe Abschnitt A8, Seite 55).

Das Minimum der Kostenfunktion kann aber auch elementar mit Hilfe der so genannten *quadratischen Ergänzung* bestimmt werden. Dazu ist die *Funktionsgleichung der Kostenfunktion K(x)* auf die spezielle Form

(L5.04d) $K(x) = A(x-B)^2 + C$

zu bringen. In (L5.04e) wird das Vorgehen beschrieben:

(L5.04e)
$$\begin{aligned} K(x) &= 10x^2 - 2680x + 168000 \\ &= 10(x^2 - 268x) + 168000 \\ &= 10[(x-134)^2 - 17956] + 168000 \\ &= 10(x-134)^2 - 11560 \end{aligned}$$

Zum Übergang von der zweiten zur dritten Zeile in (L5.04e) setzt man anhand der *zweiten binomischen Formel*

(L5.04f) $(a-b)^2 = a^2 - 2ab + b^2$

den Subtrahenden $268x$ mit $2ab$ gleich, folglich ergibt muss $b=134$ sein.

Betrachten wir nun das Quadrat $(x-134)^2$ in der dritten Zeile von (L5.04e). Wird es nach der binomischen Formel (L5.04f) ausmultipliziert, dann ergäbe sich

(L5.04g) $(x-134)^2 = x^2 - 268x + 134^2 = x^2 - 268x + 17956$

folglich ist der Wert 17956 zuviel und muss anschließend abgezogen werden.

Die so erhaltene, andere Form der Kostenfunktion

(L5.04h) $K(x) = 10(x-134)^2 - 11560$

macht die Diskussion um das Minimum leicht: Jeder x-Wert, der ungleich 134 ist, liefert einen positiven Beitrag, so dass die Kostenfunktion offensichtlich bei $x=134$ ihren kleinsten Wert annimmt.

Setzen wir diesen x-Wert in (L5.04h) ein, so erhalten wir $K_{min}=K(x=134)=-11560$, die Kosten werden negativ.

Dies ist ein deutlicher Hinweis darauf, dass der Bereich, in dem die Gesamtkostenfunktion *ökonomisch sinnvolle Ergebnisse* liefert, verlassen wurde.

Aus der Nachfragefunktion $p(x)$ kann man den *Sinnfälligkeits-Bereich* mit $0 \leq x \leq 84$ bestimmen, denn nur dort ist $p(x)$ nichtnegativ.

Für diesen Bereich, in dem Produkte abgesetzt werden können, ergibt sich eine *fallende Kostenentwicklung* von $K(x=0)=168000$ bis $K(x=84)=13440$.

L6 Weitere Funktionen: Lösungen

Ergebnisse und Lösungen zu Aufgabe 6.1 von Seite 48

Die *Output-Funktion x(r)* ist ein *Polynom dritten Grades* mit negativem führenden Koeffizienten. Die drei Nullstellen befinden sich bei $r_1=-10$, $r_2=0$ und $r_3=14$.

Der Graph dieser Funktion liegt links von -14 oberhalb der waagerechten Achse, zwischen -10 und 0 unterhalb, zwischen 0 und 14 wieder oberhalb und anschließend unterhalb der waagerechten Achse.

Folglich darf r_{max} nicht größer als 14 sein.

Für diese Aufgabe, bei der hier nur die Ergebnisse angegeben wurden, kann der ausführliche Rechenweg im Internet auf der Seite

`http://www.w-g-m.de/bwl-loesg.html`

unter „Aufgabe 6.1“ eingesehen werden.

Ergebnisse und Lösungen zu Aufgabe 6.2 von Seite 48

Zwei Nullstellen $x_1=1$ und $x_2=1$ sind bekannt (doppelte Nullstelle) . Nach Formel (6.07) von Seite 44 kann demnach die Produktdarstellung

(L6.01) $$p_3(x) = a(x-1)(x-1)(x-b)$$

mit noch unbekannter dritter Nullstelle b und noch unbekanntem Faktor a angenommen werden.

Aus den beiden genannten Bedingungen ergeben sich zwei Gleichungen

(L6.02) $$\begin{aligned} p_3(0) &= 6 \leftrightarrow 6 = a(0-1)(0-1)(0-b) \\ p_3(-1) &= 12 \leftrightarrow 12 = a((-1)-1)((-1)-1)((-1)-b) \end{aligned}$$

Es entsteht ein nichtlineares Gleichungssystem mit zwei Gleichungen für die beiden Unbekannten a und b:

(L6.03) $$\begin{aligned} 6 &= -ab \\ 12 &= -4a - 4ab \end{aligned}$$

Nach Einsetzen der ersten Gleichung in die zweite ergibt sich $a=3$, folglich ist $b=-2$.

Antwortsatz: Das Polynom hat die Gleichung

(L6.04) $$p_3(x) = 3(x-1)(x-1)(x+2)$$

und besitzt die dritte Nullstelle bei $x=-2$.

Ergebnisse und Lösungen zu Aufgabe 6.3 von Seite 48

(L6.05) $p_5(x) = 2x^2(x+2)(x-\frac{3}{2})(x-3)$

Ergebnisse und Lösungen zu Aufgabe 6.4 von Seite 48

(L6.06) $f(x) = 10 + 5 \cdot 2^x$

Für $x_0=3$ ergibt sich $f(x_0)=50$.

Für diese beiden Aufgaben, bei denen hier nur die Ergebnisse angegeben wurden, kann der ausführliche Rechenweg im Internet auf der Seite

`http://www.w-g-m.de/bwl-loesg.html`

unter „Aufgabe 6.3/6.4" eingesehen werden.

Ergebnisse und Lösungen zu Aufgabe 6.5 von Seite 48

In die bekannte *Zinseszins-Formel* (siehe [22], Seite 32)

(L6.07) $K_n = K_0(1+i)^n$

sind die gegebenen Werte einzusetzen. Mit $K_n=10000$, $K_0=7049{,}60$, $i=0{,}06$ ergibt sich:

(L6.08) $10000 = 7049{,}60(1+0{,}06)^n$

Diese Gleichung muss nach n aufgelöst werden, das kann durch *Logarithmieren beider Seiten* erfolgen (da beide Seiten ersichtlich *positiv* sind):

$$10000 = 7049{,}60(1+0{,}06)^n$$

$$\frac{10000}{7049{,}60} = (1+0{,}06)^n$$

(L6.09) $$\ln(\frac{10000}{7049{,}60}) = n\ln(1+0{,}06)$$

$$n = \frac{\ln(\frac{10000}{7049{,}60})}{\ln(1+0{,}06)} = 6$$

Antwort: Nach 6 Jahren hat sich das Startkapital bei dem Jahreszinssatz von 6% auf das vorgegebene Endkapital aufgezinst.

Ergebnisse und Lösungen zu Aufgabe 6.6 von Seite 48

In Bild L6.1 ist der Graph der Funktion

$$\text{(L6.10)}\qquad y=\begin{cases}20+\sqrt{100-10p} & 0\le p\le 10\\ 40-2p & p>10\end{cases}$$

im Bereich $0\le p\le 25$ dargestellt.

Er besteht zuerst aus einem Stück einer *liegenden, nach links geöffneten Parabel,* und anschließend aus einer *fallenden Geraden.*

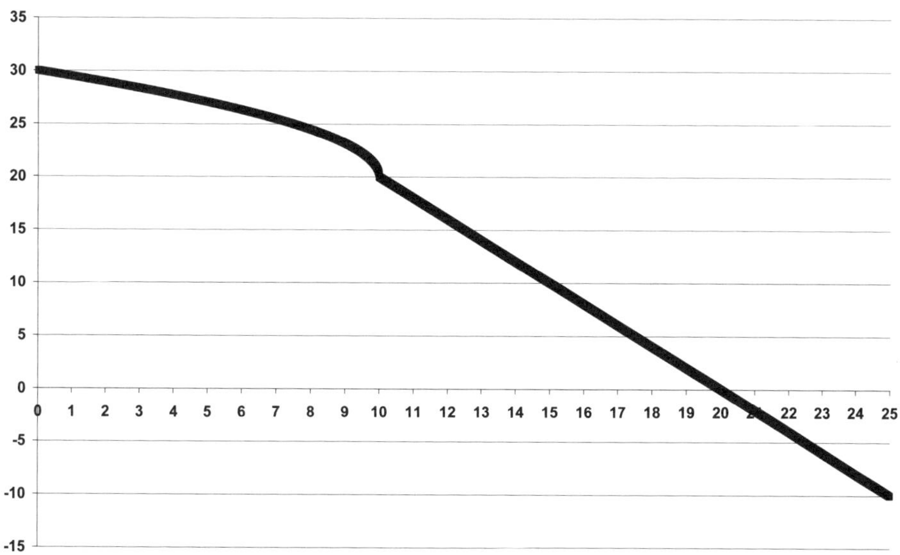

Bild L6.1: Graph der Funktion (L6.10)

Zu a) Da die abgesetzte Menge *nicht negativ* sein kann, liest man $p=20$ als *maximal möglichen Preis* ab.

Zu b) Am Graph ist es deutlich erkennbar: Die *größte abzusetzende Menge* liegt bei $y=30$ für den Preis $p=0$ (wenn die Ware verschenkt würde).

Zu c) Gegeben ist $y=15$, dieser Wert wird im Bereich $10\le p\le 20$ erreicht. Somit muss der untere Teil der Funktionsgleichung, d. h.

$$\text{(L6.11)}\qquad 15=40-2p$$

nach p umgestellt werden. Es ergibt sich $p=12{,}50$.

Zu d) Für den gegebenen Wert $p=7,5$ ist der obere Teil der Funktionsgleichung zu verwenden:

(L6.12) $$f(7{,}5) = 20 + \sqrt{100 - 10 \cdot 7{,}5} = 25$$

Bei einem Preis von $p=7,5$ kann eine Menge von $y=25$ abgesetzt werden.

Ergebnisse und Lösungen zu Aufgabe 6.7 von Seite 48

Im Bild L6.2 ist der Graph der Funktion dargestellt.

(L6.13) $$f(x) = \begin{cases} \frac{1}{2}x & 0 \le x \le 10 \\ 9 - 0{,}02(x-30)^2 & x > 10 \end{cases}$$

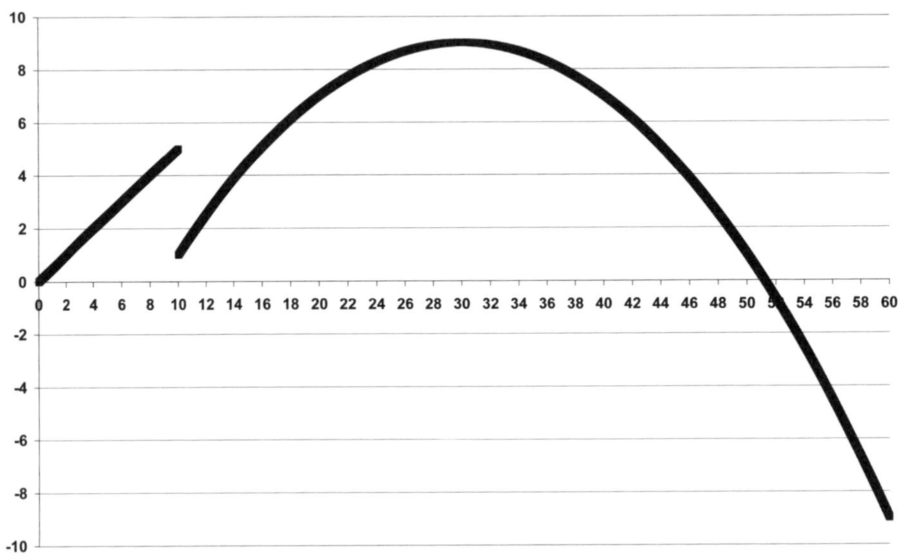

Bild L6.2: Graph der Funktion (L6.13)

Die Funktion ist *nicht stetig*, denn sie besitzt einen *Sprung* an der Stelle $x=10$.

Sie besitzt auch *keine Inverse*, denn es gibt *mindestens einen* Wert auf der senkrechten Achse (z. B. $y=4$), der zu *mehr als einem* Wert der waagerechten Achse gehört.

Man sagt dazu auch, dass die Funktion *nicht eineindeutig* ist.

L7 Formales Differenzieren: Lösungen

Ergebnisse und Lösungen zu Aufgabe 7.1 von Seite 53 / 54

$$f(x) = (x^3 - 3x + 2)(x^4 + x^2 - 1)$$

(L7.21) $$f'(x) = 7x^6 - 10x^4 + 8x^3 - 12x^2 + 4x + 3$$

$$f''(x) = 42x^5 - 40x^3 + 24x^2 - 24x + 4$$

Vor der Anwendung der Regeln der Differentialrechnung auf die Funktion

(L7.22a) $$f(x) = \frac{x^4 + x - 1}{x^3 + 1}$$

empfiehlt es sich, durch einen kleinen „Trick“ die Funktion zu vereinfachen:

(L7.22b) $$f(x) = \frac{x^4 + x - 1}{x^3 + 1} = \frac{x(x^3 + 1) - 1}{x^3 + 1} = x - \frac{1}{x^3 + 1}$$

Damit wird die *Quotientenregel* erst für die zweite Ableitungsfunktion benötigt:

$$f(x) = x - (x^3 + 1)^{-1}$$

(L7.22c) $$f'(x) = 1 + \frac{3x^2}{(x^3 + 1)^2}$$

$$f''(x) = \frac{6x - 12x^4}{(x^3 + 1)^3}$$

$$f(x) = (x^3 - \frac{1}{x^3} + 3)^4$$

(L7.23) $$f'(x) = 4(x^3 - \frac{1}{x^3} + 3)^3(3x^2 + \frac{3}{x^4})$$

$$f''(x) = 12(x^3 - \frac{1}{x^3} + 3)^2[11x^4 + 6x + \frac{13}{x^8} + \frac{12}{x^2} - \frac{12}{x^5}]$$

$$f(x) = (1 - 2\sqrt{x})^4$$

(L7.24) $$f'(x) = 4\frac{(2\sqrt{x} - 1)^3}{\sqrt{x}}$$

$$f''(x) = 4(2\sqrt{x} - 1)^2 \frac{4\sqrt{x} + 1}{2x\sqrt{x}}$$

(L7.25)
$$f(x)=\frac{1+\sqrt{x}}{1+2\sqrt{x}}$$
$$f'(x)=\frac{-1}{2\sqrt{x}\cdot(1+2\sqrt{x})^2}$$
$$f''(x)=\frac{1}{4}\frac{1+6\sqrt{x}}{x\sqrt{x}\cdot(1+2\sqrt{x})^3}$$

(L7.26)
$$f(x)=x^2\ln x$$
$$f'(x)=x(2\ln x+1)$$
$$f''(x)=2\ln x+3$$

(L7.27)
$$f(x)=x(\ln x)^2$$
$$f'(x)=(\ln x)^2+2\ln x$$
$$f''(x)=\frac{2}{x}(\ln x+1)$$

(L7.28)
$$f(x)=(x^2-2x+3)e^x$$
$$f'(x)=(x^2+1)e^x$$
$$f''(x)=(x+1)^2e^x$$

Für alle diejenigen Aufgaben, bei denen hier nur die Ergebnisse angegeben wurden, kann der ausführliche Rechenweg im Internet auf der Seite

`http://www.w-g-m.de/bwl-loesg.html`

unter „Aufgabe 7.1" eingesehen werden.

(L7.29)
$$f(x)=\frac{e^x}{\sqrt{x+1}}$$
$$f'(x)=\frac{e^x\sqrt{x+1}-\dfrac{e^x}{2\sqrt{x+1}}}{x+1}=\frac{1}{2}\frac{e^x(2x+1)}{(x+1)^{\frac{3}{2}}}=\frac{1}{2}\frac{e^x(2x+1)}{\sqrt{(x+1)^3}}$$
$$f''(x)=\frac{1}{2}\frac{[e^x(2x+1)+e^x\cdot 2]\cdot(x+1)^{\frac{3}{2}}-e^x(2x+1)\frac{3}{2}(x+1)^{\frac{1}{2}}}{(x+1)^3}$$
$$=\frac{e^x}{2}\frac{2x^2+2x+\frac{3}{2}}{(x+1)^{\frac{5}{2}}}=\frac{e^x}{2}\frac{2x^2+2x+1{,}5}{\sqrt{(x+1)^5}}$$

(L7.30)

$$f(x) = e^{\sqrt{\ln x}}$$

$$f'(x) = e^{\sqrt{\ln x}} \frac{1}{2\sqrt{\ln x}} \frac{1}{x} = \frac{1}{2} \frac{e^{\sqrt{\ln x}}}{x\sqrt{\ln x}}$$

$$f''(x) = \frac{1}{2} \frac{[e^{\sqrt{\ln x}} \frac{1}{2\sqrt{\ln x}} \frac{1}{x}]x\sqrt{\ln x} - e^{\sqrt{\ln x}}[\sqrt{\ln x} + \frac{x}{2\sqrt{\ln x}} \frac{1}{x}]}{x^2 \ln x}$$

$$= \frac{1}{2} e^{\sqrt{\ln x}} \frac{\sqrt{\ln x} - 2\ln x - 1}{2x^2\sqrt{(\ln x)^3}}$$

Während bei den Aufgaben (L7.23) bis (L7.30) der Seiten 161 bis 163 leider keine Möglichkeit gegeben war, durch *kritische Betrachtung der Funktionsformel vor Anwendung der Ableitungsregeln* Vereinfachungen zu finden, die die spätere Arbeit erleichtern, führt bei der nun folgenden Funktion

(L7.31a) $f(x) = \sqrt{e^{\ln x}} + x^2$

die Anwendung des wichtigen Logarithmengesetzes (siehe z. B. [22], Seite 34)

(L7.31b) $e^{\ln x} = x$

zu wesentlicher Vereinfachung der Rechnung:

(L7.31c)

$$f(x) = \sqrt{e^{\ln x}} + x^2 = \sqrt{x} + x^2$$

$$f'(x) = \frac{1}{2\sqrt{x}} + 2x = \frac{1}{2} x^{-\frac{1}{2}} + 2x$$

$$f''(x) = -\frac{1}{4} x^{-\frac{3}{2}} + 2 = -\frac{1}{4\sqrt{x^3}} + 2$$

Bei der Funktion

(L7.32a) $f(x) = \sqrt{x \cdot \sqrt{x \cdot \sqrt{x}}}$

kommt man sogar zu einer recht einfachen Funktionsformel, wenn man die Wurzeln als *Potenzen mit gebrochenen Exponenten* schreibt und anschließend von innen nach außen unter Anwendung der Regeln zur *Multiplikation von Potenzen gleicher Basis* (siehe z. B. [22], Seite 25) anwendet:

(L7.32b)

$$f(x) = \sqrt{x \cdot \sqrt{x \cdot \sqrt{x}}} = \sqrt{x \cdot \sqrt{x \cdot x^{\frac{1}{2}}}}$$

$$= \sqrt{x \cdot \sqrt{x^{\frac{3}{2}}}} = \sqrt{x \cdot x^{\frac{3}{4}}} = \sqrt{x^{\frac{7}{4}}}$$

$$= x^{\frac{7}{8}}$$

Übrig bleibt eine *einfache Potenzfunktion*, deren Ableitung keinerlei Schwierigkeiten mehr bereiten sollte:

(7.32c)
$$f(x) = x^{\frac{7}{8}}$$
$$f'(x) = \frac{7}{8}x^{-\frac{1}{8}} = \frac{7}{8\sqrt[8]{x}}$$
$$f''(x) = -\frac{7}{64}x^{-\frac{9}{8}} = -\frac{7}{64\sqrt[8]{x^9}}$$

Ergebnisse und Lösungen zu Aufgabe 7.2 von Seite 54

Gesucht sind die Stellen x, in denen die *Tangenten waagerecht* sind. Dort gilt bekanntlich $f'(x)=0$. Die Aufgabe wird schrittweise gelöst, indem zuerst die *erste Ableitungsfunktion* gebildet wird:

(L7.33a)
$$f(x) = 2x^3 - 6{,}6x^2 + 2{,}4x - 1{,}8$$
$$f'(x) = 6x^2 - 13{,}2x + 2{,}4$$

Die *Stellen mit waagerechter Tangente* (auch als *stationäre Stellen der Funktion* bezeichnet) ergeben sich folglich als Lösungen der Gleichung

(L7.33b)
$$6x^2 - 13{,}2x + 2{,}4 = 0$$
$$x^2 - 2{,}2x + 0{,}4 = 0$$
$$x_{1,2} = 1{,}1 \pm \sqrt{(1{,}1)^2 - 0{,}4} \rightarrow x_1 = 2, x_2 = 0{,}2$$

Antwortsatz: In den Punkten $P_1(2; -7{,}4)$ und $P_2(0{,}2; -1{,}568)$ sind die Tangenten an den Graphen der gegebenen Funktion $f(x)$ parallel zur waagerechten Achse.

Ergebnisse und Lösungen zu Aufgabe 7.3 von Seite 54

Für das gesuchte Polynom dritten Grades wird zuerst ein *Ansatz* formuliert:

(L7.33c) $$f(x) = ax^3 + bx^2 + cx + d$$

Aus den formulierten Bedingungen ergeben sich sofort die drei Gleichungen

(L7.33d)
$$f'(x=2) = -3$$
$$f(x=0) = 4$$
$$f(x=4) = 0$$

Eine vierte Gleichung versteckt sich hinter der ersten Forderung – wenn die Tangente an den Graph des Polynoms *im Punkt* $P_1(2,-4)$ den Anstieg -3 haben soll, dann muss der Graph des Polynoms durch diesen Punkt gehen:

(L7.33e) $$f(x=2) = -4$$

Mit (7.33d) und (7.33e) liegen vier Gleichungen für die vier unbekannten Koeffizienten *a*, *b*, *c* und *d* vor. Als Lösung dieses Gleichungssystems findet man

(L7.33f) $a = \frac{1}{2} \qquad b = -\frac{3}{2} \qquad c = -3 \qquad d = 4$

Antwortsatz: Der Graph des Polynoms

(L7.33g) $f(x) = \frac{1}{2}x^3 - \frac{3}{2}x^2 - 3x + 4$

erfüllt die vier in der Aufgabe 7.3 gestellten Bedingungen.

Für diese Aufgabe, bei der hier nur der grundsätzliche Lösungsweg angegeben wurde, kann der ausführliche Rechenweg im Internet auf der Seite

`http://www.w-g-m.de/bwl-loesg.html`

unter „Aufgabe 7.3“ eingesehen werden.

Ergebnisse und Lösungen zu Aufgabe 7.4 von Seite 54

Aus der Forderung

(L7.34a) $f'(x = 2) = -1{,}6$

erhält man $k = -0{,}1$, das führt zu der Funktion

(L7.34b) $f(x) = -0{,}1x^3 - 0{,}4x$

Die zusätzlich gesuchte Nullstelle dieser Funktion befindet sich bei $x = 0$.

Für diese Aufgabe, bei der hier nur der grundsätzliche Lösungsweg angegeben wurde, kann der ausführliche Rechenweg im Internet auf der Seite

`http://www.w-g-m.de/bwl-loesg.html`

unter „Aufgabe 7.4“ eingesehen werden.

Ergebnisse und Lösungen zu Aufgabe 7.5 von Seite 54

Auch hier geht es, wie schon in Aufgabe 7.3, um die Bestimmung der vier Koeffizienten eines Polynoms dritten Grades

(L7.35a) $f(x) = ax^3 + bx^2 + cx + d$

Mit diesem Ansatz werden die beiden benötigten Ableitungsfunktionen gebildet:

(L7.35b)
$$\begin{aligned} f(x) &= ax^3 + bx^2 + cx + d \\ f'(x) &= 3ax^2 + 2bx + c \\ f''(x) &= 6ax + 2b \end{aligned}$$

Setzt man die jeweils gegebenen x- und y-Werte in die Funktion bzw. in die passende Ableitungsfunktion ein, dann ergibt sich das in Bild (L7.1) dargestellte *lineare Gleichungssystem.*

a	b	c	d	=
-1	1	-1	1	0
8	4	2	1	0
3	2	1	0	6
-12	2	0	0	-12

Bild L7.1: Lineares Gleichungssystem für a, b, c und d

Es besitzt die Lösung

(L7.35c) $a = 2 \qquad b = 6 \qquad c = -12 \qquad d = -16$

Antwortsatz: Der Graph des Polynoms

(L7.35d) $f(x) = 2x^3 + 6x^2 - 12x - 16$

erfüllt die vier in der Aufgabe 7.5 gestellten Bedingungen.

Für diese Aufgabe, bei der hier nur der grundsätzliche Lösungsweg angegeben wurde, kann der ausführliche Rechenweg im Internet auf der Seite

`http://www.w-g-m.de/bwl-loesg.html`

unter „Aufgabe 7.5" eingesehen werden.

Ergebnisse und Lösungen zu Aufgabe 7.6 von Seite 54

Die *Gesamtkostenfunktion* heißt

(L7.36a) $K(x) = 60 + 2e^{0,01x}$

Die *Grenzkostenfunktion* ist damit

(L7.36b) $K'(x) = 0,02e^{0,01x}$

Für den Wert der Grenzkostenfunktion an der Stelle $x_0 = 100$ findet man

(L7.36c) $K'(x = 100) = 0,02e^{0,01 \cdot 100} = 0,02e \approx 0,0544$

Dieser Zahlenwert besitzt folgende ökonomische Interpretation:

> Erhöht man, ausgehend von $x_0 = 100$, die produzierte Menge um *eine Einheit*, dann steigen die Kosten um rund 0,0544.

Mit Hilfe der Gesamtkostenfunktion (L7.36a) lässt sich vergleichen, ob diese Information aus der Grenzkostenfunktion brauchbar ist. Der *tatsächliche Wert der Kostensteigerung* ergibt sich aus der Differenz der Werte der Gesamtkostenfunktion:

(L7.36d)
$$\begin{aligned} K(x=101) - K(x=100) &= [60 + 2e^{0,01 \cdot 101}] - [60 + 2e^{0,01 \cdot 100}] \\ &= 2(e^{1,01} - e) \\ &\approx 0,0546 \end{aligned}$$

L8 Anwendungen des Ableitungsbegriffs: Lösungen

Ergebnisse und Lösungen zu Aufgabe 8.1 von Seite 61

x_exakt	x_numerisch	f(x)_exakt	f(x)_numerisch	Art
$1-\frac{2}{3}\sqrt{3}$	-0,154700538	$\frac{16}{9}\sqrt{3}$	3,079201436	<-- Hochpunkt
$1+\frac{2}{3}\sqrt{3}$	2,154700538	$-\frac{16}{9}\sqrt{3}$	-3,079201436	<-- Tiefpunkt

Bild L8.1a: Zusammenstellung der lokalen Extremwerte von $f(x) = x^3 - 3x^2 - x + 3$

x_exakt	x_numerisch	f(x)_exakt	f(x)_numerisch	Art
-3	-3	-9/2	-4,5	<-- Hochpunkt
3	3	9/2	4,5	<-- Tiefpunkt
0	0	0	0	<-- Wendepunkt

Bild L8.2a: Zusammenstellung der besonderen Stellen von $f(x) = \dfrac{x^3}{x^2 - 3}$

x_exakt	x_numerisch	f(x)_exakt	f(x)_numerisch	Art
1/e	0,367879441	$1/e^2$	0,135335283	<-- Hochpunkt
1	1	0	0	<-- Tiefpunkt

Bild L8.3a: Zusammenstellung der lokalen Extremwerte von $f(x) = x^2(\ln x)^2$

x_exakt	x_numerisch	f(x)_exakt	f(x)_numerisch	Art
1	1	e	2,718281828	<-- Hochpunkt

Bild L8.4a: Zusammenstellung der lokalen Extremwerte von $f(x) = e^{2x-x^2}$

Die *Graphen* der vier untersuchten Funktionen sind auf der nächsten Seite angegeben.

Für alle Aufgaben, bei denen hier nur die Ergebnisse sowie die Graphen angegeben wurden, kann der ausführliche Rechenweg im Internet auf der Seite

`http://www.w-g-m.de/bwl-loesg.html`

unter „Aufgabe 8.1“ eingesehen werden.

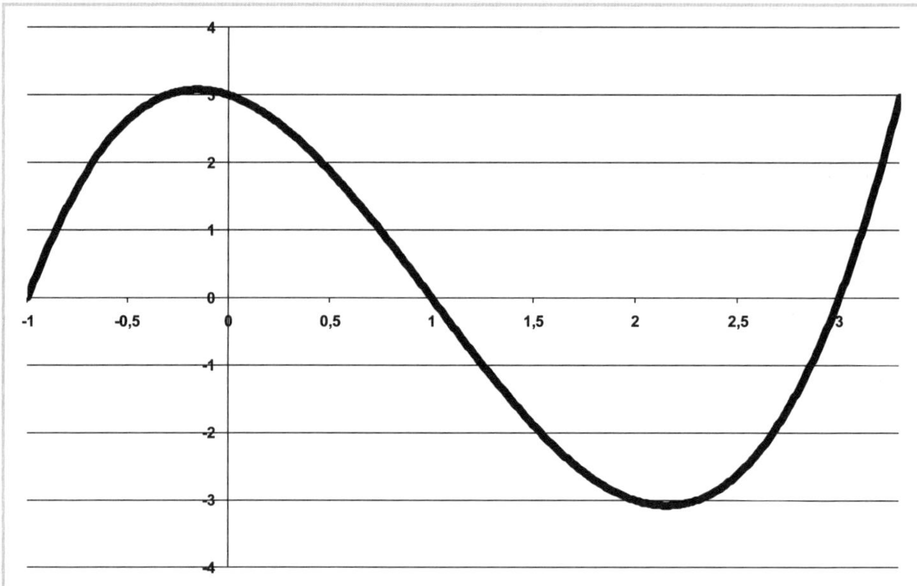

Bild L8.1b: Graph der Funktion $f(x) = x^3 - 3x^2 - x + 3$

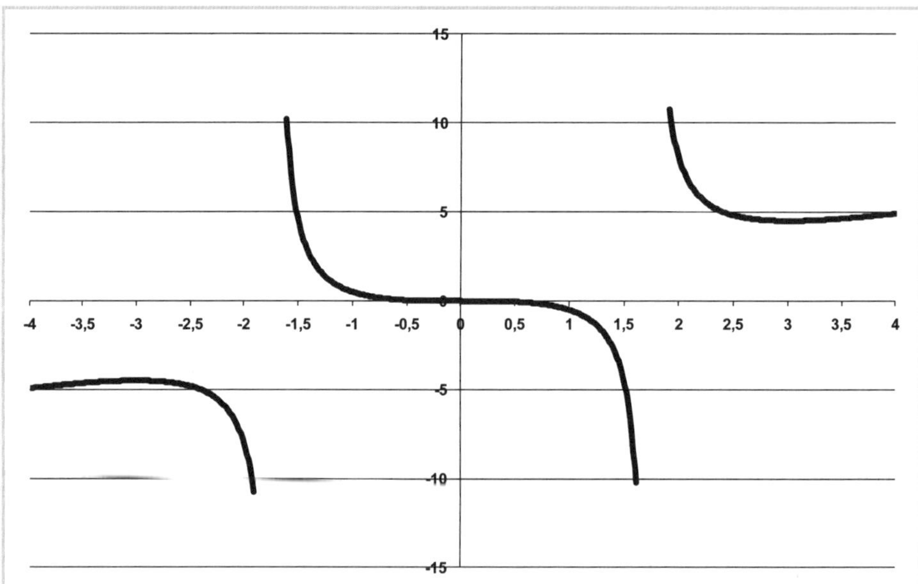

Bild L8.2b: Graph der Funktion $f(x) = \dfrac{x^3}{x^2 - 3}$

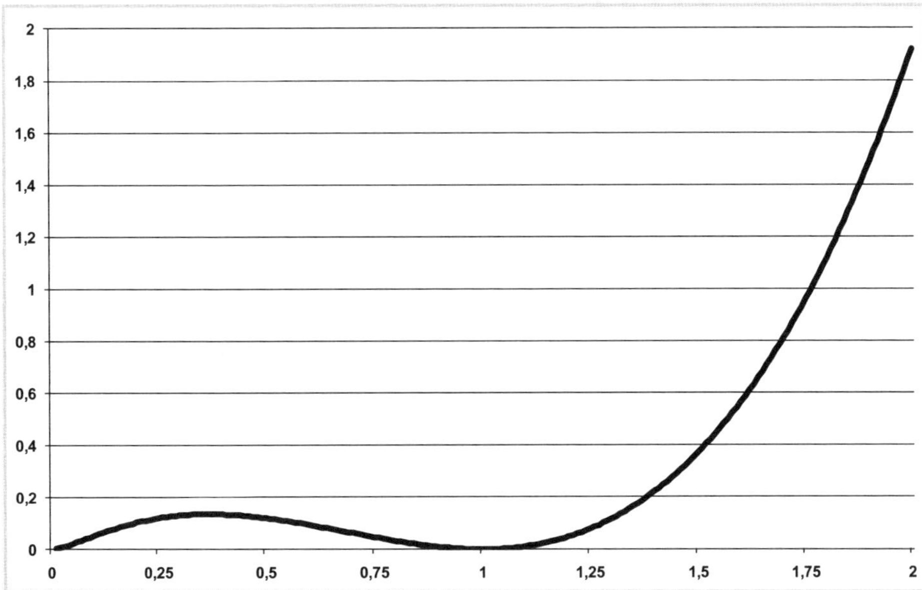

Bild L8.3b: Graph der Funktion $f(x) = x^2(\ln x)^2$

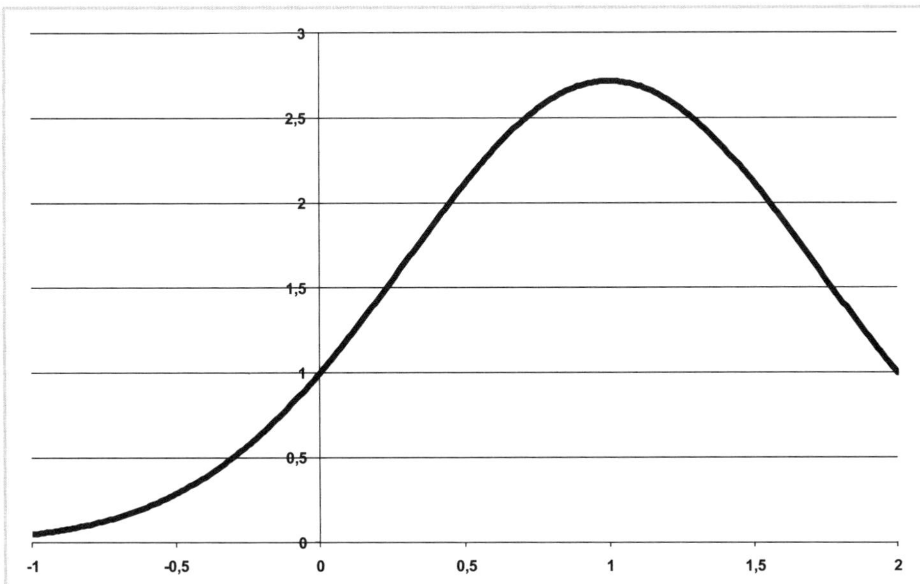

Bild L8.4b: Graph der Funktion $f(x) = e^{2x-x^2}$

Ergebnisse und Lösungen zu Aufgabe 8.2 von Seite 61

Zu der gegebenen Gesamtkostenfunktion

(L8.23a) $K(x) = 0{,}3x^2 + 12x + 180$

ist als Betriebsoptimum das Minimum der Funktion

(L8.23b) $k(x) = \frac{K(x)}{x} = \frac{0{,}3x^2 + 12x + 180}{x} = 0{,}3x + 12 + \frac{180}{x}$

zu bestimmen. Als stationäre Stellen von $k(x)$ findet man durch Nullsetzen der ersten Ableitungsfunktion $k'(x)$:

(L8.23c) $0{,}3 - \frac{180}{x^2} = 0 \rightarrow x_{1,2} = \pm 10\sqrt{6} \approx \pm 24{,}5$

Da nur positive Lösungen infrage kommen, wird nur die positive stationäre Stelle in die zweite Ableitungsfunktion $k''(x)$ eingesetzt. Mit

(L8.23d) $k''(x = 10\sqrt{6}) > 0$

erweist sich die positive stationäre Stelle als Minimumstelle.

Antwortsatz: Das Betriebsoptimum liegt bei $x \approx 24{,}5$.

Für diese Aufgabe, bei denen hier nur das Wesentliche angegeben wurde, kann der ausführliche Rechenweg im Internet auf der Seite

`http://www.w-g-m.de/bwl-loesg.html`

unter „Aufgabe 8.2“ eingesehen werden.

Ergebnisse und Lösungen zu Aufgabe 8.3 von Seite 61

Die gesuchte Funktion lautet

(L8.24) $f(x) = -\frac{3}{2}x^3 + \frac{9}{2}x^2$

Für diese Aufgabe, bei denen hier nur das Ergebnis angegeben wurde, kann der ausführliche Rechenweg im Internet auf der Seite

`http://www.w-g-m.de/bwl-loesg.html`

unter „Aufgabe 8.3“ eingesehen werden.

Ergebnisse und Lösungen zu Aufgabe 8.4 von Seite 61

Gesucht ist das Maximum der gegebenen Gewinnfunktion

(L8.25a) $G(x) = -x^3 + 120x^2 - 468x - 4024$

Dazu ist die erste Ableitungsfunktion von *G(x)* zu bilden und gleich Null zu setzen – so erhält man die *stationären Stellen* („Kandidaten für lokale Extrema"):

$$G'(x) = -3x^2 + 240x - 468$$

$$-3x^2 + 240x - 468 = 0$$

(L8.25b) $$x^2 - 80x + 156 = 0$$

$$x_{1,2} = 40 \pm \sqrt{1600 - 156} = 40 \pm 38$$

$$x_1 = 78 \qquad x_2 = 2$$

Um herauszufinden, welcher der beiden gefundenen x-Werte das lokale Maximum liefert, muss die zweite Ableitungsfunktion von *G(x)* gebildet werden:

(L8.25c) $G''(x) = -6x + 240$

Anschließend kann geprüft werden, welches *Vorzeichen* die zweite Ableitungsfunktion beim Einsetzen der beiden x-Werte liefert:

(L8.25d)
$$G''(78) = -6 \cdot 78 + 240 < 0 \quad \rightarrow \text{Maximum bei } x = 78$$
$$G''(2) \;= -6 \cdot 2 \;+ 240 > 0 \quad \rightarrow \text{Minimum bei } x = 2$$

Schließlich ist der für das Maximum gefundene Wert $x = 78$ in die Gewinnfunktion (L8.25a) einzusetzen:

(L8.25e) $G(x) = -78^3 + 120 \cdot 78^2 - 468 \cdot 78 - 4024 = 215000$

Antwortsatz: Bei einer Ausbringungsmenge von *x=78 [ME]* wird der Gewinn maximal, er beträgt *215.000 [GE]*.

Ergebnisse und Lösungen zu Aufgabe 8.5 von Seite 62

Aus der bekannten Formel $G(x)=x \cdot p(x)-K(x)$ ergibt sich mit

$$K(x) = x^3 + 4x^2 + 7x + 28 \quad \text{und} \quad p(x) = 70 - 2x$$

die Gewinnfunktion

(L8.26a)
$$\begin{aligned} G(x) &= x \cdot p(x) - K(x) \\ &= x(70 - 2x) - (x^3 + 4x^2 + 7x + 28) \\ &= -x^3 - 6x^2 + 63x - 28 \end{aligned}$$

Da alle x-Werte, für die sich mit der gegebenen *Preis-Absatz-Funktion p(x)* negative Preise ergeben würden, unsinnig sind, reduziert sich das sinnvolle x-Intervall auf

(L8.26b) $0 \le x \le 35$.

Die erste Ableitungsfunktion $G'(x)$ verschwindet an den Stellen $x_1=-7$ und $x_2=3$:

$$G'(x) = -3x^2 - 12x + 63$$

(L8.26c) $$-3x^2 - 12x + 63 = 0$$

$$x_1 = -7 \qquad x_2 = 3$$

Wegen (L8.26b) ist x_1 zu verwerfen, zu prüfen ist die Maximum-Eigenschaft von x_2:

(L8.26d) $$G''(x) = -6x - 12$$
$$G''(3) = -6 \cdot 3 - 12 < 0$$

Antwortsatz zur Aufgabe 8.5a: Für *x=3* wird der Gewinn maximal, der Maximalgewinn beträgt *G(x=3)=80 [GE]*.

Der *Verkaufserlös* ergibt sich als *Produkt aus Menge mal Preis*. Die *Erlösfunktion*

(L8.26e) $$E(x) = x \cdot p(x) = x(70 - 2x) = 70x - 2x^2$$

beschreibt den Verkaufserlös in Abhängigkeit von der abgesetzten Menge. Mit Hilfe von erster und zweiter Ableitungsfunktion von *E(x)* errechnet man: Für *x=17,5* wird der Erlös maximal. Setzt man diesen Wert in die Gewinnfunktion *G(x)* ein, so ergibt sich jedoch

(L8.26f) $$G(x = 17{,}5) = -6122{,}375 \quad .$$

Antwortsatz zur Aufgabe 8.5b: Eine abgesetzte Menge von x=17,5 [ME] maximiert den Verkaufserlös. Der *Gewinn* ist für diese abgesetzte Menge mit -6.122,375 [GE] allerdings *negativ*, das Unternehmen arbeitet mit *Verlust*.

Der *Preis im Gewinnmaximum* wird aus der *Preis-Absatz-Funktion p(x)* errechnet:

(L8.26g) $$p(x = 3) = 70 - 2 \cdot 3 = 64$$

Antwortsatz zur Aufgabe 8.5c: Im *Gewinnmaximum* kann ein Preis von 64 [GE] erzielt werden.

Ergebnisse und Lösungen zu Aufgabe 8.6 von Seite 62

Aus dem Text der Aufgabenstellung kann abgelesen werden, welche Eigenschaften der gegebenen Funktion *x(r)* und ihrer Ableitungsfunktionen überprüft werden müssen:

(L8.27) $$\left.\begin{array}{l} x(r) > 0 \\ x'(r) > 0 \\ x''(r) < 0 \end{array}\right\} \text{für} \quad r > 0$$

Es stellt sich heraus: Alle drei Bedingungen sind erfüllt.

Antwortsatz: Die Funktion $x(r) = (0{,}6\sqrt{r} + 1)^2$ ist vom *neoklassischen Typ*.

Für diese Aufgabe kann der ausführliche Rechenweg im Internet auf der Seite

`http://www.w-g-m.de/bwl-loesg.html`

unter „Aufgabe 8.6“ eingesehen werden.

L9 Funktionen zweier Variabler: Lösungen

Ergebnisse und Lösungen zu Aufgabe 9.1 von Seite 66

Der *Definitionsbereich* der Funktion

(L9.09a) $f(x_1, x_2) = \sqrt{2 - x_1^2 - x_2^2}$

wird von einem Kreis mit dem Mittelpunkt M(0,0) berandet, der den Radius $r = \sqrt{2}$ besitzt. Er umfasst das *Kreisinnere* einschließlich der *Kreisperipherie*. Da die Funktionsvorschrift nur nichtnegative Werte links von der Wurzel aus Zwei liefern kann, ergibt sich für den *Wertebereich*

(L9.09b) $W(f) = \{x \in \Re \mid 0 \le x \le \sqrt{2}\} = [0, \sqrt{2}]$

Der *Definitionsbereich* der Funktion

(L9.10a) $f(x_1, x_2) = \ln(-x_1 - x_2)$

besteht aus allen Punkten der Halbebene unterhalb der Geraden

(L9.10b) $x_2 = -x_1$

Als *Wertebereich* ergibt sich die Menge aller reellen Zahlen.

Als Definitionsbereich der Funktion

(L9.11a) $f(x_1, x_2) = e^{2 - x_1 + x_2}$

steht die gesamte x_1-x_2-Ebene zur Verfügung. Da Exponentialfunktionen niemals negative oder verschwindende Funktionswerte realisieren (vgl. [22], Abschnitt 4.2), umfasst der Wertebereich nur die positiven Zahlen

(L9.11b) $W(f) = \{x \in \Re \mid x > 0\} = \Re^+ = (0, \infty)$

Der Definitionsbereich der Funktion

(L9.12a) $f(x_1, x_2) = \sqrt{x_1^2 + x_2^2 - 8x_1}$

besteht aus der x_1-x_2-Ebene ohne das Innere eines Kreises mit dem Mittelpunkt M(4,0) und dem Radius 4.

Der Wertebereich besteht aus allen nichtnegativen Zahlen.

Für alle diejenigen Aufgaben, bei denen hier nur die Ergebnisse angegeben wurden, kann der ausführliche Rechenweg im Internet auf der Seite

`http://www.w-g-m.de/bwl-loesg.html`

unter „Aufgabe 9.1“ eingesehen werden.

Ergebnisse und Lösungen zu Aufgabe 9.2 von Seite 66

Zu untersuchen ist die Produktionsfunktion

(L9.13a) $x = x(r_1, r_2) = 0{,}4 \cdot r_1^{0,5} \cdot r_2^{0,5}$.

Bei einer Faktorkombination von r_1=*200* und r_2=*800* kann ein Produktionsausstoß von

(L9.13b) $x = x(r_1, r_2) = 0{,}4 \cdot \sqrt{200} \cdot \sqrt{800} = 160$

erwartet werden.

Gilt jetzt bei gleichem Produktionsausstoß r_1=*210*, dann muss die Gleichung

(L9.13c) $160 = 0{,}4 \cdot 210^{0,5} \cdot r_2^{0,5}$

nach r_2 umgestellt werden:

(L9.13d) $\frac{160}{0{,}4 \cdot 210^{0,5}} = r_2^{0,5} \Rightarrow r_2 = (\frac{160}{0{,}4 \cdot 210^{0,5}})^2 = 761{,}905$

Antwortsatz: Setzt man vom ersten Produktionsfaktor r_1 10 Einheiten mehr ein, so können bei gleichem Produktionsausstoß vom zweiten Produktionsfaktor *ca. 38 Einheiten eingespart* werden. Dabei werden die Produktionsfaktoren als gegeneinander austauschbar angesehen.

Ergebnisse und Lösungen zu Aufgabe 9.3 von Seite 66

Die Indifferenzkurve der Funktion

(L9.14a) $U = U(x_1, x_2) = x_1 e^{x_2 - 2}$

für vorgegebenen konstanten Nutzen von $U = e^2$ ist in Bild L9.1 dargestellt.

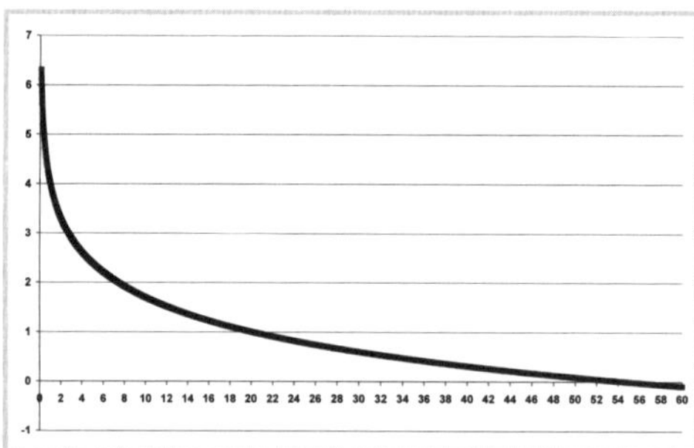

Bild L9.1: Indifferenzkurve

Für diese Aufgabe, bei denen hier nur die Ergebnisse angegeben wurden, kann der ausführliche Rechenweg im Internet auf der Seite

`http://www.w-g-m.de/bwl-loesg.html`

unter „Aufgabe 9.3“ eingesehen werden.

L10 Partielle Ableitungen: Lösungen

Ergebnisse und Lösungen zu Aufgabe 10.1 von Seite 70

$$f(x,y) = x^3 y - xy^3$$

(L10.13)
$$f_x(x,y) = 3x^2 y - y^3 \qquad f_y(x,y) = x^3 - 3xy^2$$
$$f_{xx}(x,y) = 6xy \qquad f_{yy}(x,y) = -6xy$$
$$f_{xy}(x,y) = 3x^2 - 3y^2 = f_{yx}(x,y)$$

$$f(x,y) = \frac{x}{y} + \frac{y}{x}$$

(L10.14)
$$f_x(x,y) = \frac{1}{y} - \frac{y}{x^2} \qquad f_y(x,y) = -\frac{x}{y^2} + \frac{1}{x}$$
$$f_{xx}(x,y) = \frac{2y}{x^3} \qquad f_{yy}(x,y) = \frac{2x}{y^3}$$
$$f_{xy}(x,y) = -\frac{1}{y^2} - \frac{1}{x^2} = f_{yx}(x,y)$$

$$f(x,y) = \ln(x^2 + y^2)$$

(L10.15)
$$f_x(x,y) = \frac{2x}{x^2 + y^2} \qquad f_y(x,y) = \frac{2y}{x^2 + y^2}$$
$$f_{xx}(x,y) = 2\frac{y^2 - x^2}{(x^2 + y^2)^2} \qquad f_{yy}(x,y) = 2\frac{x^2 - y^2}{(x^2 + y^2)^2}$$
$$f_{xy}(x,y) = \frac{-4xy}{(x^2 + y^2)^2} = f_{yx}(x,y)$$

$$f(x,y) = (x + y)e^{-x}$$

(L10.16)
$$f_x(x,y) = (1 - x - y)e^{-x} \qquad f_y(x,y) = e^{-x}$$
$$f_{xx}(x,y) = (-2 + x + y)e^{-x} \qquad f_{yy}(x,y) = 0$$
$$f_{xy}(x,y) = -e^{-x} = f_{yx}(x,y)$$

$$f(x,y) = e^{\frac{y}{x}}$$

(L10.17)
$$f_x(x,y) = \left(\frac{-y}{x^2}\right)e^{\frac{y}{x}} \qquad f_y(x,y) = \frac{1}{x}e^{\frac{y}{x}}$$
$$f_{xx}(x,y) = \frac{y^2+2xy}{x^4}e^{\frac{y}{x}} \qquad f_{yy}(x,y) = \frac{1}{x^2}e^{\frac{y}{x}}$$
$$f_{xy}(x,y) = -\frac{y+x}{x^3}e^{\frac{y}{x}} = f_{yx}(x,y)$$

$$f(x,y) = \sqrt{x^2+y^2}$$

(L10.18)
$$f_x(x,y) = \frac{x}{\sqrt{x^2+y^2}} \qquad f_y(x,y) = \frac{y}{\sqrt{x^2+y^2}}$$
$$f_{xx}(x,y) = \frac{y^2}{(x^2+y^2)^{\frac{3}{2}}} \qquad f_{yy}(x,y) = \frac{x^2}{(x^2+y^2)^{\frac{3}{2}}}$$
$$f_{xy}(x,y) = \frac{-xy}{(x^2+y^2)^{\frac{3}{2}}} = f_{yx}(x,y)$$

Für alle diejenigen Aufgaben, bei denen hier nur die Ergebnisse angegeben wurden, kann der ausführliche Rechenweg im Internet auf der Seite

`http://www.w-g-m.de/bwl-loesg.html`

unter „Aufgabe 10.1" eingesehen werden.

Ergebnisse und Lösungen zu Aufgabe 10.2 von Seite 71

Gegeben ist die Produktionsfunktion

(L10.19a) $y(A,K) = 0{,}7 \cdot A^{0{,}7} \cdot K^{0{,}3}$.

Für das totale Differential werden die benötigten partiellen Ableitungsfunktionen bereitgestellt:

(L10.19b)
$$\Delta y \approx dy = \frac{\partial y}{\partial A}\Delta A + \frac{\partial y}{\partial K}\Delta K$$
$$\frac{\partial y}{\partial A} = 0{,}7 \cdot 0{,}7 \cdot A^{-0{,}3}K^{0{,}3} \qquad \frac{\partial y}{\partial K} = 0{,}7 \cdot 0{,}3 \cdot A^{0{,}7}K^{-0{,}7}$$

Der Aufgabenstellung entnimmt man:

(L10.19c) $\Delta A = -0{,}05A \qquad \Delta K = 0{,}03K$

Nun kann in das totale Differential eingesetzt werden:

$$dy = 0{,}7 \cdot 0{,}7 \cdot A^{-0,3}K^{0,3}(-0{,}05A) + 0{,}7 \cdot 0{,}3 \cdot A^{0,7}K^{-0,7}(0{,}03K)$$

(L10.19d) $$dy = -0{,}035 \cdot (0{,}7 \cdot A^{0,7}K^{0,3}) + 0{,}09 \cdot (0{,}7 \cdot A^{0,7}K^{0,3})$$

$$dy = -0{,}026 \cdot \underbrace{(0{,}7 \cdot A^{0,7}K^{0,3})}_{=y} = -0{,}026 \cdot y$$

Antwortsatz: Der Output y sinkt bei den gegebenen Änderungen von Arbeitsinput und Kapitalinput um ca. 2,6 Prozent.

Ergebnisse und Lösungen zu Aufgabe 10.3 von Seite 71

Nach Bildung der beiden ersten partiellen Ableitungsfunktionen und Einsetzen ergibt sich das totale Differential

$$f(x,y) = x^y$$

(L10.20a) $$f_x(x,y) = yx^{y-1} \qquad f_y(x,y) = x^y \ln x$$

$$df = (yx^{y-1})dx + (x^y \ln x)dy$$

Werden die Zahlenwerte x=1, y=2, dx=0,04 und dy=0,02 eingesetzt, so erhält man

(L10.20b) $df = (1{,}04)^{2,02} - 1 \approx 1{,}08$

Für diese Aufgabe, bei denen hier nur die Ergebnisse angegeben wurden, kann der ausführliche Rechenweg im Internet auf der Seite

`http://www.w-g-m.de/bwl-loesg.html`

unter „Aufgabe 10.3" eingesehen werden.

Ergebnisse und Lösungen zu Aufgabe 10.4 von Seite 71

Zur Produktionsfunktion

(L10.21a) $x(r_1, r_2) = 5 \cdot r_1^{0,3} \cdot r_2^{0,2}$

sind die folgenden Daten gegeben:

(L10.21b) $$\begin{aligned} r_1 &= 10 & r_2 &= 20, \\ \Delta r_1 &= -0{,}2 & \Delta r_2 &= 0{,}3 \end{aligned}$$

Gesucht ist ein Näherungswert für die Differenz

(L10.21c) $\Delta x = x(9{,}8;20{,}3) - x(10;20)$.

Dieser Näherungswert kann mit Hilfe des totalen Differentials berechnet werden:

(L10.21d) $$\Delta x \approx dx = \frac{\partial x}{\partial r_1}\Big|_{(10,20)} \Delta r_1 + \frac{\partial x}{\partial r_2}\Big|_{(10,20)} \Delta r_2$$

Mit den beiden ersten partiellen Ableitungsfunktionen

(L10.21e) $$\frac{\partial x}{\partial r_1} = 1{,}5 \cdot r_1^{-0{,}7} r_2^{0{,}2} \qquad \frac{\partial x}{\partial r_2} = r_1^{0{,}3} r_2^{-0{,}8}$$

ergibt sich schließlich:

(L10.21f) $$dx = 1{,}5 \cdot 10^{-0{,}7} \cdot 20^{0{,}2}(-0{,}2) + 10^{0{,}3} \cdot 20^{-0{,}8}(0{,}3) = -0{,}054$$

Antwortsatz: Der Output würde bei den gegebenen Änderungen der Produktionsfaktoren r_1 und r_2 um etwa 0,054 Einheiten sinken.

Zum Vergleich: Berechnet man die gesuchte Differenz mit Hilfe der gegebenen Produktionsfunktion mit dem Taschenrechner, so erhält man $\Delta x \approx -0{,}0559$. Die Annahme $\Delta x \approx dx$ war korrekt.

Ergebnisse und Lösungen zu Aufgabe 10.5 von Seite 72

Zur Kostenfunktion

(L10.22a) $$K(x,y) = 500 + x + y + xy$$

sind hier die folgenden Daten gegeben:

(L10.22b) $$\begin{aligned} &x_0 = 10 && y_0 = 15 \\ &\Delta x = 0{,}04 \cdot x_0 = 0{,}04 \cdot 10 = 0{,}4 && \Delta y = 0 \end{aligned}$$

Es ergibt sich mit Hilfe des totalen Differentials:

(L10.22c) $$\begin{aligned} dK &= K_x\big|_{(10,15)} \cdot \Delta x + K_y\big|_{(10,15)} \cdot \Delta y \\ &= (1+y)\big|_{(10,15)} \cdot 0{,}4 + (1+x)\big|_{(10,15)} \cdot 0 \\ &= 16 \cdot 0{,}4 = 6{,}4 \end{aligned}$$

Antwortsatz: Die Kosten steigen um ca. 6,4 [GE], wenn x um 4 Prozent erhöht wird.

L11 Extremwertsuche bei zwei Variablen: Lösungen

Ergebnisse und Lösungen zu Aufgabe 11.1 von Seite 77

Zu untersuchen ist die Funktion

(L11.10a) $f(x,y) = x^2 + xy + y^2 - 3x - 6y$

Es gibt eine stationäre Stelle bei $x=0$ und $y=3$. Die Prüfgröße D erhält den Wert

(L11.10b) $D(x=0, y=3) = 3$

Folglich liegt ein lokales Extremum vor. Wegen

(L11.10c) $f_{xx}(x=0, y=3) = 2$

handelt es sich um ein lokales Minimum mit dem Funktionswert

(L11.10d) $f_{\min}(x=0, y=3) = -9$.

Die Funktion

(L11.11a) $f(x,y) = x^2 + y^2 - 2\ln x - 18\ln y$

besitzt eine stationäre Stelle bei $x=1$ und $y=3$. Die Prüfgröße D erhält den Wert

(L11.11b) $D(x=1, y=3) = 16$

Folglich liegt ein lokales Extremum vor. Wegen

(L11.11c) $f_{xx}(x=1, y=3) = 4$

handelt es sich um ein lokales Minimum mit dem Funktionswert

(L11.11d) $f_{\min}(x=1, y=3) = 10 - 18\ln 3$.

Bemerkung: Wegen der beiden Logarithmusfunktionen in der Funktionsgleichung (L11.11a) kann für die stationäre Stelle nur die *positive Lösung* des Gleichungssystems berücksichtigt werden, das durch Nullsetzen der ersten partiellen Ableitungsfunktionen entsteht.

Die Funktion

(L11.12a) $f(x,y) = 2x^3 - xy^2 + 5x^2 + y^2$

besitzt vier stationäre Stellen:

(L11.12b) $P_1(0,0) \qquad P_2(-\frac{5}{3},0) \qquad P_3(1,4) \qquad P_4(1,-4)$

Die Prüfgröße D ist aber nur für die erste stationäre Stelle positiv:

(L11.12c)
$$\begin{aligned} D_1(x=0, y=0) &= 20 \\ D_2(x=-\frac{5}{3}, y=0) &= -\frac{160}{3} \\ D_3(x=1, y=4) &= -32 \\ D_4(x=1, y=-4) &= -32 \end{aligned}$$

Das lokale Extremum bei $x=0$ und $y=0$ erweist sich wegen

(L11.12d) $f_{xx}(x=0, y=0) = 10$

als Minimum mit dem Funktionswert

(L11.12e) $f_{\min}(x=0, y=0) = 0$

Zur vereinfachten Anwendung der Ableitungsregeln sollte die Funktion

(L11.13a) $f(x,y) = xy(12-x-y)$

zuerst anders geschrieben werden:

(L11.13b) $f(x,y) = 12xy - x^2y - xy^2$

Die Funktion besitzt vier stationäre Stellen:

(L11.13c) $P_1(0,0)$ $P_2(12,0)$ $P_3(0,12)$ $P_4(4,4)$

Die Prüfgröße D wird aber nur für die letzte stationäre Stelle positiv:

(L11.13d)
$$\begin{aligned} D_1(x=0, y=0) &= -144 \\ D_2(x=12, y=0) &= -144 \\ D_3(x=0, y=12) &= -144 \\ D_4(x=4, y=4) &= 48 \end{aligned}$$

Das lokale Extremum bei $x=4$ und $y=4$ erweist sich wegen

(L11.13e) $f_{xx}(x=4, y=4) = -8$

als Maximum mit dem Funktionswert

(L11.13f) $f_{\max}(x=4, y=4) = 64$

Die Funktion

(L11.14a) $f(x,y) = (x + y^2 + 2y)e^{2x}$

besitzt eine stationäre Stelle bei $x=1/2$ und $y=-1$.

Die Prüfgröße D erhält den Wert

(L11.14b) $D(x=\frac{1}{2}, y=-1)=4e^2$

Folglich liegt ein lokales Extremum vor. Wegen

(L11.14c) $f_{xx}(x=\frac{1}{2}, y=-1)=2e$

handelt es sich um ein lokales Minimum mit dem Funktionswert

(L11.14d) $f_{\min}(x=\frac{1}{2}, y=-1)=-\frac{1}{2}e$.

Die Funktion

(L11.15a) $f(x,y)=x^3+y^2-6xy-39x+18y+20$

besitzt zwei stationäre Stellen:

(L11.15b) $P_1(5,6) \qquad P_2(1,-6)$

Die Prüfgröße D ist aber nur für die erste stationäre Stelle positiv:

(L11.15c) $\begin{aligned} D_1(x=5, y=6) &= 24 \\ D_2(x=1, y=-6) &= -24 \end{aligned}$

Das lokale Extremum bei $x=5$ und $y=6$ erweist sich wegen

(L11.15d) $f_{xx}(x=5, y=6)=30$

als *Minimum* mit dem Funktionswert

(L11.15e) $f_{\min}(x=5, y=6)=-86$.

Für alle diejenigen Aufgaben, bei denen hier nur die Ergebnisse angegeben wurden, kann der ausführliche Rechenweg im Internet auf der Seite

`http://www.w-g-m.de/bwl-loesg.html`

unter „Aufgabe 11.1" eingesehen werden.

Ergebnisse und Lösungen zu Aufgabe 11.2 von Seite 77

Zu untersuchen ist die Funktion

(L11.17a) $f(x,y)=xy+\frac{50}{x}+\frac{20}{y}$

Sie besitzt eine stationäre Stelle $x=5$ und $y=2$.

Die Prüfgröße D erhält den Wert

(L11.16b) $D(x = 5, y = 2) = 3$

Folglich liegt ein lokales Extremum vor. Wegen

(L11.16c) $f_{xx}(x = 5, y = 2) = \dfrac{100}{125}$

handelt es sich um ein lokales Minimum mit dem Funktionswert

(L11.16d) $f_{\min}(x = 5, y = 2) = 30$.

Der ausführliche Rechenweg für diese Aufgabe kann im Internet auf der Seite

`http://www.w-g-m.de/bwl-loesg.html`

unter „Aufgabe 11.2" eingesehen werden.

Ergebnisse und Lösungen zu Aufgabe 11.3 von Seite 77

Zur Auseinandersetzung mit der Behauptung, dass die Funktion

(L11.17a) $f(x,y) = x^2 + xy + y^2 + \dfrac{a^3}{x} + \dfrac{a^3}{y}$

im Punkt

(L11.17b) $P(x = \dfrac{a}{\sqrt[3]{3}}, y = \dfrac{a}{\sqrt[3]{3}})$

ein lokales Minimum besitzt, sind zuerst die benötigten Ableitungsfunktionen zu bilden:

(L11.17c)
$$f_x = 2x + y - \frac{a^3}{x^2} \qquad f_y = x + 2y - \frac{a^3}{y^2}$$
$$f_{xx} = 2 + \frac{2a^3}{x^3} \qquad f_{xy} = 1 \qquad f_{yy} = 2 + \frac{2a^3}{y^3}$$

Die x- und y-Koordinate des gegebenen Punktes werden in die ersten Ableitungsfunktionen eingesetzt:

(L11.17d)
$$f_x(x = \frac{a}{\sqrt[3]{3}}, y = \frac{a}{\sqrt[3]{3}}) = 2\frac{a}{\sqrt[3]{3}} + \frac{a}{\sqrt[3]{3}} - \frac{a^3}{(\frac{a}{\sqrt[3]{3}})^2} = 0$$
$$f_y(x = \frac{a}{\sqrt[3]{3}}, y = \frac{a}{\sqrt[3]{3}}) = \frac{a}{\sqrt[3]{3}} + 2\frac{a}{\sqrt[3]{3}} - \frac{a^3}{(\frac{a}{\sqrt[3]{3}})^2} = 0$$

Da sich in beiden Fällen die Null ergibt, ist schon einmal bewiesen, dass der gegebene Punkt eine *stationäre Stelle* der Funktion ist.

Doch das reicht nicht aus – es muss noch nachgewiesen werden, dass der Punkt einen lokalen Extrempunkt darstellt. Das erfolgt durch Berechnen der Prüfgröße *D*:

$$(11.17e)\ D(x=\frac{a}{\sqrt[3]{3}}, y=\frac{a}{\sqrt[3]{3}}) = (2+\frac{2a^3}{(\frac{a}{\sqrt[3]{3}})^3})(2+\frac{2a^3}{(\frac{a}{\sqrt[3]{3}})^3}) - 1^2 = 63$$

Zum Schluss fehlt noch der Nachweis der Minimal-Eigenschaft:

$$(11.17f)\ f_{xx}(x=\frac{a}{\sqrt[3]{3}}, y=\frac{a}{\sqrt[3]{3}}) = 2+\frac{2a^3}{(\frac{a}{\sqrt[3]{3}})^3} = 8$$

Da im gegebenen Punkt eine *stationäre Stelle* der Funktion vorliegt, die *Prüfgröße D positiv* wird und die *partielle Ableitungsfunktion f_{xx} ebenfalls positiv wird,* liegt ein *lokales Minimum* vor. Was zu beweisen war.

Ergebnisse und Lösungen zu Aufgabe 11.4 von Seite 78

Aus der Gesamtkostenfunktion

$$(L11.18a)\ K(x,y) = 2x^2 + 2xy + 2y^2 + 30$$

und der Umsatzfunktion

$$(L11.18b)\ E(x,y) = 20x + 25y$$

ergibt sich (siehe Seite 38) die Gewinnfunktion

$$(L11.18c)\ G(x,y) = 20x + 25y - [2x^2 + 2xy + 2y^2 + 30]$$

Als stationäre Stelle findet man nur $x=5/2$ und $y=5$.
Die Prüfgröße *D* wird positiv,

$$(L11.18d)\ D(x=\frac{5}{2}, y=5) = 12$$

und die dann entscheidende zweite partielle Ableitungsfunktion

$$(L11.18e)\ G_{xx}(x=\frac{5}{2}, y=5) = -4$$

wird negativ, folglich liegt im Punkt *P(5/2,5)* ein lokales Maximum vor.

Antwortsatz: Das Unternehmen muss vom Gut 1 die Menge $x=2{,}5$ und vom Gut 2 die Menge $y=5$ absetzen, um seinen Gewinn zu maximieren. Der maximale Gewinn liegt dann bei

$$(L11.18f)\ G_{\max}(x=\frac{5}{2}, y=5) = 57{,}5 \quad .$$

Ergebnisse und Lösungen zu Aufgabe 11.5 von Seite 78

Aus den beiden *Preis-Absatz-Funktionen* und der *Gesamtkostenfunktion*

(L11.19a) $p_1 = 60 - x_1 \quad , \quad p_2 = 40 - \frac{1}{3}x_2 \quad , \quad K(x) = 10(x_1 + x_2) + 200$

ergibt sich die *Gewinnfunktion*

(L11.19b)
$$\begin{aligned} G(x_1, x_2) &= x_1(60 - x_1) + x_2(40 - \frac{1}{3}x_2) - [10(x_1 + x_2) + 200] \\ &= -x_1^2 + 50x_1 - \frac{1}{3}x_2^2 + 30x_2 - 200 \end{aligned}$$

Es gibt eine stationäre Stelle bei $x_1 = 25$ und $x_2 = 45$. Die Prüfgröße

(L11.19c) $D(x_1 = 25, x_2 = 45) = \frac{4}{3}$

wird positiv, und die entscheidende zweite partielle Ableitungsfunktion

(L11.19d) $G_{x_1 x_1}(x_1 = 25, x_2 = 45) = -2$

wird negativ, folglich liegt im Punkt $P(25,45)$ ein *lokales Maximum* vor.

Antwortsatz: Das Unternehmen muss auf dem ersten Markt 25 Einheiten und auf dem zweiten Markt 45 Einheiten absetzen, um den maximalen Gewinn von

(L11.18f) $G_{max}(x_1 = 25, x_2 = 45) = 1100$

zu erzielen.

Ergebnisse und Lösungen zu Aufgabe 11.6 von Seite 78

Aus den beiden *Preis-Absatz-Funktionen* und der *Gesamtkostenfunktion*

L11.20a)
$$\begin{aligned} &p_1 = 1800 - 12{,}5x, \quad p_2 = 2000 - 10y, \\ &K(x, y) = 15xy + 950x + 1050y + 2500 \end{aligned}$$

ergibt sich die *Gewinnfunktion* nach der Formel $G(x,y) = x \cdot p_1 + y \cdot p_2 - K(x,y)$:

(L11.20b) $G(x, y) = 850x - 12{,}5x^2 + 950y - 10y^2 - 15xy - 2500$

Es gibt eine stationäre Stelle bei $x = 10$ und $y = 40$. Die Prüfgröße

(L11.20c) $D(x = 10, y = 40) = 275$

wird positiv, und die entscheidende zweite partielle Ableitungsfunktion

(L11.20d) $G_{xy}(x_1 = 10, x_2 = 40) = -25$

wird negativ, folglich liegt im Punkt $P(10,40)$ ein lokales Maximum vor.

Antwortsatz: Von Variante 1 müssen 10 Fahrräder und von Variante 2 40 Fahrräder hergestellt werden, um den maximalen Gewinn $G_{max}(x = 10, y = 40) = 20750$ zu realisieren.

Der ausführliche Rechenweg für die Aufgaben 11.4 bis 11.6 kann im Internet auf der Seite

`http://www.w-g-m.de/bwl-loesg.html`

unter „Aufgaben 11.4-6" eingesehen werden.

L12 Extremwerte mit Nebenbedingungen: Lösungen

Ergebnisse und Lösungen zu Aufgabe 12.1 von Seite 83

Zu bestimmen ist

(L12.10a) $f(x,y) = x^2 + y^2 - xy + x + y - 4 \rightarrow extr!$

unter der Nebenbedingung

(L12.10b) $x + y + 3 = 0$.

Zuerst sind von der LAGRANGE-Funktion

(L12.10c) $L(x,y,\lambda) = x^2 + y^2 - xy + x + y - 4 + \lambda(x + y + 3)$

die drei ersten partiellen Ableitungen zu bilden:

(L12.10d)
$$\frac{\partial L}{\partial x}(x,y,\lambda) = L_x(x,y,\lambda) = 2x - y + 1 + \lambda$$
$$\frac{\partial L}{\partial y}(x,y,\lambda) = L_y(x,y,\lambda) = 2y - x + 1 + \lambda$$
$$\frac{\partial L}{\partial \lambda}(x,y,\lambda) = L_\lambda(x,y,\lambda) = x + y + 3$$

Damit ergibt sich zur Ermittlung der stationären Stellen das lineare Gleichungssystem

(L12.10e)
$$\begin{aligned} 2x - y + 1 + \lambda &= 0 \\ 2y - x + 1 + \lambda &= 0 \\ x + y + 3 \qquad &= 0 \end{aligned}$$

mit der Lösung

(L12.10f) $x = -\frac{3}{2}, y = -\frac{3}{2}, \lambda = \frac{1}{2}$.

Die LAGRANGE-Funktion besitzt die stationäre Stelle $P(x = -\frac{3}{2}, y = -\frac{3}{2}, \lambda = \frac{1}{2})$.

Die Funktion *f(x,y)* wird damit für $x = -\frac{3}{2}, y = -\frac{3}{2}$ einen Extremwert unter der angegebenen Nebenbedingung haben und es gilt dort

(L12.10g) $f(x = -\frac{3}{2}, y = -\frac{3}{2}) = -\frac{19}{4}$.

Zu bestimmen ist

(L12.11a) $f(x,y) = xy^2 \to extr!$

unter der Nebenbedingung

(L12.11b) $x + 2y = 1$.

Zuerst sind von der LAGRANGE-Funktion

(L12.11c) $L(x,y,\lambda) = xy^2 + \lambda(x + 2y - 1)$

die drei ersten partiellen Ableitungsfunktionen zu bilden:

(L12.11d)
$$\begin{aligned} \frac{\partial L}{\partial x}(x,y,\lambda) &= L_x(x,y,\lambda) = y^2 + \lambda \\ \frac{\partial L}{\partial y}(x,y,\lambda) &= L_y(x,y,\lambda) = 2xy + \lambda \\ \frac{\partial L}{\partial \lambda}(x,y,\lambda) &= L_\lambda(x,y,\lambda) = x + 2y - 1 \end{aligned}$$

Damit ergibt sich zur Ermittlung der stationären Stellen das *nichtlineare Gleichungssystem*

(L12.11e)
$$\begin{aligned} y^2 + \lambda &= 0 \\ 2xy + \lambda &= 0 \\ x + 2y - 1 &= 0 \end{aligned}$$

mit den beiden Lösungen

(L12.11f)
$$\begin{aligned} &x_1 = 1, y_1 = 0, \lambda_1 = 0 \\ &x_2 = \frac{1}{3}, y_2 = \frac{1}{3}, \lambda_2 = -\frac{1}{9} \end{aligned}$$.

Die LAGRANGE-Funktion besitzt die *beiden stationären Stellen*

$P_1(x = 1, y = 0, \lambda = 0)$ und $P_2(x = \frac{1}{3}, y = \frac{1}{3}, \lambda = -\frac{1}{9})$.

Berechnet man die zugehörigen Funktionswerte, so kann damit entschieden werden, wo der größte bzw. der kleinste Funktionswert über der Nebenbedingung liegt:

(L12.11g)
$$\begin{aligned} f(x = 1, y = 0) &= 0 \to \text{relatives Minimum} \\ f(x = \frac{1}{3}, y = \frac{1}{3}) &= \frac{1}{27} \to \text{relatives Maximum} \end{aligned}$$

Zu bestimmen ist

(L12.12a) $f(x,y)=\frac{1}{x}+\frac{1}{y}\rightarrow extr!$

unter der Nebenbedingung

(L12.12b) $x+y=2$.

Zuerst sind von der LAGRANGE-Funktion

(L12.12c) $L(x,y,\lambda)=\frac{1}{x}+\frac{1}{y}+\lambda(x+y-2)$

die drei ersten partiellen Ableitungefunktionen zu bilden:

(L12.12d)
$$\frac{\partial L}{\partial x}(x,y,\lambda)=L_x(x,y,\lambda)=-\frac{1}{x^2}+\lambda$$
$$\frac{\partial L}{\partial y}(x,y,\lambda)=L_y(x,y,\lambda)=-\frac{1}{y^2}+\lambda$$
$$\frac{\partial L}{\partial \lambda}(x,y,\lambda)=L_\lambda(x,y,\lambda)=x+y-2$$

Damit ergibt sich zur Ermittlung der stationären Stellen das *nichtlineare Gleichungssystem*

(L12.12e)
$$-\frac{1}{x^2}+\lambda=0$$
$$-\frac{1}{y^2}+\lambda=0$$
$$x+y-2=0$$

mit der Lösung

(L12.12f) $x=1, y=1, \lambda=1$.

Die LAGRANGE-Funktion besitzt als *einzige stationäre Stelle* den Punkt

$P(x=1, y=1, \lambda=1)$.

Die Funktion *f(x,y)* wird damit für $x=1, y=1$ einen Extremwert unter der angegebenen Nebenbedingung haben.
Dort gilt

(L12.12g) $f(x=1,y=1)=2$.

Zu bestimmen ist

(L12.13a) $f(x,y) = 2x + y \rightarrow extr!$

unter der Nebenbedingung

(L12.13b) $x^2 + y^2 = 1$.

Zuerst sind von der LAGRANGE-Funktion

(L12.13c) $L(x,y,\lambda) = 2x + y + \lambda(x^2 + y^2 - 1)$

die drei ersten partiellen Ableitungsfunktionen zu bilden:

(L12.13d)
$$\frac{\partial L}{\partial x}(x,y,\lambda) = L_x(x,y,\lambda) = 2 + 2\lambda x$$
$$\frac{\partial L}{\partial y}(x,y,\lambda) = L_y(x,y,\lambda) = 1 + 2\lambda y$$
$$\frac{\partial L}{\partial \lambda}(x,y,\lambda) = L_\lambda(x,y,\lambda) = x^2 + y^2 - 1$$

Damit ergibt sich zur Ermittlung der stationären Stellen das *nichtlineare Gleichungssystem*

(L12.13e)
$$\begin{aligned} 2 + 2\lambda x &= 0 \\ 1 + 2\lambda y &= 0 \\ x^2 + y^2 - 1 &= 0 \end{aligned}$$

mit den beiden Lösungen

(L12.13f)
$$x_1 = -\frac{2}{5}\sqrt{5}, y_1 = -\frac{1}{5}\sqrt{5}, \lambda_1 = \frac{1}{2}\sqrt{5})$$
$$x_2 = \frac{2}{5}\sqrt{5}, y_2 = \frac{1}{5}\sqrt{5}, \lambda_2 = -\frac{1}{2}\sqrt{5})$$

Die LAGRANGE-Funktion besitzt bei $P_1(x = -\frac{2}{5}\sqrt{5}, y = -\frac{1}{5}\sqrt{5}, \lambda = \frac{1}{2}\sqrt{5})$ und bei $P_2(x = \frac{2}{5}\sqrt{5}, y = \frac{1}{5}\sqrt{5}, \lambda = -\frac{1}{2}\sqrt{5})$ *stationäre Stellen.*

Berechnet man die zugehörigen Funktionswerte, so kann damit entschieden werden, wo der größte bzw. der kleinste Funktionswert über der Nebenbedingung liegt:

(L12.13g)
$$f(x = -\frac{2}{5}\sqrt{5}, y = -\frac{1}{5}\sqrt{5}) = -\sqrt{5} \rightarrow \text{relatives Minimum}$$
$$f(x = \frac{2}{5}\sqrt{5}, y = \frac{1}{5}\sqrt{5}) = \sqrt{5} \rightarrow \text{relatives Maximum}$$

Für alle diejenigen Aufgaben, bei denen hier nur die Ergebnisse angegeben wurden, kann der ausführliche Rechenweg im Internet auf der Seite

`http://www.w-g-m.de/bwl-loesg.html`

unter „Aufgabe 12.1" eingesehen werden.

Ergebnisse und Lösungen zu Aufgabe 12.2 von Seite 83

Die *mathematische Modellierung* der formulierten Aufgabe führt zu folgendem Problem: Gesucht ist das *Maximum der Produktionsfunktion*

(L12.14a) $x(r_1, r_2) = 2 \cdot r_1 \cdot r_2$

unter der Bedingung

(L12.14b) $10r_1 + 20r_2 = 400$.

Wieder sind zuerst von der *LAGRANGE-Funktion*

(L12.14c) $L(r_1, r_2, \lambda) = 2r_1r_2 + \lambda(10r_1 + 20r_2 - 400)$

die drei ersten partiellen Ableitungsfunktionen zu bilden

$$\frac{\partial L}{\partial r_1}(r_1, r_2, \lambda) = L_{r_1}(r_1, r_2, \lambda) = 2r_2 + 10\lambda$$

(L12.14d) $$\frac{\partial L}{\partial r_2}(r_1, r_2, \lambda) = L_{r_2}(r_1, r_2, \lambda) = 2r_1 + 20\lambda$$

$$\frac{\partial L}{\partial \lambda}(r_1, r_2, \lambda) = L_{\lambda}(r_1, r_2, \lambda) = 10r_1 + 20r_2 - 400$$

Damit ergibt sich zur Ermittlung der stationären Stellen das *lineare Gleichungssystem*

(L12.14e) $$\begin{aligned} 2r_2 + 10\lambda &= 0 \\ 2r_1 + 20\lambda &= 0 \\ 10r_1 + 20r_2 - 400 &= 0 \end{aligned}$$

mit der Lösung

(L12.14f) $r_1 = 20, r_2 = 10, \lambda = -2$.

Die LAGRANGE-Funktion besitzt $P(r_1 = 20, r_2 = 10, \lambda = -2)$ als einzige stationäre Stelle. Die Produktionsfunktion wird damit für $r_1 = 20, r_2 = 10$ einen Extremwert unter der angegebenen Nebenbedingung haben, und es gilt dort

(L12.14g) $x(r_1 = 20, r_2 = 10) = 400$.

Antwortsatz: Werden vom ersten Produktionsfaktor r_1 20 ME und vom zweiten Produktionsfaktor r_2 10 ME eingesetzt, dann wird das zur Verfügung stehende Budget vollständig verbraucht und dabei der maximale Output von x=400 ME realisiert.

Für diese Aufgabe kann der ausführliche Rechenweg im Internet auf der Seite

`http://www.w-g-m.de/bwl-loesg.html`

unter „Aufgabe 12.2“ eingesehen werden.

Ergebnisse und Lösungen zu Aufgabe 12.3 von Seite 84

Die *mathematische Modellierung* des gestellten ökonomischen Problems führt auf folgende Aufgabe: Zu lösen ist

(L12.15a) $G(x,y)=16x+10y+2xy-4x^2-2y^2-20 \to \max!$

unter der Bedingung

(L12.15b) $x+y=4$.

Zuerst sind von der LAGRANGE-Funktion

(L12.15c) $L(x,y,\lambda)=16x+10y+2xy-4x^2-2y^2-20+\lambda(x+y-4)$

die drei ersten partiellen Ableitungsfunktionen zu bilden:

$$\frac{\partial L}{\partial x}(x,y,\lambda)=L_x(x,y,\lambda)=16+2y-8x+\lambda$$

(L12.15d) $$\frac{\partial L}{\partial y}(x,y,\lambda)=L_y(x,y,\lambda)=10+2x-4y+\lambda$$

$$\frac{\partial L}{\partial \lambda}(x,y,\lambda)=L_\lambda(x,y,\lambda)=x+y-4$$

Damit ergibt sich zur Ermittlung der stationären Stellen das *lineare Gleichungssystem*

$$16+2y-8x+\lambda=0$$

(L12.15e) $$10+2x-4y+\lambda=0$$

$$x+y-4=0$$

mit der Lösung

(L12.15f) $x=\frac{15}{8},\ y=\frac{17}{8},\ \lambda=-\frac{21}{4}$

Die LAGRANGE-Funktion besitzt damit $P(x=\frac{15}{8},y=\frac{17}{8},\lambda=-\frac{21}{4})$ als einzige sta-stationäre Stelle.

Die Gewinnfunktion wird damit für $x=\frac{15}{8},\ y=\frac{17}{8}$ einen Extremwert unter der angegebenen Nebenbedingung haben, und es gilt dort

(L12.15g) $G(x=\frac{15}{8},y=\frac{17}{8})=\frac{129}{8}$.

Antwortsatz: Stellt das Unternehmen vom ersten Gut *x=15/8* ME und vom zweiten Gut *y=17/8* ME her, dann schöpft es die zur Verfügung stehenden Kapazitäten vollständig aus und erzielt einen Gewinn von *G=129/8* GE.

Ergebnisse und Lösungen zu Aufgabe 12.4 von Seite 84

Bei den gegebenen Preis-Absatz-Funktionen erhält man für den Tagesumsatz

(L12.16a)
$$\begin{aligned} E(x,y) &= x\cdot p(x)+y\cdot p(y) \\ &= x\cdot(15000-3000x)+y\cdot(4000-200y) \end{aligned}$$

Zu lösen ist damit das mathematische Problem

(L12.16b) $E(x,y)=15000x-3000x^2+4000y-200y^2 \rightarrow \max!$

unter der Bedingung

(L12.16c) $x+y=10$

Wieder wird die *LAGRANGE-Funktion* aufgestellt:

(L12.16d) $L(x,y,\lambda)=15000x-3000x^2+4000y-200y^2+\lambda(x+y-10)$

Zuerst sind ihre drei ersten partiellen Ableitungsfunktionen zu bilden:

(L12.16e)
$$\begin{aligned} \frac{\partial L}{\partial x}(x,y,\lambda) &= L_x(x,y,\lambda)=15000-6000x+\lambda \\ \frac{\partial L}{\partial y}(x,y,\lambda) &= L_y(x,y,\lambda)=4000-400y+\lambda \\ \frac{\partial L}{\partial \lambda}(x,y,\lambda) &= L_\lambda(x,y,\lambda)=x+y-10 \end{aligned}$$

Damit ergibt sich das lineare Gleichungssystem

(L12.16f)
$$\begin{aligned} 15000-6000x+\lambda &= 0 \\ 4000-400y+\lambda &= 0 \\ x+y-10 &= 0 \end{aligned}$$

mit der Lösung

(L12.16g) $x=\frac{75}{32},\ y=\frac{245}{32},\ \lambda=-\frac{1875}{2}$

Antwortsatz: Die Molkerei muss in der ersten Geschmacksrichtung *x=75/32* Hektoliter und in der zweiten Geschmacksrichtung *y=245/32* Hektoliter Fruchtmilch herstellen, um den Tagesumsatz zu maximieren.

Sie erzielt damit den maximalen Tagesumsatz von

(L12.16g) $E(x = \frac{75}{32}, y = \frac{245}{32}) = 37578{,}125$

Geldeinheiten.

L13 Matrizen und ihre Anwendungen: Lösungen

Ergebnisse und Lösungen zu Aufgabe 13.1 von Seite 90

Es können alle vier Produkte gebildet werden:

(L13.11a) $A \cdot B = \begin{pmatrix} 5 & 3 & 8 & 8 \\ 7 & 5 & 12 & 12 \end{pmatrix}$

(L13.11b) $B \cdot C = \begin{pmatrix} 5 & 7 \\ 5 & 8 \end{pmatrix}$

(L13.11c) $C \cdot A = \begin{pmatrix} 19 & 13 \\ 26 & 18 \\ 38 & 26 \\ 17 & 11 \end{pmatrix}$

(L13.11d) $B \cdot C \cdot A = \begin{pmatrix} 74 & 50 \\ 81 & 55 \end{pmatrix}$

Die ausführlichen Rechenwege für diese Aufgabe können im Internet auf der Seite

`http://www.w-g-m.de/bwl-loesg.html`

unter „Aufgabe 13.1“ eingesehen werden.

Ergebnisse und Lösungen zu Aufgabe 13.2 von Seite 90

Nach Anwendung einfacher Regeln der Matrizenrechnung ergibt sich die Lösung der Aufgabe durch Differenzbildung:

$$3X - 2A = 2C + 5X \quad | \quad -2X - 2C$$

(L13.12a) $$-2A - 2C = 2X \quad | \quad \cdot \frac{1}{2}$$

$$-A - C = X$$

Man erhält damit

(L13.12b) $X = \begin{pmatrix} -2 & -3 & 1 \\ -4 & 0 & -3 \end{pmatrix}$

Ergebnisse und Lösungen zu Aufgabe 13.3 von Seite 90

$$A + X \cdot B = X \cdot C$$

(L13.13a) $$A = X \cdot C - X \cdot B$$

$$A = X \cdot (C - B)$$

Eine „Auflösung nach *X* durch Division" ist bei Matrizen nicht möglich – dort *gibt es keine Division.* Weil jedoch *C* und *B* *quadratisch* sind, könnte durch *Rechtsmultiplikation beider Seiten der Gleichung mit der Inversen von C-B* (wenn sie existiert) die Matrix *X* bestimmt werden.

Berechnen wir deshalb zunächst die Differenz *C-B*:

(L13.13b) $$C - B = \begin{pmatrix} 5 & 1 & 2 \\ 2 & 3 & -1 \\ 6 & 2 & 10 \end{pmatrix} - \begin{pmatrix} 3 & 1 & 2 \\ 2 & 1 & -1 \\ 6 & 2 & 8 \end{pmatrix} = \begin{pmatrix} 2 & 0 & 0 \\ 0 & 2 & 0 \\ 0 & 0 & 2 \end{pmatrix} = 2E$$

Damit ergibt sich der *Sonderfall*, dass *X* sofort aufgeschrieben werden kann:

$$A = X \cdot (C - B) = X \cdot (2E) = 2 \cdot (X \cdot E) = 2X$$

(L13.13c) $$X = \frac{1}{2} A$$

$$X = \frac{1}{2} \begin{pmatrix} 1 & 3 & 2 \\ 4 & -2 & 3 \end{pmatrix}$$

Ergebnisse und Lösungen zu Aufgabe 13.4 von Seite 90

Die Lösung für diese Aufgabe kann im Internet auf der Seite

`http://www.w-g-m.de/bwl-loesg.html`

unter „Aufgabe 13.4" eingesehen werden.

Ergebnisse und Lösungen zu Aufgabe 13.5 von Seite 90

Unter Verwendung der *Verbrauchsmatrizen A, B* und *C* für die einzelnen Produktionsstufen wird mit dem Produkt *A·B·C* die *Gesamtverbrauchsmatrix V* bestimmt:

(L13.15a) $$V = A \cdot B \cdot C = \begin{pmatrix} 66 & 78 & 60 \\ 50 & 57 & 44 \\ 54 & 67 & 53 \\ 48 & 57 & 45 \end{pmatrix}$$

Mit dieser *Gesamtverbrauchsmatrix* lässt sich zuerst die Rohstoffmenge ermitteln, die zur Herstellung von je 200 Einheiten jedes *Endproduktes* nötig ist.

Dazu muss die *Gesamtverbrauchsmatrix V* mit dem Vektor

$$\text{(L13.15b)}\quad \vec{p} = \begin{pmatrix} 200 \\ 200 \\ 200 \end{pmatrix}$$

der *angestrebten Produktionsmengen* multipliziert werden. Mit dem Schema von FALK ergibt sich:

$$\text{(L13.15c)}\quad \vec{R}_{Endprodukte} = \begin{pmatrix} 66 & 78 & 60 \\ 50 & 57 & 44 \\ 54 & 67 & 53 \\ 48 & 57 & 45 \end{pmatrix} \cdot \begin{pmatrix} 200 \\ 200 \\ 200 \end{pmatrix} = \begin{pmatrix} 40800 \\ 30200 \\ 34800 \\ 30000 \end{pmatrix}$$

Noch ist die Aufgabe aber nicht gelöst – es werden *zusätzliche Rohstoffmengen* für die jeweils 50 Einheiten an *Zwischenprodukten* benötigt.

Um diese zu ermitteln, muss die Matrix *A* mit dem entsprechenden Vektor multipliziert werden:

$$\text{(L13.15d)}\quad \vec{R}_{Zwischenprodukte} = \begin{pmatrix} 1 & 3 & 2 & 1 \\ 2 & 1 & 0 & 2 \\ 1 & 1 & 3 & 1 \\ 2 & 0 & 1 & 2 \end{pmatrix} \cdot \begin{pmatrix} 50 \\ 50 \\ 50 \\ 50 \end{pmatrix} = \begin{pmatrix} 350 \\ 250 \\ 300 \\ 250 \end{pmatrix}$$

Somit ergibt sich der *Gesamtbedarf an Rohstoffen* aus der Summe:

$$\text{(L13.15e)}\quad \vec{R}_{Gesamt} = \vec{R}_{Endprodukte} + \vec{R}_{Zwischenprodukte} = \begin{pmatrix} 40800 \\ 30200 \\ 34800 \\ 30000 \end{pmatrix} + \begin{pmatrix} 350 \\ 250 \\ 300 \\ 250 \end{pmatrix} = \begin{pmatrix} 41150 \\ 30450 \\ 35100 \\ 30250 \end{pmatrix}$$

Antwortsatz zu Teilaufgabe a) : Für die beabsichtigte Menge an End- und Zwischenprodukten werden 41500 Einheiten von Rohstoff 1, 30450 Einheiten von Rohstoff 2, 35100 Einheiten von Rohstoff 3 und 30250 Einheiten von Rohstoff 4 benötigt.

Lösung der Teilaufgabe b): Die Preise für die Rohstoffe können in einem Vektor zusammengefasst werden:

$$\text{(L13.15f)}\quad \vec{y} = \begin{pmatrix} 15 \\ 20 \\ 10 \\ 10 \end{pmatrix}$$

Multipliziert man jetzt die benötigten Rohstoffmengen, die im Vektor $\vec{R}_{Gesamt}$ enthalten sind, von links der Transponierten des Vektors $\vec{y}$, so erhält man die Materialkosten:

$$\text{(L13.15g)}\quad \vec{K}_{Material} = \vec{y}^T \cdot \vec{R}_{Gesamt} = \begin{pmatrix} 41150 \\ 30450 \\ 35100 \\ 30250 \end{pmatrix}^T \begin{pmatrix} 15 \\ 20 \\ 10 \\ 10 \end{pmatrix} = 1879750$$

Antwortsatz zu Teilaufgabe b): Es werden 1.879.750€ an Materialkosten vorzusehen sein, wenn von jedem Endprodukt 200 Einheiten und zusätzlich von jedem Zwischenprodukt noch einmal 50 Einheiten hergestellt werden sollen.

Die ausführliche Rechnung für diese Aufgabe einschließlich der durchgeführten Rechnungen im Schema von FALK kann im Internet auf der Seite

`http://www.w-g-m.de/bwl-loesg.html`

unter „Aufgabe 13.5" eingesehen werden.

Ergebnisse und Lösungen zu Aufgabe 13.6 von Seite 91

Betrachten wir zuerst die Lösung der Teilaufgabe a):

Die *benötigten Aufwendungen* lassen sich über das Produkt aus *Matrix der Aufwendungen* und *Vektor der Erzeugniseinheiten* berechnen:

$$\text{(L13.15h)}\quad \vec{a} = A \cdot \vec{p} = \begin{pmatrix} 2 & 0 & 0 & 0 \\ 2 & 3 & 1 & 4 \\ 0 & 2 & 0 & 5 \\ 10 & 30 & 20 & 50 \\ 2 & 2 & 3 & 2 \end{pmatrix} \cdot \begin{pmatrix} 400 \\ 300 \\ 200 \\ 200 \end{pmatrix} = \begin{pmatrix} 800 \\ 2700 \\ 1600 \\ 27000 \\ 2400 \end{pmatrix}$$

Zur Bestimmung der *abzusetzenden Produktion* ist die Differenz zwischen *Gesamterzeugung* und *Eigenbedarf* zu bilden:

$$\text{(L13.15i)}\quad \vec{y} = \vec{p} - V \cdot \vec{p} = \begin{pmatrix} 400 \\ 300 \\ 200 \\ 200 \end{pmatrix} - \begin{pmatrix} 0 & 0{,}2 & 0{,}1 & 0{,}3 \\ 0 & 0 & 0{,}2 & 0{,}5 \\ 0 & 0 & 0 & 0 \\ 0 & 0{,}4 & 0 & 0 \end{pmatrix} \cdot \begin{pmatrix} 400 \\ 300 \\ 200 \\ 200 \end{pmatrix} = \begin{pmatrix} 260 \\ 160 \\ 200 \\ 80 \end{pmatrix}$$

Antwortsatz zu Teilaufgabe a): Die benötigten Aufwendungen ergeben sich zu 800, 2700 bzw. 1600 Einheiten der Rohstoffe R_1, R_2 und R_3 sowie 27000 Einheiten Energie und 2400 Einheiten Lohn. Die mögliche abzusetzende Produktion bei dieser Gesamterzeugung beträgt 260, 160, 200 bzw. 80 Einheiten der Erzeugnisse E_1 bis E_4.

Nun zur Lösung der der Teilaufgabe b):

Zuerst wird die auf Seite 92 ausgesprochene Behauptung überprüft:

$$B\cdot(E-V)=\begin{pmatrix}1 & 0{,}4 & 0{,}18 & 0{,}5\\ 0 & 1{,}25 & 0{,}25 & 0{,}625\\ 0 & 0 & 1 & 0\\ 0 & 0{,}5 & 0{,}1 & 1{,}25\end{pmatrix}\cdot\begin{pmatrix}1 & -0{,}2 & -0{,}1 & -0{,}3\\ 0 & 1 & -0{,}2 & -0{,}5\\ 0 & 0 & 1 & 0\\ 0 & -0{,}4 & 0 & 1\end{pmatrix}=\begin{pmatrix}1 & 0 & 0 & 0\\ 0 & 1 & 0 & 0\\ 0 & 0 & 1 & 0\\ 0 & 0 & 0 & 1\end{pmatrix}=E$$

$$(E-V)\cdot B=\begin{pmatrix}1 & -0{,}2 & -0{,}1 & -0{,}3\\ 0 & 1 & -0{,}2 & -0{,}5\\ 0 & 0 & 1 & 0\\ 0 & -0{,}4 & 0 & 1\end{pmatrix}\cdot\begin{pmatrix}1 & 0{,}4 & 0{,}18 & 0{,}5\\ 0 & 1{,}25 & 0{,}25 & 0{,}625\\ 0 & 0 & 1 & 0\\ 0 & 0{,}5 & 0{,}1 & 1{,}25\end{pmatrix}=\begin{pmatrix}1 & 0 & 0 & 0\\ 0 & 1 & 0 & 0\\ 0 & 0 & 1 & 0\\ 0 & 0 & 0 & 1\end{pmatrix}=E$$

Es gelten in der Tat die beiden Beziehungen

(L13.15j) $B\cdot(E-V)=(E-V)\cdot B=E$.

Also ist

(L13.15k) $B=(E-V)^{-1}$

und die Formel (13.16g) von Seite 92 kann zur Anwendung kommen:

(L13.15m) $$\vec{p}=(E-V)^{-1}\cdot\vec{x}=B\cdot\vec{x}=\begin{pmatrix}1 & 0{,}4 & 0{,}18 & 0{,}5\\ 0 & 1{,}25 & 0{,}25 & 0{,}625\\ 0 & 0 & 1 & 0\\ 0 & 0{,}5 & 0{,}1 & 1{,}25\end{pmatrix}\cdot\begin{pmatrix}100\\ 200\\ 300\\ 300\end{pmatrix}=\begin{pmatrix}344\\ 512{,}5\\ 300\\ 505\end{pmatrix}$$

Damit ist die *notwendige Gesamterzeugung* bei der *geplanten abzusetzenden Produktion* von 100 Einheiten des Erzeugnis E_1, 200 Einheiten E_2 und je 300 Einheiten von E_3 und E_4 ausgerechnet worden.

Erster Antwortsatz zu Teilaufgabe b): Um das *vorgegebene Produktionsergebnis* trotz des vorhandenen *Eigenbedarfs* zu erzielen, müssen 344 Einheiten von E_1, 512,5 Einheiten von E_2, 300 Einheiten von E_3 und 505 Einheiten von E_4 erzeugt werden.

Abschließend muss in Teilaufgabe b) noch ermittelt werden, wie groß die benötigten Aufwendungen in diesem Fall werden.

Dazu ist wieder das Produkt aus der *Matrix der Aufwendungen* und dem *Vektor der Erzeugniseinheiten* zu bilden:

(L13.15n) $$\vec{a} = A \cdot \vec{p} = \begin{pmatrix} 2 & 0 & 0 & 0 \\ 2 & 3 & 1 & 4 \\ 0 & 2 & 0 & 5 \\ 10 & 30 & 20 & 50 \\ 2 & 2 & 3 & 2 \end{pmatrix} \cdot \begin{pmatrix} 344 \\ 512,5 \\ 300 \\ 505 \end{pmatrix} = \begin{pmatrix} 688 \\ 4545,5 \\ 3550 \\ 50065 \\ 3623 \end{pmatrix}$$

Zweiter Antwortsatz zu Teilaufgabe b): Die benötigten Aufwendungen ergeben sich zu 688, 4545,5 bzw. 3550 Einheiten der Rohstoffe R_1, R_2 und R_3 sowie 50065 Einheiten Energie und 3623 Einheiten Lohn.

L14 Determinanten: Lösungen

Ergebnisse und Lösungen zu Aufgabe 14.1 von Seite 99

(L14.30) $\begin{vmatrix} 1 & -2 \\ 3 & 4 \end{vmatrix} = 10$

(L14.31) $\begin{vmatrix} 1 & 3 & 2 \\ -1 & 0 & 1 \\ 2 & 1 & 2 \end{vmatrix} = 9$

(L14.32) $\begin{vmatrix} 3 & 4 & 1 \\ 2 & 1 & -1 \\ 1 & 3 & 2 \end{vmatrix} = 0$

(L14.33) $\begin{vmatrix} 1 & 2 & 3 & 1 \\ 3 & 5 & 4 & 2 \\ -2 & -3 & 1 & 4 \\ 2 & 4 & 0 & 7 \end{vmatrix} = -40$

Für alle diejenigen Aufgaben, bei denen hier nur die Ergebnisse angegeben wurden, kann der ausführliche Rechenweg im Internet auf der Seite

`http://www.w-g-m.de/bwl-loesg.html`

unter „Aufgabe 14.1" eingesehen werden.

Ergebnisse und Lösungen zu Aufgabe 14.2 von Seite 99

Die Matrix $A = \begin{pmatrix} 2 & 1 \\ k & 3 \end{pmatrix}$ besitzt für k=6 keine Inverse.

Die Matrix $B = \begin{pmatrix} 3 & 1 & 2 \\ t & 1 & 3 \\ 2 & 0 & 1 \end{pmatrix}$ besitzt für t=5 keine Inverse.

Die Matrix $C = \begin{pmatrix} 2 & 1 & 4 \\ t & 2 & 1 \\ 1 & 1 & -3 \end{pmatrix}$ besitzt für t=3 keine Inverse.

Die Matrix $D = \begin{pmatrix} 2 & 1 & 3 & 1 \\ -4 & -3 & 1 & 0 \\ 6 & 1 & 2 & 1 \\ -2 & -1 & 2 & k \end{pmatrix}$ besitzt für k−3/7 keine Inverse.

Für alle diejenigen Aufgaben, bei denen hier nur die Ergebnisse angegeben wurden, kann der ausführliche Rechenweg im Internet auf der Seite

`http://www.w-g-m.de/bwl-loesg.html`

unter „Aufgabe 14.2" eingesehen werden.

Ergebnisse und Lösungen zu Aufgabe 14.3 von Seite 100

Zur Lösung der Gleichung

(L14.38a) $$\begin{vmatrix} 1 & 2 & -1 \\ 2 & 1 & 3 \\ 3 & 2 & 0 \end{vmatrix} = \begin{vmatrix} x & -1 & 2 \\ 3 & 1 & 1 \\ 4 & 2 & -1 \end{vmatrix}$$

werden die beiden Determinanten berechnet – hier wieder unter Verwendung des *Entwicklungssatzes* nach *Vorbehandlung zur Erzeugung von Nullen*:

(L14.38b) $$\begin{vmatrix} 1 & 2 & -1 \\ 2 & 1 & 3 \\ 3 & 2 & 0 \end{vmatrix} = \begin{vmatrix} 1 & 2 & -1 \\ 0 & -3 & 5 \\ 0 & -4 & 3 \end{vmatrix} = \begin{vmatrix} -3 & 5 \\ -4 & 3 \end{vmatrix} = 11$$
$$\begin{vmatrix} x & -1 & 2 \\ 3 & 1 & 1 \\ 4 & 2 & -1 \end{vmatrix} = \begin{vmatrix} x+8 & 3 & 0 \\ 7 & 3 & 0 \\ 4 & 2 & -1 \end{vmatrix} = -\begin{vmatrix} x+8 & 3 \\ 7 & 3 \end{vmatrix} = -3x-3$$

Zu lösen ist folglich die Gleichung

(L14.38c) $-3x - 3 = 11$.

Damit ergibt sich der Wert $x = -14/3$ als Lösung der Gleichung (14.38).

Zur Lösung der Gleichung

$$\text{(L14.39a)}\quad \begin{vmatrix} 2 & 1 & 1 \\ -2 & 0 & \ln x \\ 4 & 3 & 3 \end{vmatrix} = 4$$

wird wiederum zuerst die links stehende Determinante berechnet. Nachdem das „minus-drei-fache" der ersten Zeile zur dritten Zeile addiert wurde, wird nach der zweiten Spalte entwickelt:

$$\text{(L14.39b)}\quad \begin{vmatrix} 2 & 1 & 1 \\ -2 & 0 & \ln x \\ 4 & 3 & 3 \end{vmatrix} = \begin{vmatrix} 2 & 1 & 1 \\ -2 & 0 & \ln x \\ -2 & 0 & 0 \end{vmatrix} = -\begin{vmatrix} -2 & \ln x \\ -2 & 0 \end{vmatrix} = -2\ln x$$

Es ergibt sich für x die Gleichung

$$\text{(L14.39c)}\quad -2\ln x = 4\ ,$$

die durch Anwendung der Logarithmengesetze (siehe z. B. [22], Seite 30) gelöst werden kann:

$$\text{(L14.39d)}\quad \begin{aligned} \ln x &= -2 \\ e^{\ln x} &= e^{-2} \\ x &= e^{-2} \end{aligned}$$

Ergebnisse und Lösungen zu Aufgabe 14.4 von Seite 100

Die Determinante der Koeffizientenmatrix des linearen Gleichungssystems

$$\text{(L14.40a)}\quad \begin{aligned} 2x_1 - 3x_2 + x_3 &= -7 \\ x_1 + 4x_2 + 2x_3 &= -1 \\ x_1 - 4x_2 &= -5 \end{aligned}$$

ist von Null verschieden, also gibt es genau eine Lösung. Sie lautet

$$\text{(L14.40b)}\quad x_1 = -1 \qquad x_2 = 1 \qquad x_3 = -2$$

Einzelheiten zu dieser Aufgabe, bei der hier nur das Ergebnis angegeben wurde, kann im Internet auf der Seite

`http://www.w-g-m.de/bwl-loesg.html`

unter „Aufgabe 14.4" eingesehen werden.

Ergebnisse und Lösungen zu Aufgabe 14.5 von Seite 100

Unter der Voraussetzung, dass die Inverse der Matrix $\begin{pmatrix} 1 & 2 \\ 3 & 4 \end{pmatrix}$ existiert, kann die gegebene Matrixgleichung (14.41) durch *Linksmultiplikation beider Seiten* mit dieser Inversen so umgeformt werden, dass die unbekannte Matrix X allein auf einer Seite steht:

(L14.41a) $$\begin{pmatrix} 1 & 2 \\ 3 & 4 \end{pmatrix} X = \begin{pmatrix} 3 & 5 \\ 5 & 9 \end{pmatrix} \Rightarrow X = \begin{pmatrix} 1 & 2 \\ 3 & 4 \end{pmatrix}^{-1} \cdot \begin{pmatrix} 3 & 5 \\ 5 & 9 \end{pmatrix}$$

Da diese Inverse existiert, ergibt sich folgende Lösung:

(L14.41b) $$X = \begin{pmatrix} 1 & 2 \\ 3 & 4 \end{pmatrix}^{-1} \cdot \begin{pmatrix} 3 & 5 \\ 5 & 9 \end{pmatrix} = \frac{1}{-2} \begin{pmatrix} 4 & -2 \\ -3 & 1 \end{pmatrix} \cdot \begin{pmatrix} 3 & 5 \\ 5 & 9 \end{pmatrix} = \begin{pmatrix} -1 & -1 \\ 2 & 3 \end{pmatrix}$$

Unter der Voraussetzung, dass die Inverse der Matrix $\begin{pmatrix} 3 & -2 \\ 5 & -4 \end{pmatrix}$ existiert, kann die gegebene Matrixgleichung (14.42) durch *Rechtsmultiplikation beider Seiten* mit dieser Inversen so umgeformt werden, dass die unbekannte Matrix X allein auf einer Seite steht:

(L14.42a) $$X \begin{pmatrix} 3 & -2 \\ 5 & -4 \end{pmatrix} = \begin{pmatrix} -1 & 2 \\ -5 & 6 \end{pmatrix} \Rightarrow X = \begin{pmatrix} -1 & 2 \\ -5 & 6 \end{pmatrix} \cdot \begin{pmatrix} 3 & -2 \\ 5 & -4 \end{pmatrix}^{-1}$$

Da diese Inverse existiert, ergibt sich folgende Lösung:

(L14.42b) $$X = \begin{pmatrix} -1 & 2 \\ -5 & 6 \end{pmatrix} \cdot \begin{pmatrix} 3 & -2 \\ 5 & -4 \end{pmatrix}^{-1} = \begin{pmatrix} -1 & 2 \\ -5 & 6 \end{pmatrix} \cdot \frac{1}{-2} \begin{pmatrix} -4 & 2 \\ -5 & 3 \end{pmatrix} = \begin{pmatrix} 3 & -2 \\ 5 & -4 \end{pmatrix}$$

Unter der Voraussetzung, dass sowohl die Matrix $\begin{pmatrix} 2 & -3 \\ 4 & -5 \end{pmatrix}$ als auch die Matrix $\begin{pmatrix} 2 & 3 \\ 4 & 5 \end{pmatrix}$ Inverse besitzen, kann die gegebene Matrixgleichung (14.43) durch *Rechts- und Linksmultiplikation beider Seiten* mit den Inversen so umgeformt werden, dass die unbekannte Matrix X allein auf einer Seite steht:

(L14.43a) $$\begin{pmatrix} 2 & -3 \\ 4 & -5 \end{pmatrix} X \begin{pmatrix} 2 & 3 \\ 4 & 5 \end{pmatrix} = \begin{pmatrix} 1 & 1 \\ 1 & 1 \end{pmatrix} \Rightarrow X = \begin{pmatrix} 2 & -3 \\ 4 & -5 \end{pmatrix}^{-1} \begin{pmatrix} 1 & 1 \\ 1 & 1 \end{pmatrix} \begin{pmatrix} 2 & 3 \\ 4 & 5 \end{pmatrix}^{-1}$$

Da die Inversen existieren, ergibt sich folgende Lösung:

(L14.43b)

$$X = \begin{pmatrix} 2 & -3 \\ 4 & -5 \end{pmatrix}^{-1} \begin{pmatrix} 1 & 1 \\ 1 & 1 \end{pmatrix} \begin{pmatrix} 2 & 3 \\ 4 & 5 \end{pmatrix}^{-1} = \frac{1}{2} \begin{pmatrix} -5 & 3 \\ -4 & 2 \end{pmatrix} \cdot \begin{pmatrix} 1 & 1 \\ 1 & 1 \end{pmatrix} \cdot \frac{1}{-2} \begin{pmatrix} 5 & -3 \\ -4 & 2 \end{pmatrix} = \frac{1}{2} \begin{pmatrix} 1 & -1 \\ 1 & -1 \end{pmatrix}$$

L15 Lineare Gleichungssysteme: Lösungen

Ergebnisse und Lösungen zu Aufgabe 15.1 von Seite 109

x_1	x_2	x_3	=
1	2	3	4
2	3	-2	1
3	-4	-5	8

Bild L15.12a: Aufgabenstellung

Feststellung: Es handelt sich um ein quadratisches lineares Gleichungssystem, das keine, genau eine oder unendlich viele Lösungen besitzen kann.

x_1	x_2	x_3	=
1	2	3	4
	-1	-8	-7
		66	66

Bild L15.12b: GAUSS-Zusammenstellung (Nullen sind weggelassen)

$$x_1 = 3, x_2 = -1, x_3 = 1$$

Bild L15.12c: Lösung

---

x_1	x_2	x_3	x_4	=
1	0	-3	-1	0
1	2	-2	4	-8
2	-2	-1	0	7
0	1	1	1	-2

Bild L15.13a: Aufgabenstellung

Feststellung: Es handelt sich um ein quadratisches lineares Gleichungssystem, das keine, genau eine oder unendlich viele Lösungen besitzen kann.

x_1	x_2	x_3	x_4	=
1	0	-3	-1	0
	2	1	5	-8
		1	-3	4
			25	-25

Bild L15.13b: GAUSS-Zusammenstellung

$$x_1 = 2, x_2 = -2, x_3 = 1, x_4 = -1$$

Bild L15.13c: Lösung

x_1	x_2	x_3	x_4	=
1	1	1	1	1
2	4	8	16	5
3	9	27	81	15
4	16	64	256	35

Bild L15.14a: Aufgabenstellung

Feststellung: Es handelt sich um ein quadratisches lineares Gleichungssystem, das keine, genau eine oder unendlich viele Lösungen besitzen kann.

x_1	x_2	x_3	x_4	=
1	1	1	1	1
	2	6	14	3
		6	36	3
			24	1

Bild L15.14b: GAUSS-Zusammenstellung

$$x_1 = \frac{1}{4}, x_2 = \frac{11}{24}, x_3 = \frac{1}{4}, x_4 = \frac{1}{24}$$

Bild L15.14c: Lösung

x_1	x_2	x_3	x_4	=
1	2	2	0	-1
2	4	3	-1	1
-1	-2	1	2	-8
-3	-6	2	3	-21

Bild L15.15a: Aufgabenstellung

Feststellung: Es handelt sich um ein quadratisches lineares Gleichungssystem, das keine, genau eine oder unendlich viele Lösungen besitzen kann.

x_1	x_2	x_3	x_4	=
1	2	2	0	-1
0	0	-1	-1	3
0	0	0	-1	0
0	0	0	0	0

Bild L15.15b: Ende der GAUSS-Elimination

$$x_1 = 5 - 2\lambda, x_2 = \lambda, x_3 = -3, x_4 = 0 \quad (\lambda \in \Re, \text{beliebig})$$

Bild L15.15c: Beschreibung der unendlich vielen Lösungen: x_2 oder x_1 kann beliebig gewählt werden (hier ist x_2 gleich λ gesetzt worden)

x_1	x_2	x_3	=
-1	-3	-12	-5
-1	2	5	2
3	-1	2	1
7	-4	-1	0
0	5	17	7

Bild L15.16a: Aufgabenstellung

Feststellung: Es handelt sich um fünf Gleichungen für drei Unbekannte, das Gleichungssystem ist überbestimmt. Es kann keine, genau eine oder unendlich viele Lösungen besitzen.

x_1	x_2	x_3	=
-1	-3	-12	-5
0	5	17	7

Bild L15.16b: GAUSS-Zusammenstellung nach Streichung der Nullzeilen

$$x_1 = \frac{4}{5} - \frac{9}{5}\lambda, x_2 = \frac{7}{5} - \frac{17}{5}\lambda, x_3 = \lambda \quad (\lambda \in \Re, \text{beliebig})$$

Bild L15.16c: Beschreibung der unendlich vielen Lösungen (x_2 oder x_3 kann als frei wählbar festgelegt werden, hier wurde x_3 gewählt)

x_1	x_2	x_3	x_4	x_5	=
1	2	3	1	1	3
1	3	3	2	1	6
1	4	3	2	2	5
1	1	2	1	1	1
1	5	4	2	2	7
1	5	3	2	3	4

Bild L15.17a: Aufgabenstellung

Feststellung: Es handelt sich um sechs Gleichungen für fünf Unbekannte, das Gleichungssystem ist überbestimmt. Es kann keine, genau eine oder unendlich viele Lösungen besitzen.

x_1	x_2	x_3	x_4	x_5	=
1	2	3	1	1	3
	1	0	1	0	3
		-1	1	0	1
			-1	1	-4
				-2	1

Bild L15.17b: GAUSS-Zusammenstellung nach Streichung einer Nullzeile

$$x_1 = -\frac{13}{2}, x_2 = -\frac{1}{2}, x_3 = \frac{5}{2}, x_4 = \frac{7}{2}, x_4 = -\frac{1}{2}$$

Bild L15.17c: Lösung

x_1	x_2	x_3	x_4	x_5	=
1	1	3	-2	3	1
2	2	4	-1	3	2
3	3	5	-2	3	1
2	2	8	-3	9	2

Bild L15.18a: Aufgabenstellung

Feststellung: Hier handelt es sich um vier Gleichungen für fünf Unbekannte, das Gleichungssystem ist unterbestimmt. Es kann keine oder unendlich viele Lösungen haben.

x_1	x_2	x_3	x_4	x_5	=
1	1	3	-2	3	1
0	0	-2	3	-3	0
0	0	0	-2	0	-2
0	0	0	0	0	-4

Bild L15.18b: Ende der GAUSS-Elimination: Widerspruchszeile

Dieses Gleichungssystem hat keine Lösung.

x_1	x_2	x_3	x_4	x_5	=
2	-1	1	2	3	2
6	-3	2	4	5	3
6	-3	4	8	13	9
4	-2	1	1	2	1
4	-2	3	6	10	7

Bild L15.19a: Aufgabenstellung

Feststellung: Es handelt sich um fünf Gleichungen für fünf Unbekannte, das Gleichungssystem ist quadratisch. Es kann keine, genau eine oder unendlich viele Lösungen besitzen.

x_1	x_2	x_3	x_4	x_5	=
2	-1	1	2	3	2
0	0	-1	-2	-4	-3
0	0	0	-1	0	0

Bild L15.19b: GAUSS-Zusammenstellung nach Streichung von zwei Nullzeilen

$$\begin{pmatrix} x_1 \\ x_2 \\ x_3 \\ x_4 \\ x_5 \end{pmatrix} = \begin{pmatrix} -1/2 \\ 0 \\ 3 \\ 0 \\ 0 \end{pmatrix} + \lambda \begin{pmatrix} 1/2 \\ 1 \\ 0 \\ 0 \\ 0 \end{pmatrix} + \mu \begin{pmatrix} 1/2 \\ 0 \\ -4 \\ 0 \\ 1 \end{pmatrix} \quad (\lambda, \mu \in \Re, \text{beliebig})$$

Bild L15.19c: Lösung, wenn x_2 und x_5 als frei wählbar angenommen werden

x_1	x_2	x_3	x_4	=
1	2	3	3	10
1	3	2	4	8
1	1	5	3	15
2	5	4	7	18
2	5	6	8	21

Bild L15.20a: Aufgabenstellung

Feststellung: Es handelt sich um fünf Gleichungen für vier Unbekannte, das Gleichungssystem ist überbestimmt. Es kann keine, genau eine oder unendlich viele Lösungen besitzen.

x_1	x_2	x_3	x_4	=
1	2	3	3	10
	1	-1	1	-2
		1	1	3
			1	3

Bild L15.20b: GAUSS-Zusammenstellung

$$x_1 = 11, x_2 = -5, x_3 = 0, x_4 = 3$$

Bild L15.20c: Lösung

Für alle diejenigen Aufgaben, bei denen hier nur die Ergebnisse angegeben wurden, kann der ausführliche Rechenweg im Internet auf der Seite

`http://www.w-g-m.de/bwl-loesg.html`

unter „Aufgabe 15.1" eingesehen werden.

Ergebnisse und Lösungen zu Aufgabe 15.2 von Seite 111

Als lineares Gleichungssystem in Tableau-Form ergibt sich

p_1	p_2	p_3	p_4	=
20	-1	-1	-1	9
-1	40	-1	0	117
0	0	20	-2	28
-1	0	-4	10	51

Bild L15.21a: Lineares Gleichungssystem zu (15.17) von Seite 112

Soll die Basisversion des GAUSSschen Algorithmus zur Anwendung kommen, dann empfiehlt sich eine *Vertauschung der Zeilen*, um die Rechnung einfacher durchführen zu können. Da vier Gleichungen mit vier Unbekannten vorliegen, kann es *keine, genau eine* oder *unendlich viele Lösungen* geben.

p_1	p_2	p_3	p_4	=	
-1	0	-4	10	51	(-1) (20) (0)
-1	40	-1	0	117	+
20	-1	-1	-1	9	+
0	0	20	-2	28	+
0	40	3	-10	66	
0	-1	-81	199	1029	
0	0	20	-2	28	

Bild L15.21b: Zeilenvertauschung für bequemere Rechnung und erster GAUSS-Schritt

Vor dem Weiterrechnen empfiehlt sich wiederum eine Zeilenvertauschung:

p_1	p_2	p_3	p_4	=	
0	-1	-81	199	1029	(40) (0)
0	40	3	-10	66	+
0	0	20	-2	28	+
0	0	-3237	7950	41226	
0	0	20	-2	28	

Bild L15.21c: Weitere GAUSS-Rechnung

Trotz der entstehenden großen Zahlen findet man (Einzelheiten können im Internet verglichen werden) schließlich eine eindeutige Lösung: $p_1=1$, $p_2=3$, $p_3=2$ und $p_4=6$.

Antwortsatz: Der Hilfsbetrieb K_1 arbeitet mit einem Verrechnungspreis $p_1=1$ GE/LE, der Hilfsbetrieb K_2 arbeitet mit einem Verrechnungspreis $p_2=3$ GE/LE, der Hilfsbetrieb K_3 arbeitet mit einem Verrechnungspreis $p_3=2$ GE/LE und der Hilfsbetrieb K_4 arbeitet mit einem Verrechnungspreis $p_4=6$ GE/LE.

Für diese Aufgabe kann der ausführliche Rechenweg im Internet auf der Seite

`http://www.w-g-m.de/bwl-loesg.html`

unter „Aufgabe 15.2" eingesehen werden.

Ergebnisse und Lösungen zu Aufgabe 15.3 von Seite 112

Mit x_i werden die produzierten Einheiten von Erzeugnis E_i bezeichnet $(i=1,2,3)$.

Bilanziert man jetzt die benötigten Zeiten und die zur Verfügung stehenden Zeiten für jede Maschine, dann erhält man ein *lineares Gleichungssystem* von *drei Gleichungen* für *drei Unbekannte*, das nach einer Zeilenvertauschung mit der Basisversion des GAUSSschen Algorithmus leicht zu lösen ist (Bild L15.22).

Da die GAUSS-Zusammenstellung aus drei Zeilen für die drei Unbekannten besteht, hat das lineare Gleichungssystem genau eine Lösung. Sie ergibt sich durch Rückrechnung von unten nach oben in der GAUSS-Zusammenstellung:

$$x_1=10,\ x_2=15 \text{ und } x_3=20.$$

x_1	x_2	x_3	=
3	2	3	120
2	0	5	120
1	2	4	120

x_1	x_2	x_3	=	
1	2	4	120	(-2) (-3)
2	0	5	120	+
3	2	3	120	+
0	-4	-3	-120	(-1)
0	-4	-9	-240	+
0	0	-6	-120	

x_1	x_2	x_3	=
1	2	4	120
0	-4	-3	-120
0	0	-6	-120

Bild L15.22: Gleichungssystem, GAUSS-Elimination und GAUSS-Zusammenstellung

Anwortsatz: Von Erzeugnis E_1 müssen 10 Einheiten, von Erzeugnis E_2 15 Einheiten und von Erzeugnis E_3 20 Einheiten hergestellt werden.

Ergebnisse und Lösungen zu Aufgabe 15.4 von Seite 113

Mit x_i werden die produzierten Einheiten von Erzeugnis E_i bezeichnet *(i=1,2,3)*. Bilanziert man die benötigten Mengen für jede Materialart, so ergibt sich ein *unterbestimmtes lineares Gleichungssystem* mit *zwei Gleichungen* für *drei Unbekannte,* das folglich nur entweder *keine Lösung* oder *unendlich viele Lösungen* haben kann:

$$\text{(L15.04a)}\quad \begin{aligned} 3x_1 + 6x_2 + 8x_3 &= 640 \\ 7x_1 + 5x_2 + 4x_3 &= 490 \end{aligned}$$

Soll auch dieses Gleichungssystem mit der Basisversion des GAUSSschen Algorithmus gelöst werden, dann erweisen sich hier Zeilen- und Spaltentausch für bequeme Rechnung als günstig:

x_3	x_2	x_1	=	
4	5	7	490	(-2)
8	6	3	640	+
0	-4	-11	-340	

x_3	x_2	x_1	=
4	5	7	490
0	-4	-11	-340

Bild L15.23: GAUSS-Elimination und GAUSS-Zusammenstellung

Die GAUSS-Zusammenstellung besteht aus zwei Zeilen für drei Unbekannte, folglich besitzt das lineare Gleichungssystem (15.04a) unendlich viele Lösungen.

Wird x_1 als frei wählbar festgelegt, ergibt sich aus der Rückwärtsrechnung die folgende (vorerst akademische) Lösung:

$$\text{(15.04b)}\quad \begin{pmatrix} x_1 \\ x_2 \\ x_3 \end{pmatrix} = \begin{pmatrix} 0 \\ 85 \\ 65/4 \end{pmatrix} + \lambda \begin{pmatrix} 1 \\ -11/4 \\ 27/16 \end{pmatrix} \qquad \lambda \in \Re$$

Aus ökonomischen Gründen ergibt sich aber die selbstverständliche Forderung, dass *alle drei Unbekannten nichtnegativ* sein müssen: $x_1 \geq 0$, $x_2 \geq 0$ und $x_3 \geq 0$.

Damit reduziert sich der für λ wählbare Bereich:

$$\text{(L15.04c)}\quad \begin{pmatrix} x_1 \\ x_2 \\ x_3 \end{pmatrix} = \begin{pmatrix} 0 \\ 85 \\ 65/4 \end{pmatrix} + \lambda \begin{pmatrix} 1 \\ -11/4 \\ 27/16 \end{pmatrix} \qquad 0 \leq \lambda \leq \frac{340}{11}$$

Soll die herzustellende Menge von E_2 gleich Null sein, dann muss gelten: $x_1=340/11$ und $x_3=1505/22$.

Ergebnisse und Lösungen zu Aufgabe 15.5 von Seite 113

Mit x_i werden die produzierten Einheiten von Erzeugnis E_i bezeichnet $(i=1,2,3,4)$. Bilanziert man die benötigten Rohstoffmengen, so ergibt sich das quadratische lineare Gleichungssystem

$$\text{(L15.05a)}\quad \begin{aligned} 2x_1 + 5x_2 + 4x_3 + x_4 &= 20 \\ x_1 + 3x_2 + 2x_3 + x_4 &= 11 \\ 2x_1 + 10x_2 + 9x_3 + 7x_4 &= 40 \\ 3x_1 + 8x_2 + 9x_3 + 2x_4 &= 37 \end{aligned}$$

mit der eindeutigen Lösung

$$\text{(L15.05b)}\quad x_1 = 1, x_2 = 2, x_3 = 2, x_4 = 0$$

Antwortsatz: Vom Erzeugnis E_1 wird eine Einheit produziert, von E_2 und E_3 je 2 Einheiten, und wenn von E_4 nicht produziert wird, werden die verfügbaren Rohstoffmengen vollständig verbraucht.

Für diese Aufgabe kann der ausführliche Rechenweg im Internet auf der Seite

`http://www.w-g-m.de/bwl-loesg.html`

unter „Aufgabe 15.5" eingesehen werden.

L16 Lineare Optimierung: Lösungen

Ergebnisse und Lösungen zu Aufgabe 16.1 von Seite 120

Für das Maximumproblem

(L16.10a)
$$\begin{aligned} &\text{Zielfunktion:} && z = 2x_1 + 3x_2 \to \max! \\ &\text{Nebenbedingungen:} && x_1 + 2x_2 \le 8 \\ &&& 2x_1 + x_2 \le 10 \\ &&& x_2 \le 3 \\ &&& x_1 \ge 0 \\ &&& x_2 \ge 0 \end{aligned}$$

kann nach Skizzieren des zulässigen Bereiches, nach Eintragen zweier Linien der Zielfunktion sowie nach Parallelverschiebung einer Linie der Zielfunktion in Wachstumsrichtung die optimale Lösung in einer Ecke des zulässigen Bereiches gefunden werden:

(L16.10b)
$$\begin{aligned} &x_1 = 4 \qquad x_2 = 2 \\ &z_{\max}(x_1 = 4, x_2 = 2) = 14 \end{aligned}$$

Für das Maximumproblem

(L16.11a)
$$\begin{aligned} &\text{Zielfunktion:} && z = 20x_1 + 10x_2 \to \max! \\ &\text{Nebenbedingungen:} && 10x_1 + 30x_2 \le 1800 \\ &&& 40x_1 + 10x_2 \le 2800 \\ &&& x_1 \ge 0 \\ &&& x_2 \ge 0 \end{aligned}$$

kann nach Skizzieren des zulässigen Bereiches, nach Eintragen zweier Linien der Zielfunktion sowie nach Parallelverschiebung einer Linie der Zielfunktion in Wachstumsrichtung die optimale Lösung in einer Ecke des zulässigen Bereiches gefunden werden:

(L16.11b)
$$\begin{aligned} &x_1 = 60 \qquad x_2 = 40 \\ &z_{\max}(x_1 = 60, x_2 = 40) = 1600 \end{aligned}$$

Für das Minimumproblem

$$\begin{aligned} &\text{Zielfunktion:} && z = 10x_1 + 20x_2 \rightarrow \min! \\ &\text{Nebenbedingungen:} && 6x_1 + x_2 \geq 18 \\ &&& x_1 + 4x_2 \geq 12 \\ &&& 2x_1 + x_2 \geq 10 \\ &&& x_1 \geq 0 \\ &&& x_2 \geq 0 \end{aligned} \qquad \text{(L16.12a)}$$

kann nach Skizzieren des zulässigen Bereiches, nach Eintragen zweier Linien der Zielfunktion sowie nach Parallelverschiebung einer Linie der Zielfunktion in Wachstumsrichtung die optimale Lösung in einer Ecke des zulässigen Bereiches gefunden werden:

$$\begin{aligned} &x_1 = 4 \qquad x_2 = 2 \\ &z_{\min}(x_1 = 4, x_2 = 2) = 80 \end{aligned} \qquad \text{(L16.12b)}$$

Für das Minimumproblem

$$\begin{aligned} &\text{Zielfunktion:} && z = 5x_1 + x_2 \rightarrow \min! \\ &\text{Nebenbedingungen:} && 9x_1 + 3x_2 \geq 3 \\ &&& 3x_1 + 4x_2 \geq 2 \\ &&& x_1 \geq 0 \\ &&& x_2 \geq 0 \end{aligned} \qquad \text{(L16.13a)}$$

kann nach Skizzieren des zulässigen Bereiches, nach Eintragen zweier Linien der Zielfunktion sowie nach Parallelverschiebung einer Linie der Zielfunktion in Wachstumsrichtung die optimale Lösung in einer Ecke des zulässigen Bereiches gefunden werden:

$$\begin{aligned} &x_1 = 0 \qquad x_2 = 1 \\ &z_{\min}(x_1 = 0, x_2 = 1) = 1 \end{aligned} \qquad \text{(L16.13b)}$$

Für alle Aufgaben kann die ausführliche Lösung einschließlich einer Skizze des zulässigen Bereiches mit zwei Linien der Zielfunktion (Höhenlinien) im Internet auf der Seite

`http://www.w-g-m.de/bwl-loesg.html`

unter „Aufgabe16.1" eingesehen werden.

Ergebnisse und Lösungen zu Aufgabe 16.2 von Seite 121

Wenn mit x_i die Anzahl der hergestellten Einheiten des Erzeugnisses E_i bezeichnet wird ($i=1,2$), dann ergibt sich aus der Aufgabenstellung das folgende *mathematische Modell*:

Zielfunktion: $z = 10x_1 + 20x_2 \rightarrow \max!$

Nebenbedingungen:

(L16.14a)
$$\begin{aligned} 3x_1 + 6x_2 &\le 240 \\ 6x_1 + 4x_2 &\le 360 \\ 5x_2 &\le 150 \\ x_1 &\ge 0 \\ x_2 &\ge 0 \end{aligned}$$

Der Skizze des zulässigen Bereiches einschließlich zweier Linien der Zielfunktion (Höhenlinien – hier sollte $z=400$ und $z=800$ gewählt werden) ist zu entnehmen, dass bei Parallelverschiebung einer Linie der Zielfunktion in Wachstumsrichtung nicht nur eine einzelne Ecke, sondern eine ganze *Kante des zulässigen Bereiches* getroffen wird.

Das bedeutet, dass für unendlich viele x_1-x_2-Kombinationen der maximal mögliche Zielfunktionswert z=800 realisiert wird.

Zur *Beschreibung der Lösung* wird die aus der analytischen Geometrie bekannte Punkt-Richtungs-Gleichung einer Geraden verwendet:

(L16.14b)
$$\begin{pmatrix} x_1 \\ x_2 \end{pmatrix} = \begin{pmatrix} 20 \\ 30 \end{pmatrix} + t \begin{pmatrix} 30 \\ -15 \end{pmatrix}$$

Schränkt man den Parameter t auf $0 \le t \le 1$ ein, dann beschreibt diese Vektorgleichung das Geradenstück zwischen den beiden Ecken des zulässigen Bereiches, die die gefundene Kante verbindet.

Man erhält damit die unendlich vielen Lösungen des linearen Optimierungsproblems in der Form

(L16.14c)
$$\left.\begin{aligned} x_1 &= 20 + 30t \\ x_2 &= 30 - 15t \end{aligned}\right\} \qquad 0 \le t \le 1$$

Antwortsatz: Für *beliebige Wahl des Parameters t* aus dem Intervall [0,1] gilt: Werden vom *Erzeugnis* E_1 $x_1=20+30t$ und vom *Erzeugnis* E_2 $x_2=30-15t$ Einheiten produziert, dann erzielt man den maximalen Gewinn von $z=800$.

Für diese Aufgabe kann der ausführliche Lösungsweg im Internet auf der Seite

`http://www.w-g-m.de/bwl-loesg.html`

unter „Aufgabe16.2“ eingesehen werden.

Ergebnisse und Lösungen zu Aufgabe 16.3 von Seite 121

Mit x_i wird die Anzahl der wöchentlichen Fördertage der Grube i bezeichnet ($i=1,2$). Dann entsteht das lineare Optimierungsproblem

(16.15a)

$$\begin{array}{ll} \text{Zielfunktion:} & z = 2000x_1 + 1600x_2 \rightarrow \text{min!} \\ \text{Nebenbedingungen:} & 60x_1 + 20x_2 \geq 120 \\ & 40x_1 + 120x_2 \geq 240 \\ & 20x_1 + 20x_2 \geq 80 \\ & x_1 \leq 7 \\ & x_2 \leq 7 \\ & x_1 \geq 0 \\ & x_2 \geq 0 \end{array}$$

mit der Lösung

(16.15b)

$$\begin{array}{ll} x_1 = 1 & x_2 = 3 \\ z_{\text{min}}(x_1 = 1, x_2 = 3) = 6800 & \end{array}$$

Antwortsatz: Der Betreiber muss die Grube 1 nur einen Tag pro Woche, die Grube 2 drei Tage pro Woche fördern lassen, um seine Lieferverpflichtungen bei minimalen Kosten von 6800 € zu erfüllen.

Für diese Aufgabe kann die ausführliche Lösung einschließlich einer Skizze des zulässigen Bereiches mit zwei Linien der Zielfunktion (Höhenlinien) im Internet auf der Seite

`http://www.w-g-m.de/bwl-loesg.html`

unter „Aufgabe16.3“ eingesehen werden.

L17 Finanzmathematik: Lösungen

Ergebnisse und Lösungen zu Aufgabe 17.1 von Seite 125

Nach dem Einsetzen der gegebenen Werte in die Zinseszinsformel und Auflösung nach n durch beidseitiges Logarithmieren ergibt sich

(L17.01) $$n = \frac{\ln 4}{\ln 1{,}075} = 19{,}17 \quad .$$

Antwortsatz: Es müsste ca. 19 Jahre und 2 Monate auf das Geld gewartet werden.

Ergebnisse und Lösungen zu Aufgabe 17.2 von Seite 125

Werden die gegebenen Werte in die Zinseszinsformel eingesetzt und dann nach K_0 umgestellt, so erhält man

(L17.02) $$K_0 = \frac{50000}{1{,}025^{20}} = 30513{,}55 \quad .$$

Antwortsatz: Es müsste heute ein Betrag von 30 513,55€ eingezahlt werden.

Ergebnisse und Lösungen zu Aufgabe 17.3 von Seite 126

Aus der Zinseszinsformel erhält man

(L17.03) $$K_{10} = 1000 \cdot 1{,}045^{10} = 1552{,}97 \quad .$$

Antwortsatz: Die Behauptung ist falsch, der entstehende Betrag liegt weit unter dem Vierfachen der eingezahlten 1 000€.

Für diese Aufgaben können die ausführlichen Lösungen im Internet auf der Seite

`http://www.w-g-m.de/bwl-loesg.html`

unter „Aufgaben 17.1-17.3" eingesehen werden.

Ergebnisse und Lösungen zu Aufgabe 17.4 von Seite 128

Das eingegangene Angebot wird zunächst grafisch dargestellt:

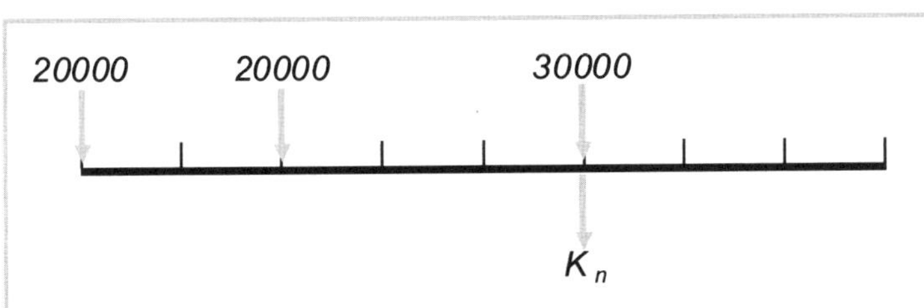

Bild L17.1: Zeitstrahl

Den *Endwert* K_5 für dieses Angebot erhält man durch Aufzinsen der ersten beiden Beträge:

(L17.04a) $K_5 = 20\,000 \cdot 1{,}045^5 + 20\,000 \cdot 1{,}045^3 + 30\,000 = 77\,746{,}96$

Dieser Endbetrag sollte durch Aufzinsen eines Einmalbetrages erreicht werden, d.h., gesucht ist K_0 mit

(L17.04b) $77\,746{,}96 = K_0 \cdot 1{,}045^5$.

Man erhält folglich $K_0 = 62\,388{,}13$.

Antwortsatz: M. müsste sofort einen Betrag von 62388,13€ zahlen.

Ergebnisse und Lösungen zu Aufgabe 17.5 von Seite 128

Lösung zu a): Aus der grafischen Darstellung der drei Angebote lässt sich ableiten, dass hier der *Barwertvergleich* (d.h. das Abzinsen auf den Zeitpunkt $t=0$) zweckmäßig ist:

Für das Angebot (1) ist bereits der Barwert bekannt: $K_0 = 200\,000$.

Für das Angebot (2) ergibt sich $K_0 = 199\,546{,}49$.

Für das Angebot (3) ergibt sich $K_0 = 200\,950{,}22$.

Antwortsatz zu Aufgabe a): Bei einem Zinssatz von $i=5\%$ p.a. ist das Angebot (3) das beste für den Verkäufer.

Lösung zu b):

Für das Angebot (1) ist bereits der Barwert bekannt: $K_0 = 200\,000$.

Für das Angebot (2) ergibt sich $K_0 = 188\,614{,}54$.

Für das Angebot (3) ergibt sich $K_0 = 187\,201{,}52$.

Antwortsatz zu Aufgabe b): Bei einem Zinssatz von $i=8\%$ p.a. ist das Angebot (1) das beste für den Verkäufer.

Ergebnisse und Lösungen zu Aufgabe 17.6 von Seite 128

Aus der Aufgabenstellung ergibt sich hier, dass als Stichtag für den Vergleich der *Tag der letzten Zahlung* gewählt werden soll:

Für das Angebot (1) ergibt sich: $K_5 = 101\,351{,}21$.

Für das Angebot (2) ergibt sich $K_5 = 90\,877{,}86$.

Für das Angebot (3) ergibt sich $K_5 = 90\,251{,}29$.

Antwortsatz: Für den Anbieter des Oldtimers ist das Angebot (1) das beste Angebot.

Ergebnisse und Lösungen zu Aufgabe 17.7 von Seite 128

Lösung zu a): Aus der grafischen Darstellung ist zu entnehmen, dass der *Barwert* der Zahlungsverpflichtungen zu bestimmen ist. Man erhält $K_0 = 178\,594{,}43$.

Antwortsatz zu a): Die Sofortzahlung muss 178594,43€ betragen.

Lösung zu b): Hier kann man entweder den Barwert der Zahlungsverpflichtungen 4 Jahre *aufzinsen* oder die Zahlungen der Zahlungsverpflichtung auf den gewünschten Zeitpunkt *abzinsen*.

Antwortsatz zu b): Nach vier Jahren kann die Zahlungsverpflichtung durch eine Zahlung von 225 471,36€ abgelöst werden.

Lösung zu c): Bei einer solchen Zahlungsweise muss der Barwert durch Abzinsen der beiden gewünschten Beträge entstehen.

Antwortsatz zu c): Um die Zahlungsverpflichtung abzulösen, sind zwei Zahlungen von jeweils 106 174,12€ in zwei und vier Jahren nötig.

Für diese Aufgaben können die ausführlichen Lösungen im Internet auf der Seite

`http://www.w-g-m.de/bwl-loesg.html`

unter „Aufgaben 17.4-17.7" eingesehen werden.

Ergebnisse und Lösungen zu Aufgabe 17.8 von Seite 131

Aus

(L17.05a) $K_n = K_0 \cdot (1 + \frac{i}{360} \cdot n)$

kann der Zinsbetrag mit

(L17.05b) $K_0 \cdot \frac{i}{360} \cdot n$

entnommen werden. Die Laufzeit liegt bei 227 Tagen. Damit entsteht

(L17.05c) $821{,}37 = 10\,600 \cdot \frac{i}{360} \cdot 227$.

Daraus wird $i=0{,}1229$ errechnet.

Antwortsatz: Der Zinssatz lag bei 12,29 % p.a.

Ergebnisse und Lösungen zu Aufgabe 17.9 von Seite 131

Es wird die *Formel für die einfache Verzinsung* benötigt. Gegeben sind $K_n=4768$, $i=8\,\%$ p.a. und $n=194$.

Nach Einsetzen in die Formel und Umstellung nach K_0 ergibt sich $K_0=4570{,}94$.

Antwortsatz: Der Rechnungsbetrag lag bei 4 570,94€.

Ergebnisse und Lösungen zu Aufgabe 17.10 von Seite 131

Die jeweils *am Monatsanfang eingezahlten Beträge* sind in allen Monaten gleich hoch, $r=18\,500$.

In Bild L17.2 werden die Einzahlungen grafisch dargestellt:

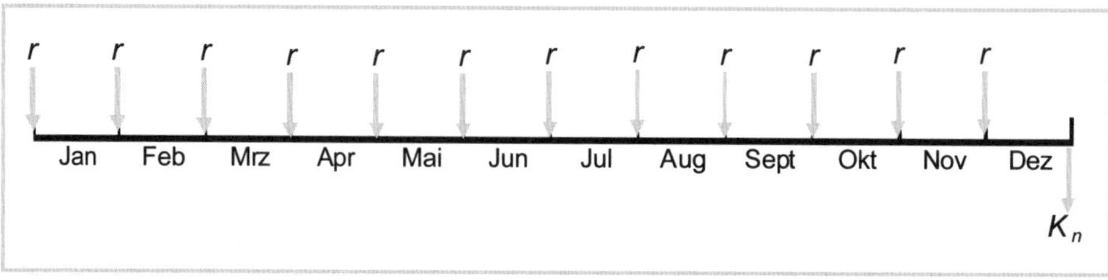

Bild L17.2: Zeitstrahl

Unter Verwendung der *Formel für die einfache Verzinsung* ergibt sich damit

(L17.06) $$K_n = r\cdot(1+\frac{i}{12}\cdot 12)+r\cdot(1+\frac{i}{12}\cdot 11)+\ldots+r\cdot(1+\frac{i}{12}\cdot 2)+r\cdot(1+\frac{i}{12}\cdot 1)$$

Setzt man $r=18\,500$ und $i=0{,}045$ ein, dann erhält man $K_n=227\,411{,}25$.

Antwortsatz: Am Jahresende sind 227411,25€ auf dem Konto.

Ergebnisse und Lösungen zu Aufgabe 17.11 von Seite 131

Nach grafischer Darstellung der Einzahlungen ergibt sich aus der Formel für die einfache Verzinsung der Zusammenhang

(L17.07) $$K_n = r\cdot(6+\frac{i}{12}\cdot 36)$$

Mit $K_n=12\,000$ und $i=0{,}03$ ergibt sich daraus $r=1\,970{,}44$.

Antwortsatz: Zu den genannten Zeitpunkten müssen jeweils 1970,44€ eingezahlt werden, um am Jahresende über 12000€ verfügen zu können.

Für diese Aufgaben können die ausführlichen Lösungen im Internet auf der Seite

`http://www.w-g-m.de/bwl-loesg.html`

unter „Aufgaben 17.8-17.11" eingesehen werden.

Ergebnisse und Lösungen zu Aufgabe 17.12 von Seite 135

Die Einzahlungen erfolgen am Jahresende. Mit $r=500$, $i=5\%$ p.a. und $K_n=40\,000$ erhält die Beziehung (17.11a) von Seite 132 die Form

(L17.08a) $$40000 = 500\cdot\frac{1-1{,}05^n}{1-1{,}05} = 500\cdot\frac{1{,}05^n-1}{0{,}05}$$

Die Auflösung nach n kann wieder unter Verwendung des natürlichen Logarithmus erfolgen:

(L17.08b) $$n = \frac{\ln 5}{\ln 1{,}05} = 32{,}986$$

Antwortsatz: Es muss 33 Jahre lang eingezahlt werden.

Ergebnisse und Lösungen zu Aufgabe 17.13 von Seite 135

Bei dieser Zahlungsart erfolgen die *Einzahlungen am Jahresanfang*, folglich findet bereits im *Einzahlungsjahr der ersten Rate* eine Verzinsung statt. Deshalb ist hier die Formel

$$\text{(L17.09)}\quad K_n = r(1+i)\frac{1-(1+i)^n}{1-(1+i)} = r(1+i)\frac{(1+i)^n - 1}{(1+i)-1} = r(1+i)\frac{(1+i)^n - 1}{i}$$

anzuwenden.

Nach dem Einsetzen der gegebenen Werte, anschließender Auflösung nach dem Term $1{,}08^n$ sowie der Verwendung des natürlichen Logarithmus ergibt sich $n=11{,}81$.

Antwortsatz: Es wurde 12 Jahre lang gespart.

Ergebnisse und Lösungen zu Aufgabe 17.14 von Seite 135

Die Einzahlung erfolgt am Jahresende, deshalb kommt die Formel (17.11a) von Seite 132 zur Anwendung. Nach Einsetzen der Werte und Umstellung nach $1{,}045^n$ sowie Verwendung des natürlichen Logarithmus erhält man $n=7{,}7$:

Erster Antwortsatz: Der Vater muss 8 Jahre lang sparen, um die gewünschten 36000€ zur Verfügung zu haben.

Dieses Kapital wird dann zum *Barwert einer vorschüssigen Rente* von $r=7200$€, die von einem mit $i=4\%$ p.a. verzinsten Konto gezahlt wird. Somit ergibt sich aus der *Barwertformel für vorschüssige Renten* durch Einsetzen der gegebenen Werte der Zusammenhang

$$\text{(L17.10a)}\quad 36000 = 7200\frac{1-\left(\frac{1}{1+0{,}04}\right)^n}{1-\left(\frac{1}{1+0{,}04}\right)} = 7200\frac{\left(\frac{1}{1{,}04}\right)^n - 1}{\left(\frac{1}{1{,}04}\right) - 1}\quad .$$

Diese Beziehung wird nach n umgestellt:

$$\text{(L17.10b)}\quad n = \frac{\ln 0{,}80769}{-\ln 1{,}04} = 5{,}445$$

Zweiter Antwortsatz: Der Sohn kann fast 5,5 Jahre studieren.

Für diese Aufgaben können die ausführlichen Lösungen im Internet auf der Seite

`http://www.w-g-m.de/bwl-loesg.html`

unter „Aufgaben 17.12-17.14" eingesehen werden.

Ergebnisse und Lösungen zu Aufgabe 17.15 von Seite 135

Hier handelt es sich um eine *nachschüssige Rentenzahlung*. Aus der Barwertformel für eine nachschüssige Rente ergibt sich nach Einsetzen der gegeben Werte 209891,23€ - das ist der Betrag, der am 1. 1. 2005 auf dem Konto sein muss.

Für die *Umwandlung in eine zehnmalige Rente*, die – beginnend mit dem 1. 1. 2007 – gezahlt werden soll, werden in Bild L17.3 die Zahlungsverläufe grafisch dargestellt.

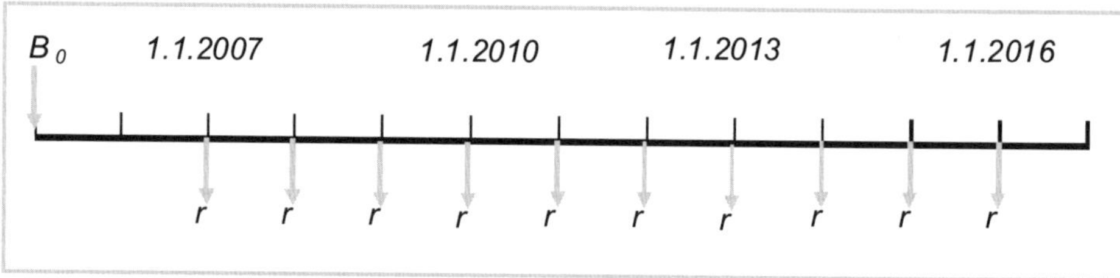

Bild L17.3: Zahlenstrahl

Zinst man den oben erhaltenen Barwert B_0=*209 891,23* zwei Jahre auf, so ergibt sich als Barwert für die *zehnmal zu zahlende vorschüssige Rente* ab dem 1. 1. 2007 der Betrag von B_0*=*240 304,47*.

Mit diesem neuen Barwert B_0* errechnet sich diese Rente r aus der *Barwertformel für vorschüssige Renten*:

$$\text{(L17.11)}\quad 240304{,}47 = r\frac{1-(\frac{1}{1{,}07})^{10}}{1-\frac{1}{1{,}07}} = r\frac{(\frac{1}{1{,}07})^{10}-1}{\frac{1}{1{,}07}-1}$$

Daraus ergibt sich r=*31 957,65*.

Antwortsatz: Es kann 10 Jahre lang eine vorschüssige Rente von 31 957,65€ gezahlt werden.

Ergebnisse und Lösungen zu Aufgabe 17.16 von Seite 135

Es handelt sich um eine vorschüssige Rentenzahlung. Aus der entsprechenden Barwertformel ergibt sich B_0=*48 646,93*.

Antwort zur ersten Teilaufgabe: Am 1. 1. 2005 musste ein Kapital von 48 646,93€ zur Verfügung stehen, um die zehn vorschüssigen Renten zahlen zu können.

Um die Höhe der Einzahlung am 1. 1. 2000 zu ermitteln, muss in die Zinseszinsformel eingesetzt werden, der oben ermittelte Rentenbarwert B_0 wird um fünf Jahre abgezinst. Man erhält K_0=*38 116,14*.

Antwort zur zweiten Teilaufgabe: Am 1. 1. 2000 hätte man 38 116,14€ einzahlen müssen.

Ergebnisse und Lösungen zu Aufgabe 17.17 von Seite 136

Zunächst wird der Rentenbarwert für 20 vorschüssige Renten von r=*36 000* bei i=*4 %* p.a. mit Hilfe der passenden Barwertformel bestimmt – man erhält B_0=*508 821,82*.

Dieser Rentenbarwert ist nun zu betrachten als das Endkapital eines Sparprozesses mit n=*40* und i=*0,05*, wobei die Einzahlung der letzten Sparrate am Ende des vierzigsten Jahres mit der Auszahlung der ersten Rente zusammenfällt.

Antwortsatz: Man müsste 40 Jahre lang jeweils einen Betrag von 4 212,11€ auf ein mit 5% p.a. verzinstes Konto einzahlen, um danach 20 vorschüssige Renten von 36 000€ zu bekommen, wobei dann i=*4 %* p.a. gilt.

Für diese Aufgaben können die ausführlichen Lösungen im Internet auf der Seite

`http://www.w-g-m.de/bwl-loesg.html`

unter „Aufgaben 17.15-17.17" eingesehen werden.

Ergebnisse und Lösungen zu Aufgabe 17.18 von Seite 136

Setzt man die Werte B_0=*40000*, *r=500* und *i=0,055* in die *Barwertformel für vorschüssige Rentenzahlung* ein, so ergibt sich ein überraschender, aber nicht unerwarteter Effekt:

$$40000 = 500 \cdot \frac{1-(\frac{1}{1{,}055})^n}{1-\frac{1}{1{,}055}} = 500 \cdot \frac{(\frac{1}{1{,}055})^n - 1}{\frac{1}{1{,}055}-1} \tag{L17.12}$$

$$\Rightarrow (\frac{1}{1{,}055})^n = \frac{40000}{500} \cdot (\frac{1}{1{,}055}-1)+1 = -3{,}171$$

Um n zu bestimmen, müsste nun von beiden Seiten der unteren Gleichung der Logarithmus gebildet werden – das ist aber nicht möglich, da die rechte Seite negativ ist!

Erklärung: Das war eigentlich zu erwarten, denn betrachtet man die Zinsen, die am Ende des ersten Jahres gezahlt werden, so liegen diese bei mehr als 2000€.

Antwortsatz: Das vorhandene Kapital wird nicht verzehrt, die Zahlungen könnten unendlich lange erfolgen.

Ergebnisse und Lösungen zu Aufgabe 17.19 von Seite 136

Zunächst werden die Zahlungsverläufe grafisch dargestellt:

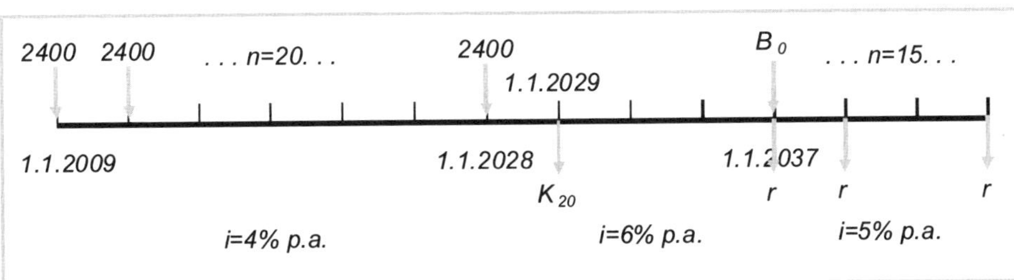

Bild L17.4: Zahlungsverläufe

In der Ansparphase werden 20 Raten zu je 2400€ auf ein mit i=*4%* p.a. verzinstes Konto gezahlt. Daraus entsteht bis zum Jahresende 2028 das Kapital K_{20}=*74326,08*.

Dieses Kapital wird anschließend über 8 Jahre mit i=*6%* p.a. verzinst und bildet dann den Barwert für die anschließende Rentenzahlung: B_0=*118464,48*.

B_0 ist der Rentenbarwert einer vorschüssigen Rente, die 15mal gezahlt werden soll, wobei der Zinssatz nun bei 5% p.a. liegt.

Aus der passenden Rentenbarwertformel ergibt sich schließlich die Rente: $r=10869,66$.

Antwortsatz: Es kann 15mal eine Rente in Höhe von 10869,66€ am Jahresanfang gezahlt werden.

Für diese Aufgaben können die ausführlichen Lösungen im Internet auf der Seite

`http://www.w-g-m.de/bwl-loesg.html`

unter „Aufgaben 17.18-17.19" eingesehen werden.

Ergebnisse und Lösungen zu Aufgabe 17.20 von Seite 141

Der Aufgabe können folgende Angaben entnommen werden: $K_0=120000$, $n=30$ und $i=0,07$. Aus der Annuitätenformel (17.16) von Seite 138 ergibt sich dann

$$a=120000\cdot(1{,}07)^{30}\cdot\frac{0{,}07}{(1{,}07)^{30}-1}=9670{,}37 \tag{L17.13}$$

Der Tilgungsplan von Bild L17.5 überzeugt davon, dass mit dieser Annuität tatsächlich nach 30 Jahren alle Zinsen bedient und der aufgenommene Kredit getilgt ist (die leicht veränderte letzte Annuität ergibt sich aus den Rundungseffekten).

Die Kosten des Kredits liegen bei insgesamt 290110,95€ = 29 · 9670,37€+9670,22€

Wie zu erkennen ist, führt der recht hohe Anfangs-Zinsbetrag von 8400€ dazu, dass im ersten Jahr von der vereinbarten Annuität lediglich 1270,37€ zur *Tilgung* verwendet werden können.

Erst nach 20 Jahren ist der Tilgungsbetrag höher als der Zins für die aktuelle Restschuld!

Antwortsatz: Mit einer Annuität (d. h. konstanter jährlicher Belastung) von 9670,37€ wird der aufgenommene Kredit von 120000€ in 30 Jahren getilgt, wenn die Kreditzinsen 7% p.a. betragen. Der Kredit kostet dann insgesamt 290110,95€.

Ergebnisse und Lösungen zu Aufgabe 17.21 von Seite 141

Es ist gegeben $a=24000$, $i=0,07$ und $n=20$. Aus der Restschuldformel kann mit $K_{20}=0$ der Wert für K_0 berechnet werden:

$$\begin{aligned}0&=K_0\cdot(1{,}07)^{20}-24000\cdot\frac{1-(1{,}07)^{20}}{1-1{,}07}\\&=K_0\cdot(1{,}07)^{20}-24000\cdot\frac{(1{,}07)^{20}-1}{0{,}07}\\\Rightarrow K_0&=24000\cdot\frac{(1{,}07)^{20}-1}{0{,}07}\cdot\frac{1}{(1{,}07)^{20}}\\&=254256{,}34\end{aligned} \tag{L17.14}$$

Antwortsatz: Bei den vorliegenden Angaben kann ein Kredit von höchstens 254256,34€ beantragt werden.

Jahr	Jahresbeginn	Jahresende		
	Restschuld	Zins	Tilgung	Annuität
1	120.000,00	8.400,00	1.270,37	9.670,37
2	118.729,63	8.311,07	1.359,30	9.670,37
3	117.370,33	8.215,92	1.454,45	9.670,37
4	115.915,89	8.114,11	1.556,26	9.670,37
5	114.359,63	8.005,17	1.665,20	9.670,37
6	112.694,43	7.888,61	1.781,76	9.670,37
7	110.912,67	7.763,89	1.906,48	9.670,37
8	109.006,19	7.630,43	2.039,94	9.670,37
9	106.966,25	7.487,64	2.182,73	9.670,37
10	104.783,52	7.334,85	2.335,52	9.670,37
11	102.448,00	7.171,36	2.499,01	9.670,37
12	99.948,99	6.996,43	2.673,94	9.670,37
13	97.275,05	6.809,25	2.861,12	9.670,37
14	94.413,93	6.608,98	3.061,39	9.670,37
15	91.352,54	6.394,68	3.275,69	9.670,37
16	88.076,84	6.165,38	3.504,99	9.670,37
17	84.571,85	5.920,03	3.750,34	9.670,37
18	80.821,51	5.657,51	4.012,86	9.670,37
19	76.808,65	5.376,61	4.293,76	9.670,37
20	72.514,88	5.076,04	4.594,33	9.670,37
21	67.920,56	4.754,44	4.915,93	9.670,37
22	63.004,63	4.410,32	5.260,05	9.670,37
23	57.744,58	4.042,12	5.628,25	9.670,37
24	52.116,33	3.648,14	6.022,23	9.670,37
25	46.094,10	3.226,59	6.443,78	9.670,37
26	39.650,32	2.775,52	6.894,85	9.670,37
27	32.755,47	2.292,88	7.377,49	9.670,37
28	25.377,99	1.776,46	7.893,91	9.670,37
29	17.484,07	1.223,89	8.446,48	9.670,37
30	9.037,59	632,63	9.037,59	9.670,22

Bild L17.5: Tilgungsplan zu Aufgabe 17.20

Ergebnisse und Lösungen zu Aufgabe 17.22 von Seite 141/142

Es gilt $K_0=2\,500\,000$, $i=0{,}08$, $a=400\,000$.

Lösung zu a): Aus der Restschuldformel erhält man mit $K_n=0$ eine Gleichung für n:

(L17.15)
$$0 = 2500000\cdot(1{,}08)^n - 400000\cdot\frac{1-(1{,}08)^n}{1-1{,}08}$$
$$= 2500000\cdot(1{,}08)^n - 400000\cdot\frac{(1{,}08)^n-1}{0{,}08}$$

Nach einigen Umformungen ergibt sich $1{,}08^n = 2$, damit entsteht $n \approx 9$.

Antwortsatz zu a): Der Bau hat sich nach ca. 9 Jahren amortisiert.

Lösung zu b): Gefragt wird nach der Restschuld nach 5 Jahren Tilgung. Sie kann sofort aus der Restschuldformel berechnet werden:

$$\text{(L17.16)} \quad K_5 = 2\,500\,000 \cdot (1{,}08)^5 - 400\,000 \cdot \frac{1-(1{,}08)^5}{1-1{,}08} = 1\,326\,679{,}81$$

Antwortsatz zu b): Nach fünf Jahren der Tilgung steht immer noch eine Restschuld von 1 326 679,81 € in den Büchern der Bank.

Bild L17.6 erklärt diesen Effekt – die anfänglich sehr hohe Zinsbelastung verhindert die schnellere Tilgung.

Jahr	Jahresbeginn	Jahresende		
	Restschuld	Zins	Tilgung	Annuität
1	2.500.000,00	200.000,00	200.000,00	400.000,00
2	2.300.000,00	184.000,00	216.000,00	400.000,00
3	2.084.000,00	166.720,00	233.280,00	400.000,00
4	1.850.720,00	148.057,60	251.942,40	400.000,00
5	1.598.777,60	127.902,21	272.097,79	400.000,00
6	1.326.679,81	106.134,38	293.865,62	400.000,00
7	1.032.814,19	82.625,14	317.374,86	400.000,00
8	715.439,33	57.235,15	342.764,85	400.000,00
9	372.674,47	29.813,96	372.674,47	402.488,43

Bild L17.6: Tilgungsplan zu Aufgabe 17.22

Für diese Aufgaben können die ausführlichen Lösungen im Internet auf der Seite

`http://www.w-g-m.de/bwl-loesg.html`

unter „Aufgaben 17.20-17.22“ eingesehen werden.

Quellennachweis

Die Grundlage für alle in diesem Buch verwendeten Beispiele und Übungsaufgaben bilden die von den Autoren seit 1969 durchgeführten vielfältigen Lehrveranstaltungen an der damaligen Technischen Hochschule in Merseburg, der Martin-Luther-Universität Halle-Wittenberg, der Marmara-Universität Istanbul, der Hochschule Magdeburg-Stendal (FH) sowie an den Fachhochschulen in Wolfsburg, Wildau, Brandenburg und Bremen und an den Berufsakademien in Eisenach, Gera und Bad Mergentheim.

Viele Aufgaben und Lösungen stammen auch aus den hausinternen, über Generationen hinweg von Lehrenden zusammen getragenen Aufgabensammlungen der genannten Hochschulen.

Weiterhin wurden wertvolle Anregungen und – in Ausnahmefällen – auch vollständige Aufgabenstellungen entnommen aus den folgenden Büchern:

[1] Arens T., Hettlich F., Karpfinger C., Kockelkorn U., Lichtenegger K., Stachel H.: *Arbeitsbuch Mathematik.* Heidelberg: Spektrum Akademischer Verlag 2009

[2] Beinhoff H., Völkel S., Pauli W., Conrad R., Nickel H.: *Mathematik für Ingenieur- und Fachschulen. Band I.* Leipzig: Fachbuchverlag 1989

[3] Berman G. N.: *Aufgabensammlung zur Analysis.* Leipzig: Teubner-Verlag 1981

[4] Führer C.: *Kompakt-Training Wirtschaftsmathematik.* Ludwigshafen: Friedrich Kiehl Verlag 2006

[5] Hilbert A.: *Wir wiederholen – Gleichungssysteme.* Leipzig: Fachbuchverlag 1981

[6] Hilbert, A.: *Wir wiederholen - Gleichungen und Ungleichungen.* Leipzig: Fachbuchverlag 1981

[7] Höfner G., Wittwer M.: *Wiederholungsprogramm Elementarmathematik.* Leipzig: Fachbuchverlag 1987

[8] Kreul H., Kulke K., Pester H., Schroedter R.: *Lehrgang der Elementarmathematik.* Leipzig: Fachbuchverlag 1971

[9] Luderer B.: *EAGLE-GUIDE Basiswissen der Algebra.* Leipzig: Edition am Gutenbergplatz 2004

[10] Luderer B.: *Klausurtraining Mathematik und Statistik für Wirtschaftswissenschaftler.* Wiesbaden: Vieweg+Teubner Verlag 2008

[11] Nickel H., Conrad R., Völkel S., Leupold W., Herfurth G.: *Mathematik für Ingenieur- und Fachschulen. Band II.* Leipzig: Fachbuchverlag 1989

[12] Papula L.: *Mathematik für Ingenieure und Naturwissenschaftler. Klausur- und Übungsaufgaben*. Wiesbaden: Vieweg+Teubner-Verlag 2008

[13] Pforr E.-A., Oehlschlägel L., Seltmann G.: *Lineare Algebra und lineare Optimierung – Übungen*. Leipzig: Teubner-Verlag 1982

[14] Purkert W.: *Brückenkurs Mathematik für Wirtschaftswissenschaftler*. Wiesbaden: Teubner-Verlag 2008

[15] Salomon E., Poguntke W.: *Wirtschaftsmathematik*. Köln: Fortis-Verlag 1999

[16] Schäfer W., Georgi K., Trippler G.: *Mathematik-Vorkurs*. Stuttgart-Leipzig: Teubner-Verlag 1999

[17] Strehlow R.: *Mathematik-Klausurtrainer*. Leipzig: Fachbuchverlag 2007

[18] Tietze J.: *Einführung in die angewandte Wirtschaftsmathematik*. Wiesbaden: Vieweg+Teubner-Verlag 2008

[19] Turtur C. W.: *Prüfungstrainer Mathematik*. Wiesbaden: Teubner-Verlag 2006

Weiterführende und vertiefende Literatur

[1] Altmann J.: *Starthilfe BWL*. Wiesbaden e. a.: Teubner Verlag 1999

[2] Arens T., Hettlich F., Karpfinger C., Kockelkorn U., Lichtenegger K., Stachel H.: *Mathematik*. Heidelberg: Spektrum Akademischer Verlag 2010

[3] Bosch K., Jensen U.: *Großes Lehrbuch der Mathematik für Ökonomen*. München: Oldenbourg-Verlag 1994

[4] Bosch K.: *Formelsammlung Mathematik*. München: Oldenbourg-Verlag 2002

[5] Bosch K.: *Mathematik für Wirtschaftswissenschaftler*. München: Oldenbourg-Verlag 2003

[6] Bradtke T.: *Übungen und Klausuren in Mathematik für Ökonomen*. München: Oldenbourg-Verlag 2000

[7] Britzelmaier B., Dittrich K., Macha R.: *Starthilfe Finanz- und Rechnungswesen*. Wiesbaden e. a.: Teubner Verlag 2003

[8] Führer C.: *Kompakt-Training Wirtschaftsmathematik*. Ludwigshafen: Friedrich Kiehl Verlag 2006

[9] Grundmann W., Luderer B.: *Formelsammlung Finanzmathematik, Versicherungsmathematik, Wertpapieranalyse*. Wiesbaden e. a.: Teubner Verlag 2003

[10] Grundmann W.: *Operations Research*. Wiesbaden e. a.: Teubner Verlag 2003

[11] Hettich G., Jüttler H., Luderer B.: *Mathematik für Wirtschaftswissenschaftler und Finanzmathematik*. München: Oldenbourg-Verlag 2004

[12] Hillier F. S., Lieberman G. J.: *Einführung in Operations Research*. München: Oldenbourg-Verlag 2003

[13] Kemnitz A.: *Mathematik zum Studienbeginn*. Wiesbaden e. a.: Vieweg-Verlag 2004

[14] Kojima H., Togami S.: *Mathe-Manga Analysis*. Wiesbaden: Vieweg+Teubner Verlag 2009

[15] Luderer B., Nollau V., Vetters K.: *Mathematische Formeln für Wirtschaftswissenschaftler*. Wiesbaden e. a.: Teubner Verlag 2005

[16] Luderer B., Paape C., Würker U.: *Arbeits- und Übungsbuch Wirtschaftsmathematik*. Wiesbaden e. a.: Teubner Verlag 2005

[17] Luderer B., Würker U.: *Einstieg in die Wirtschaftsmathematik*. Wiesbaden e. a.: Teubner Verlag 2003

[18] Luderer B.: *EAGLE-GUIDE Basiswissen der Algebra*. Leipzig: Edition am Gutenbergplatz 2004

[19] Luderer B.: *Klausurtraining Mathematik und Statistik für Wirtschaftswissenschaftler*. Wiesbaden: Vieweg+Teubner Verlag 2008

[20] Luderer B.: *Starthilfe Finanzmathematik*. Wiesbaden e. a.: Teubner Verlag 2003

[21] Luh W., Stadtmüller K.: *Mathematik für Wirtschaftswissenschaftler*. München: Oldenbourg-Verlag 2004

[22] Matthäus H., Matthäus W.-G.: *Mathematik für BWL-Bachelor*. 3., erw. Auflage. Wiesbaden: Vieweg+ Teubner Verlag 2012

[23] Matthäus H., Matthäus W.-G.: *Mathematik für BWL-Master*. Wiesbaden: Vieweg+ Teubner Verlag 2009

[24] Papula L.: *Mathematik für Ingenieure und Naturwissenschaftler. Klausur- und Übungsaufgaben*. Wiesbaden: Vieweg+Teubner Verlag 2008

[25] Pforr E.-A., Oehlschlägel L., Seltmann G.: *Lineare Algebra und lineare Optimierung – Übungen*. Leipzig: Teubner Verlag 1982

[26] Pfuff F.: *Mathematik für Wirtschaftswissenschaftler kompakt*. Wiesbaden: Vieweg + Teubner Verlag 2009

[27] Poguntke W.: *Keine Angst vor Mathe*. Wiesbaden e. a.: Teubner Verlag 2006

[28] Purkert W.: *Brückenkurs Mathematik für Wirtschaftswissenschaftler*. Wiesbaden: Teubner Verlag 2008

[29] Salomon E., Poguntke W.: *Wirtschaftsmathematik*. Köln: Fortis-Verlag 2001

[30] Schäfer W., Georgi K., Trippler G.: *Mathematik-Vorkurs*. Wiesbaden e. a.: Teubner Verlag 2006

[31] Scharlau W.: *Schulwissen Mathematik*: Ein Überblick. Wiesbaden e. a.: Vieweg-Verlag 2001

[32] Schirotzek W., Scholz S.: *Starthilfe Mathematik*. Wiesbaden e. a.: Teubner Verlag 2005

[33] Schwarze J.: *Mathematik für Wirtschaftswissenschaftler*. Band 2: Differential- und Integralrechnung. Herne/Berlin: Verlag Neue Wirtschaftsbriefe 2005

[34] Schwarze J.: *Mathematik für Wirtschaftswissenschaftler*. Band 3: Lineare Algebra. Lineare Optimierung. Graphentheorie. Herne/Berlin: Verlag Neue Wirtschaftsbriefe 2005

[35] Strehlow R.: *Mathematik-Klausurtrainer*. Leipzig: Fachbuchverlag 2007

[36] Tallig H.: *Anwendungsmathematik für Wirtschaftswissenschaftler*. München: Oldenbourg-Verlag 2006

[37] Tietze J.: *Einführung in die angewandte Wirtschaftsmathematik*. Wiesbaden: Vieweg+ Teubner Verlag 2008

[38] Tietze J.: *Einführung in die Finanzmathematik*. Wiesbaden e. a.: Vieweg-Verlag 2004

[39] Tietze J.: *Übungsbuch zur angewandten Witschaftsmathematik*. Wiesbaden e. a.: Vieweg-Verlag 2005

[40] Turtur C. W.: *Prüfungstrainer Mathematik*. Wiesbaden: Teubner Verlag 2006

[41] Vetters K.: *Formeln und Fakten im Grundkurs Mathematik*. Wiesbaden e. a.: Teubner Verlag 2004

Sachwortverzeichnis

A

B

C

D

M

N

O

P

T

U

V